JN330609

画像形成と紙

畑　幸徳　著

財団法人　印刷朝陽会

はじめに

　印刷は歴史が古く，経験と技術の蓄積の要素が大きい上に，紙・インキ・印刷機に関する広範囲な知識が要求される。それに加え，画像の優劣を決めるのは，人間の目から見た美的感覚による。

　美しい印刷とは，光を通じて人間の目に感覚的な満足を与えるものの筈である。ところが，人間の感覚は一人ずつ異なるという現実があるから，議論をさらに混乱させ，なかなか結論として集約することを困難にしていた。

　この本は，美しい印刷とは何か，目的に合った印刷物を作るには，どうしたら良いだろうかを考えている人達に，考え方の一つの手掛かりを提示したものである。

　印刷適性は，印刷作業適性と印刷品質適性に別けて考えなければならない。

　印刷作業は紙・インキ・印刷機を使って，紙の上に画像を作る仕事であるが，この時紙とインキ，紙と印刷機，インキと印刷機の各組み合わせを間違えると運転が継続できなくなる。たとえば週刊誌の本文を印刷するのに，巻取オフセット輪転印刷機に凸版印刷用新聞巻取をセットして運転を開始すると，紙から紙粉が取れてゴムブランケットの上に堆積し，印刷面に白い斑点が出る。斑点が出る状態になったら印刷機をとめて，版・ブランケット・インキングロールを洗浄し，紙粉をふき取ってから運転を再開する。印刷部数が多い時には納期に間に合わないことも起きる。現在では新聞社での新聞の印刷が大部分オフセット印刷になり，新聞巻取の製造もオフセット輪転印刷機で印刷されるのを前提に処方を変えて生産しているので，問題になることは少なくなった。

　印刷作業適性は現象が理解しやすく，紙の製造現場も熱心に品質改良

はじめに

に力を入れてきたので，問題点はほとんど解決されたといっても言い過ぎではあるまい。解決が困難なのは印刷物の美しさを測定し，品質の優劣を定量的に表示し，データによって印刷品質を改良するのを目的とする印刷品質適性である。

　フルカラー画像の評価項目に演色性という測定法がある。紙の上に4色のインキでベタ刷りを行い，色度計で色を測定して色度図上に測定値をプロットする。鮮明な色が出て3属性の色表示法で表現すれば彩度が高い範囲まで印刷で色が作れる紙が，印刷適性の優れた紙と評価されるのである。本文110頁，図2.3.8が演色性を表した図で高級な紙ほど色の表現範囲が広いことが読み取れる。

　実際には4色のインキで刷ることはしないで，1色のインキで印刷濃度を測定し，これで演色性の代行としている。1例として同一条件でテストをしたときの各種の紙の印刷濃度を示すと，新聞紙1.2，中質紙1.5，上質紙1.8，コート紙2.4，アート紙2.8，の測定値が得られた。紙の違いによる濃度の比率は，演色性の色度図上の面積の比率と良く一致している。同様にインキの素材を種々変えて同じ紙に刷った場合には，インキの側の優劣が見つけられる。これを繰り返して紙とインキの最良の組み合わせを見出せば，最良の印刷品質が得られるし，印刷適性が良いと解釈される。

　印刷作業適性に比較すると，印刷品質適性の方に未解決の問題が多く残っている。その原因は測定器の性能が要求を満たせなかったからである。紙の品質の測定で最も重要視されている紙の表面粗さについても，従来最も優れていたとされる触針型表面粗さ計では，表面粗さの大きい非塗工紙の表面は測れるが，コート紙の表面は不可能であった。これでは議論しても実験の裏付けのない机上の空論で終わってしまうわけである。10年以上前から優秀な測定器が次々と発表された。表面粗さ計の粗さがnmまで測れる原子間力顕微鏡（AFM），光触針式表面粗さ計，紙の組織中にある毛細管の大きさを測定する水銀加圧法毛細管計，紙の

はじめに

吸液性を測定する DAT，紙の断層を正確に測定する集束イオンビーム FIB 等である。これら新しい測定器を使って印刷適性の研究を行った報文がほとんど発表になっていない。ここに研究されていない非常に大きい領域があると筆者は思う。

　先に述べた印刷面濃度でコート紙と新聞用紙の差の 1.2 という数字がどれ程の意味を持っているか，毎日配達される新聞の本文とチラシのフルカラー印刷の品質を比較すれば感覚的に理解されるであろう。仮に研究によってアート紙より濃度が 1.2 高い印刷面が作れたならば，これは印刷産業にとって大変な革命であり，飛躍であると考えている。

　本書は，紙パルプ技術タイムス（月刊誌）の 1995 年 1 月号から 2000 年 1 月号まで 25 回にわたり連載された論文"画像形成と紙"を元にして不要な部分を削り，特に変化の大きかったインクジェットプリンターについては書き足した。

　この連載にも，また今回の単行本化にも，大学からの友人　中山和夫氏のご紹介が大きな力であった。一時は諦めかけたこともある本書の発行が，多くの方々からの暖かいご好意とご援助によって実現し，本当に嬉しく有り難いことだと思っています。

　連載の機会を提供され，また今回の単行本化にもご快諾を戴いたテックタイムス社社長　高橋吉次郎氏，編集長　高谷則行氏をはじめ，同社の方々には大変お世話になり感謝に堪えない。

　出版の決断をして下さった財団法人印刷朝陽会専務理事　植村　峻氏，ご紹介の労をとって戴いた印刷学会出版部社長　山本隆太郎氏，取締役　道畑曜一氏に厚くお礼を申し上げる。同じく古くからの友人，あるふぁ企画社長　野村保惠氏には，原稿の整理・校正にご協力を戴いたことを併せて感謝する。

　2004 年 4 月

畑　幸　徳

目　次

は じ め に

1. 総　説 ……………………………………………… 1
   1.1 人 間 の 目 …………………………………… 2
      1.1.1 動 物 の 目 ……………………………… 2
      1.1.2 良く見える目 ……………………………… 5
      1.1.3 視　力 ……………………………………… 8
      1.1.4 目 の 構 造 ……………………………… 10
   1.2 色 ……………………………………………… 16
      1.2.1 色 が 変 わ る …………………………… 17
      1.2.2 色を感じる機構 …………………………… 20
      1.2.3 青い目, 黒い目 …………………………… 26
      1.2.4 明るさと色感 ……………………………… 28
      1.2.5 色を表す言葉 ……………………………… 29
   1.3 光 の 性 質 …………………………………… 33
      1.3.1 光 の 発 生 ……………………………… 33
      1.3.2 光 の 直 進 ……………………………… 39
      1.3.3 光 の 速 さ ……………………………… 42
      1.3.4 光 の 屈 折 ……………………………… 43
      1.3.5 光 の 反 射 ……………………………… 45
      1.3.6 光 の 分 散 ……………………………… 50
      1.3.7 輝度と照度 ………………………………… 50
   1.4 色 の 表 示 …………………………………… 52
      1.4.1 3属性による色の表示法 …………………… 53
      1.4.2 色 の 測 定 ……………………………… 59

目　次

　　　1.4.3 色　差 ……………………………………………… 64
　　　1.4.4 カラーダイアグラム ………………………………… 68
　1.5 ま　と　め ………………………………………………… 70
　1.6 引　用　文　献 …………………………………………… 71

2. 紙の印刷適性とその試験法 ………………………………… 73
　2.1 印刷適性の考え方 ………………………………………… 73
　2.2 印刷作業適性 ……………………………………………… 76
　　　2.2.1 新聞巻取の断紙率 ……………………………… 76
　　　2.2.2 紙むけと紙粉 …………………………………… 78
　　　2.2.3 見 当 狂 い ……………………………………… 81
　　　2.2.4 イ ン キ 転 移 …………………………………… 84
　　　2.2.5 トラッピング …………………………………… 86
　　　2.2.6 インキセット，裏移り ………………………… 88
　　　2.2.7 イ ン キ 乾 燥 …………………………………… 89
　　　2.2.8 チョーキング …………………………………… 90
　　　2.2.9 擦 れ 汚 れ ……………………………………… 90
　　　2.2.10 ブリスターリング …………………………… 91
　2.3 印刷品質適性 ……………………………………………… 91
　　　2.3.1 印刷物の濃度 …………………………………… 91
　　　2.3.2 印刷面光沢度 …………………………………… 101
　　　2.3.3 シャープネス …………………………………… 101
　　　2.3.4 網点再現性 ……………………………………… 105
　　　2.3.5 色 再 現 性 ……………………………………… 106
　　　2.3.6 モットリング …………………………………… 112
　　　2.3.7 裏　抜　け ……………………………………… 114
　2.4 紙の印刷適性試験法 ……………………………………… 115
　　　2.4.1 公認の試験法 …………………………………… 116

目　　次

　　2.4.2　試験法の分類 …………………………… 118
　　2.4.3　品質管理用印刷機と試験法 …………… 119
　　2.4.4　研究用印刷試験機 ……………………… 122
　2.5　平滑度の測定 ………………………………… 128
　　2.5.1　紙を構成する素材の寸法 ……………… 128
　　2.5.2　空気漏洩型測定器 ……………………… 132
　　2.5.3　光学型測定器 …………………………… 137
　　2.5.4　触針型測定器 …………………………… 138
　　2.5.5　新しい表面粗さ測定器 ………………… 141
　　2.5.6　コート紙の表面粗さ …………………… 148
　2.6　地合いの測定 ………………………………… 150
　　2.6.1　地合いの定義 …………………………… 150
　　2.6.2　地合いの肉眼判定 ……………………… 151
　　2.6.3　紙の断層写真 …………………………… 152
　　2.6.4　地合い計による測定 …………………… 153
　　2.6.5　地合い計の構造と測定値 ……………… 157
　　2.6.6　印刷適性と地合いの関係 ……………… 161
　2.7　ま　と　め …………………………………… 164
　2.8　引　用　文　献 ……………………………… 166

3.　紙の品質改良 …………………………………… 167
　3.1　印　刷　濃　度 ……………………………… 167
　　3.1.1　印刷濃度の意味 ………………………… 167
　　3.1.2　紙の表面粗さと印刷濃度 ……………… 173
　　3.1.3　コート紙の印刷実験 …………………… 176
　　3.1.4　印刷面光沢と表面粗さ ………………… 179
　　3.1.5　サンプルAについて …………………… 184
　3.2　塗　工　実　験 ……………………………… 187

目　　次

　　3.2.1　実験の概要 …………………………………… 188
　　3.2.2　実験結果 ……………………………………… 189
　　3.2.3　インキセットについての考察 ……………… 191
　　3.2.4　印刷面光沢度について …………………… 199
　3.3　塗工実験2 ………………………………………… 201
　　3.3.1　過去の経験 …………………………………… 201
　　3.3.2　ある研究報文の概要 ………………………… 203
　　3.3.3　白色領域について …………………………… 206
　3.4　高精細印刷 ………………………………………… 216
　　3.4.1　高精細印刷 …………………………………… 216
　　3.4.2　高精細化のニーズ …………………………… 217
　　3.4.3　高精細化の効果 ……………………………… 219
　　3.4.4　高精細化の欠点 ……………………………… 222
　　3.4.5　印刷条件の改善点 …………………………… 225
　　3.4.6　紙品質への要求 ……………………………… 228
　3.5　紙の吸液性 ………………………………………… 232
　　3.5.1　紙の吸液性 …………………………………… 232
　　3.5.2　毛細管内の液体の流動 ……………………… 233
　　3.5.3　測定法 ………………………………………… 238
　　3.5.4　DATによる吸液性の研究 …………………… 249
　　3.5.5　論文に対する考察 …………………………… 254
　　3.5.6　インキセットへの応用 ……………………… 255
　　3.5.7　考察 …………………………………………… 257
　3.6　紙の水分と寸法安定性 …………………………… 263
　　3.6.1　紙の伸縮と見当狂い ………………………… 263
　　3.6.2　空気中の水分量 ……………………………… 264
　　3.6.3　相対湿度と紙の平衡水分 …………………… 268
　　3.6.4　温度と平衡水分 ……………………………… 276

目　次

　　3.6.5　水の吸着，脱着速度 …………………………………… 277
　　3.6.6　紙の水分と寸法安定性 ………………………………… 279
　　3.6.7　単繊維の寸法変化 ……………………………………… 280
　　3.6.8　手抄きシートの寸法変化 ……………………………… 282
　　3.6.9　最近の研究 ……………………………………………… 285
　　3.6.10　パルプ種類の影響 ……………………………………… 288
　　3.6.11　乾燥時の収縮抑制効果 ………………………………… 290
　　3.6.12　上質紙の伸縮率 ………………………………………… 293
　3.7　寸法安定性の改善 ……………………………………………… 297
　　3.7.1　寸法安定性の改善 ………………………………………… 297
　　3.7.2　紙の製造条件の改善 ……………………………………… 298
　　3.7.3　乾燥収縮の抑制 …………………………………………… 301
　　3.7.4　コート層の改善 …………………………………………… 304
　　3.7.5　印刷条件の改善 …………………………………………… 305
　　3.7.6　印刷室の湿度 ……………………………………………… 308
　　3.7.7　木製の部屋 ………………………………………………… 310
　3.8　ま　と　め ……………………………………………………… 312
　3.9　引　用　文　献 ………………………………………………… 313

4. 新しい印刷技術と用紙 ……………………………………………… 315
　4.1　ディジタルプリンティング …………………………………… 315
　　4.1.1　E-Print 1000 ……………………………………………… 316
　　4.1.2　Xeikon DCP-1 …………………………………………… 322
　　4.1.3　Chromapress ……………………………………………… 324
　　4.1.4　Scitex ……………………………………………………… 326
　4.2　エルコグラフィー ……………………………………………… 327
　　4.2.1　開発の歴史 ………………………………………………… 328
　　4.2.2　機械の構造 ………………………………………………… 329

目　　次

　　4.2.3 イ　ン　キ ………………………………………… 333
　　4.2.4 印 刷 速 度 ………………………………………… 335
　　4.2.5 価　　格 …………………………………………… 335
　　4.2.6 特 徴 と 欠 点 ……………………………………… 337
　4.3 インクジェットプリンター …………………………… 340
　　4.3.1 研究初期の判断 …………………………………… 341
　　4.3.2 技術の改善 ………………………………………… 344
　　4.3.3 インクジェット用紙の市場 ……………………… 348
　4.4 ま　と　め ………………………………………………… 354
　4.5 引　用　文　献 …………………………………………… 356

索　　引 ………………………………………………………… 359

著　者　紹　介　　　　　　　　　　　　　　　　　　372

1. 総　　説

　この本を書いた目的は，読者の皆さんに印刷適性の概念を理解し，毎日の印刷の仕事が順調に進むように利用していただきたいと考えたからである。印刷の作業を行うには，紙とインキと印刷機が必要だが，三者の互いの関係を考慮しないで選び出したとすると，紙は印刷機を通過しないで作業は行うことができない。たとえば，ポケットサイズの文庫本を製作するのに，本を安くつくるために新聞用紙を使い，文字をシャープに刷りたいと考えてタッキネスの高いプロセスインキをインキ壺にいれたとする。印刷機が運転を開始しはじめて早々に，紙の表面強度が不足のために紙から大量の繊維が取れ，ゴムブランケットや版の上に蓄積して僅か数分で印刷機をとめて掃除をする破目になるであろう。また逆の例としては，表面に緻密でインキが通過しにくい層を持っているコート紙に新聞インキで印刷した時は，ゴムブランケットの全面にインキが付着して，紙が薄く汚れてしまう。長年印刷の作業をやっている技術者なら，紙とインキの種類の組み合わせを知っているので，トラブルの例として上げたような事故を起こすことはない。それではもう印刷適性について勉強をする必要はなくなったのだろうか？

　何が原因でトラブルが発生したのか。どうしたらトラブルが解決できるのかを理解しているのと，全く知らないのとでは印刷物の仕上がりが違うのだ。

　印刷適性とは，紙とインキと印刷条件との三者の性質の微妙なバランスを鋭い感性をもってうまく合わせることであると思う。組み合わせをさらに良くすることで印刷物の品質が改善される余地が広く残っていると確信しているからである。

　前大戦後の50年間を振り返ってみると，紙，インキ，印刷機，製版技術のいずれをとっても着実に進歩し，きれいなフルカラーの印刷物が

1. 総　説

豊富に家庭の中に入ってくるようになった。しかし，自然界に存在する豊富な色彩と比較すると，印刷物の表現範囲は，色の表現範囲を示す演色性も，明るさの差を示す印刷濃度（コントラスト）も，形の輪郭を表す線のシャープネスも，いずれの項目も印刷の表現レベルのほうが低いのだ。まだ品質のレベルを上げる改良と技術の進歩が要求されているし，また改善の余地が広く存在していると考える。

印刷適性の議論を理解するには，かなり専門の知識が必要である。

そこで，本題に入る前に人間の目，色，光，色の表示について予備知識を整理してから本題の印刷適性に入るほうがよいと考えた。

1.1　人　間　の　目

1.1.1 動 物 の 目

印刷物の品質について感覚的な評価をもとに議論を進めるときに，各人が同じに見えているという暗黙の前提にたって考えているように思われる。一人ずつが異なるものを見ているとしたら，議論はかみあわないであろうし，結論は違う方向に発展してしまうかも知れない。

極端な例として，討論の輪の中に色盲の人が一人混じっていたと仮定する。この人が積極的に発言して自分が見ている景色の印象を飽くまで主張したら，正常な視覚を持った人たちは困惑してしまうであろう。瞳の色が青いヨーロッパ人は瞳の部分を青から緑までの波長の光が80％近く通過するので，赤色に対して日本人の4倍近い感度を持っている人がいるし，感度が良いので日本人には暗すぎる部屋の明るさが居心地良いといっている。瞳の色によってこれだけ大きな感度の差があることを知っている人はごく僅かである。大部分の人は関心もなく議論に参加している。

小学生むけの動物の本，たとえば"狼王ロボ"などを読んでいると，自然界は非常に厳しくて，生き残るために感覚が鋭くなっていると書い

1.1 人間の目

てあった。血の匂い，食物の匂い，大型の動物—敵—の匂いなど，自分が子孫を残すために鼻によって1km先の匂いを嗅ぎわけて生きてきた。

狼の子孫である犬は鼻も耳も人間より遥かに優れた感覚を持っているので，目も良いのだろうと思っていたら，犬は色盲で色は見えないのだそうだ。これは犬の網膜の中に色を感じる錐状体という神経細胞がないのが原因で，錐状体の有無を調べると，その動物が色盲か否かが分かる。このようにして種々の動物を調べていくと，驚いたことに，牛，犬，猫，豚，鹿，熊，象など約6千万年前以降に分化した哺乳類が色盲になっている。大部分の高等な哺乳類は，色の感覚組織がなくて完全な色盲であり，わずかに馬だけが若干緑色に感じている。類人猿は色を感じ，最も人間に近い感じ方をしているそうだ。この事実は重要な意味を持っているように思われる。

地球が生成してから，44.5億年経つが，原始バクテリアや藻など単細胞の生物が発生したのが30億年前で，三葉虫，クラゲなどが発生したのが7億年前である。その後の生物の進化の順序は図**1.1.1**に示してあるように，4億年前に魚類が，3.5億年前に両生類が，3億年前に爬虫類が分化してきた。これらの生物は鯉も，蛙も，蜜蜂も，鶏も，いずれも色を見分けることができる[1]。

恐竜が絶滅した氷河期を境にして，その後6 000万年前以降に分化した哺乳類が色盲となっている。1 000万年ぐらい前の類人猿から，ふたたび色を感じる目を持つようになった。

大自然の法則がどのような意味を持つかはわからないにしても，人間が色を感じる目をもっているということは，非常に大きな意味を持っていると考える。人間が優れた頭脳を持って科学が発達し，2本足で立って歩いたので手が自由に使えるようになり多くの文化が発達した。

人類が色が見える目を持ったことによって，文字が発明され絵画，写真，テレビジョンが各家庭に置かれるようになった。

1. 総　説

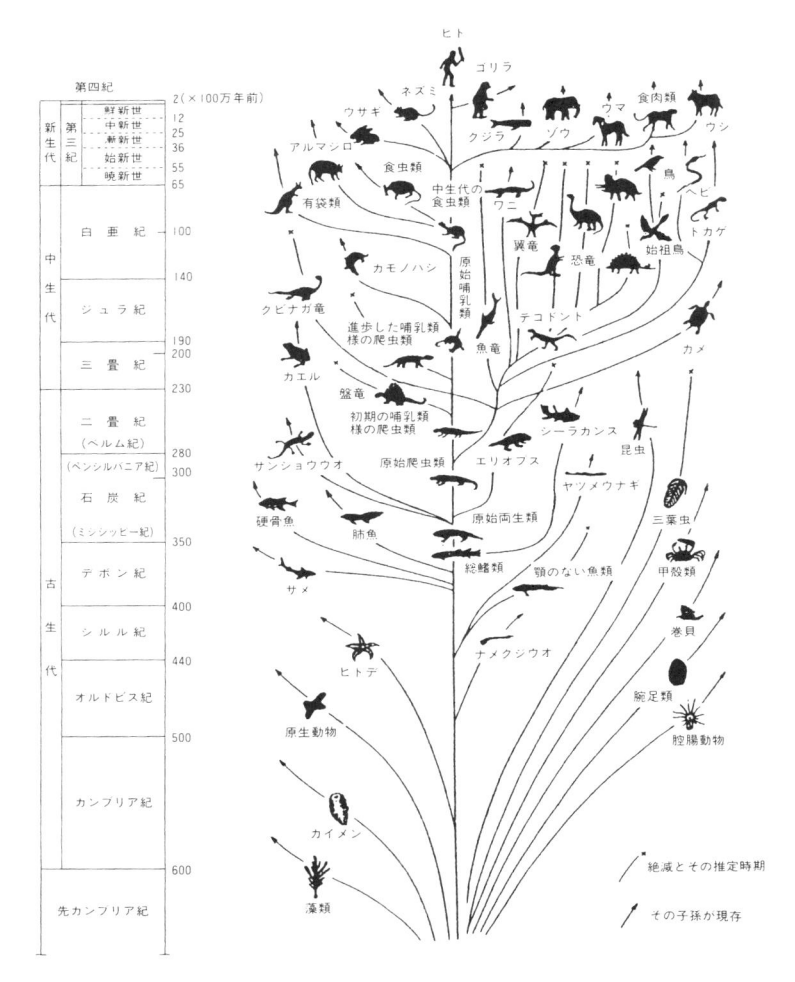

図 1.1.1　地球上の生物の進化[1]

　美術品はもとより，現代の人間の生活は着る物からインテリアまで，変化に富んだ色によって豊かになっている。色が見えるからカラー写真が欲しくなる。写真ができればフルカラーの印刷物が欲しくなる。印刷も写真の技術の進歩によって写真製版が精密にできるようになり，美し

いフルカラー印刷が日常見られるようになった。しかし，現状ではあくまでも印刷物の範囲の美しさであって，写真と比較してもいまだしの感があり，さらに被写体の実物と比較するとその差は歴然としている。差を縮める技術上の困難さは，専門の人達の痛感しているところだと思う。

　人間の目を満足させるために，形にしろ，色にしても，どの程度のレベルまで正確に再現したら良いのかを考えるには，人間の目がどこまで見えるのかを詳しく調べ認識する必要がある。

1.1.2　良く見える目
1)　アーチェリーの選手

　スポーツの祭典アジア大会は1994年10月上旬に広島市で行われた。連日好天気に恵まれ次々と新記録が生れ，中でも中国の選手は予想の通り多くのメダルを獲得した。

　NHKは毎晩スポーツ番組で，各国の選手の活躍ぶりを放送していたが，その中で私がとくに面白く感じた話は，アーチェリーの外国人選手の中に，特別に目の良い選手がいるということであった。

　アーチェリーでは，一本の矢を射るごとに，自分の射た矢が的のどの位置に当たったのかを，単眼の望遠鏡で確かめている。それは，的までの距離が70mと遠く，肉眼ではっきりと見えないからだ。

　ところがブータンからきた若い女性の選手は，望遠鏡を使わなくても肉眼で見えるという。そこでNHKのスポーツ担当の女性アナウンサーが，視力を測定する時に使用する図形，一部が欠けている円形（ランドルト環）を大きく白い板紙の上に書き，その紙を胸の前に持って次第に距離を遠くして，どの程度見えるのかを測った。その時の放送では，視力は4.0に相当するとのことであった。

　テレビの画面では，その測定は競技場の近くの野外の舗装された道路の上で行われ，曇り空の夕方らしく，あまり明るくない様子であった。

1. 総　説

表 1.1.1　JIS の照度基準

照度(lx)	工　場	住　居
3000	極めて細かい視作業	
2000	検査 a，選別 a など	
1500	細かい視作業	手芸，裁縫
1000	校正，検査 b など	
750	一般の製造工程など	
500	でのふつうの視作業	読書，化粧
300	粗な視作業，	
200	荷造など	団らん，娯楽
150		
100	出入口，廊下，階段	庭でのパーティ
75		
50	倉庫，非常階段	門標，郵便受け
30		
20	屋外通路	
10		
5		通路
2		
1		防犯

　ブータンのアーチェリーの男性コーチは，アナウンサーの質問に対して，選手の目の良い理由として，"ブータンでは空気が良いから"と答えていた。時間の制限からか，NHK の放送はそれまでで終わっている。

　しかし，人間の目は明るい程良く見える傾向が有り，細かい視作業をする場合には 1 000 lx 以上の照度が必要だと JIS の照度基準に規定されているくらいで（**表 1.1.1** 参照），視力の測定でも，照度は 200 lx と決められている。ブータンの若い選手の目がどこまで見えるのか，一定の条件でもう少し追及して欲しかった。まことに残念であった。

2)　アフリカの国立自然公園の監視人

　これは日本経済新聞に掲載された記事である。日本人のカメラマンが動物の生態を撮影するために，アフリカ中部の自然公園を訪れた時の話である。動物の居場所を探るために黒人の監視人と共に高みに上がって

1.1　人間の目

見回していたところ，監視人が

"向こうから2人の人が歩いて来る。一人は男で，一人は女だ。"
と言った。カメラマンには何も見えなかったので，双眼鏡で注意して見たら，黒い点が二つ動いているのが見えた。30分程経って，ふたたび双眼鏡で見たら，確かに一人は女であった。不思議に思って，女とわかった理由を質問したところ，監視人は笑って答えた。

"身体の小さい方が首に白く光る物を付けていたから"

カメラマンが日本に帰ってから，目の専門の医者にこの経験を話して，どの程度の視力かと相談したところ，おうよそ7.0くらいの視力に相当するであろうとの判断であった。

3)　ベドウインの生活

NHKの夜の番組"はるばると世界旅"の中で放送された。サウジアラビヤの遊牧の民ベドウインの生活を紹介する目的で，カメラマンが2週間近く生活を共にして撮影した。

ベドウインにとっては羊が財産で，牧草を求めて家族単位で移動し，草の生えている気に入った場所にテントを張って生活をする。食物も，着物も，テントから敷物まで，生活に必要な物資はすべて羊から得られる。故に，羊は財産であり，1頭でも失わないように，野生の動物や泥棒から守るために，夜はテントの近くの1か所に集めることにしている。

テレビの画面では，生活の場は砂漠とはいっても，羊の餌になる草がチョボチョボと生え小高い岩山が視界を遮るように散在している。昼間は40℃を越え，夜明けには0℃近くまでに急冷する厳しい環境に生きているのだ。

ある晩，羊が3頭見えなくなり，遂に戻って来なかった。家族は心配してテントの外で一晩中火を燃やした。翌朝，薄明るくなったところで，父親が一人で羊を探しに出掛けて行った。1時間程経って，子供達が騒ぎ出した。"いたいた。ホラ，あそこに，3匹とも戻って来るよ。"

1. 総　　説

カメラマンも急いでテントから飛び出して，双眼鏡で見たが，それらしい物は何も見えなかった。

以上の3例は都会に住んでいる者にとっては，特別に良い目と思われるから新聞の記事になり，テレビで放送されたのだと思う。

スポーツの選手が激しい鍛練を積み重ねると能力が次第に向上し，良い記録が出せるのと同じように，人間の目も，訓練を積めば良く見えるようになるのだとの論理も，一応もっともらしく思える。しかし，動物の遺伝子を調べると，本来受け継いだ能力以上のことを行うのは不可能である筈である。都会人は日常生活では先祖から受け継いだ能力に対して，半分も使っていないのではないかと思われる。

人間の内臓は心臓を除けば，他の内臓は手術で半分摘出しても，生きていられる。脳に至っては，150億個の細胞の1/10も使用していないと記述されている。人間の目も本来高い能力を持っているのに都会の日常生活では必要がなくて，能力の半分も出していないのではないか，という疑問が，上の3例から考えられるのだ。

1.1.3　視　　力

日本では小学校での視力検査をすべての人が経験していると思う。縦長の白い大きな紙に文字または円い輪の形が印刷されていて，遠くから片目を塞いで，上の大きな字から次第に下の小さい字を読んで行き，読めた最小の文字の番号で視力とする。

視力検査には，1909年の第11回国際眼科学会でランドルト環を使い基準にすることが決定した。日本ではこの基準に従って作られた万国式日本視力表が用いられる。検査の時には表を照らす明るさを，200 lxにする必要があり，室内が暗い時には健康な視力を持つ人を基準にして，距離を適当につめて測る必要がある。これは，明るさによって測定値が変わることを意味している。

ランドルト環の寸法は，環の外径の視角が5′，環の太さと切目が視

1.1 人間の目

角 1′ に相当し，その切れ目がどちらを向いているか見分けられる能力がある場合を視力 1.0 とする。

　日常生活の中で，視角を感じるとすれば，それは月であろうか。地球から見る太陽と月は，季節によって距離が変わるので，大きさも変動するが，ほぼ 30′ の視角である。冬の夜，中天に昇った月を見ると小さく見え，とても直径の 1/30 の大きさが見えるとは思えないが，地平線から出たばかりの月は大きくて，中に家の屋根も大木も入ってしまうので，木の枝の大きさから 1′ が感じられる。

　普通，視力表は 5 m の距離から見るように作られているので，具体的な寸法を計算すると次のようになる。

$$2\pi r \div (360 \times 60) = 31.416 \text{ m}/21\,600 = 1.45 \text{ mm}$$

　5 m の距離にある長さ 1.45 mm の物が，視角の 1′ に相当するので，ランドルト環の寸法は環の外径 7.5 mm，線の太さ 1.5 mm，線の切れ目は 1.5 mm になる。視力と視角は逆数関係にあり，視角 2′ (環の切れ目 3.0 mm) の記号が見えた人は，視力が 0.5 であると記録される。私は小学生の時，学校での測定で視力 1.5 の記号は楽に見えた。女の先生は 1.2 まで測ったところで止めてしまって，それ以上は測らずに 1.2 と記録された。自分では多分 2.0 も見えたであろうと記憶している。学校から帰って来ると，日が暮れるまで外で遊び，夜はテレビがなくて，あまり目を使わなかった時代だから，他の子供も皆，目が良かったのであろうと思う。

　人間の目は明るい程，細かいところまで見える。従って，視力を測定する時は視力表の表面の明るさは 200 lx と決められているが，視力表の照明の明るさが 1 000 lx になったら，視力はいくつになるのだろうか。さらに，太陽の直射光の下では，視力は何倍になるのであろうか。この疑問に対する答は誰かが測定を行って知っているのであろうが，本には記述されていない。人間の平均的視力を 1.2 と考え，目の分解能力を

1. 総　説

$$1' \div 1.2 = 50''$$

とすると，25 cm の明視距離での分解できる最小距離は

$$25\,\text{cm} \times 2\pi \div (360 \times 60 \times 1.2) = 60.6\,\mu\text{m}$$

専門書には，分解できる黒い並行の 2 本の線の距離は 80 μm であると記述されている。しかし，明るさによって視力が変わるのであれば，明るい照明の光線のもとでは，あるいは 30 μm が見えるのではないかという疑問が生じて来る。

前に述べた特別に良く見える目の 3 つの話は，いずれも標準条件ではないところの例である。ここで非常に大胆な仮定をもうけて，比較をして見ようと思う。

仮定 1. 太陽の直射光の下では，視力は 2 倍になる。曇り空では 1.5 倍とする。
仮定 2. 生活の必要性，または訓練により，視力は 1.5 倍になる。
仮定 3. 動く物体は静止している物に比較して，1.5 倍見え易い。
仮定 4. 良い環境に育った子供は，視力 1.5 が標準である。

この仮定で視力を計算すると，

(1)　アーチェリーの選手は

$$1.5 \times 1.5 \times 1.5 = 3.4$$

(2)　自然公園の監視人は

$$1.5 \times 2.0 \times 1.5 \times 1.5 = 6.8$$

(3)　ベドウインの子供は

$$1.5 \times 2.0 \times 1.5 \times 1.5 = 6.8$$

ともっともらしい数字が出て来た。これらの数字がどの程度の意味があるのか，次の目の構造の項でさらに考察してみたい。

1.1.4 目 の 構 造

目の構造は，よくカメラにたとえられる。すなわち，角膜や水晶体はレンズに，虹彩は絞りに，網膜はフィルムに相当する。

1.1 人間の目

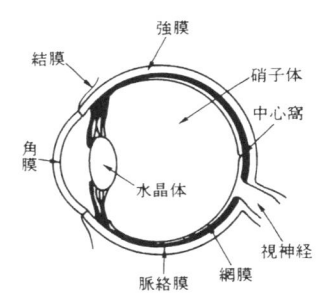

図 1.1.2 人間の目の構造

　人間の目の構造を，わかり易く図に表すと**図 1.1.2**のようになる。
　眼球の外壁は3層になっていて，外膜は角膜と強膜，中膜は虹彩，毛様体，脈絡膜にわけられるが，内膜は網膜のみである。眼球の大部分は屈折率1.335の硝子体で満たされており，その前方に水晶体がある。水晶体による光の屈折で網膜の上に像を結ぶ。水晶体の回りには伸縮し易い筋肉があり，水晶体のレンズとしての曲率を変えて，網膜の上にピントが合うように調節をしている。若いうちは水晶体が柔らかいので，変形しやすく，遠距離から近くの物まで網膜の上にピントが合わせられるが，年を取るとレンズが堅くなり，近くの物にピントが合わせられなくなる[2]。
　網膜の構造は，**図 1.1.3**，**図 1.1.4**の拡大説明図に示されているように，外側に色素上皮層があり，その内側に視細胞が並んでいる。視細胞には錐状体と桿状体とがある。錐状体は網膜の中心部に集中して存在し，桿状体は中心部を除き，広く網膜全体に存在する。錐状体は日中の明るい光に反応し，視力が良く，色を感じる細胞である。網膜中心部の中心窩に集中して存在し，**図 1.1.5**に示すようにOsterberg氏の測定では，150 000本/mm^{2}の密度である。これに対し，桿状体は暗いところで弱い光に反応して感度は良いが視力が弱く，ほとんど色を感じない。中心窩には存在せず，視角20-30°の付近が最大密度で，16万本/mm^2

― 11 ―

1. 総　説

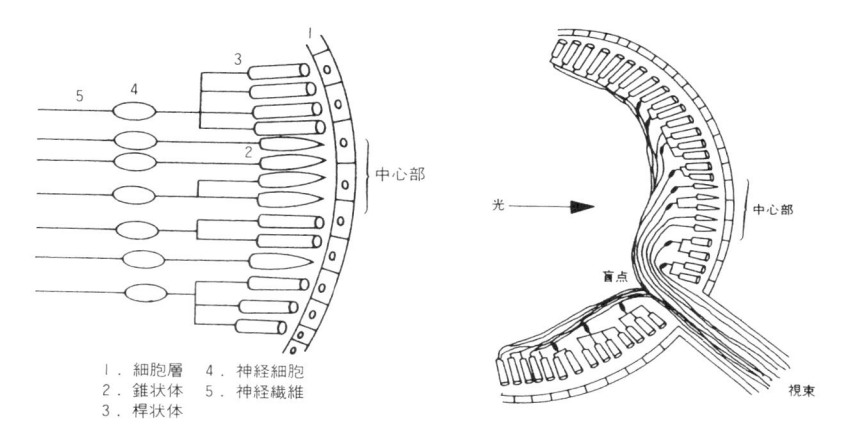

図 1.1.3　網膜の構造

1. 細胞層　4. 神経細胞
2. 錐状体　5. 神経繊維
3. 桿状体

図 1.1.4　網膜の構造
　　　　　　光の方向に注意

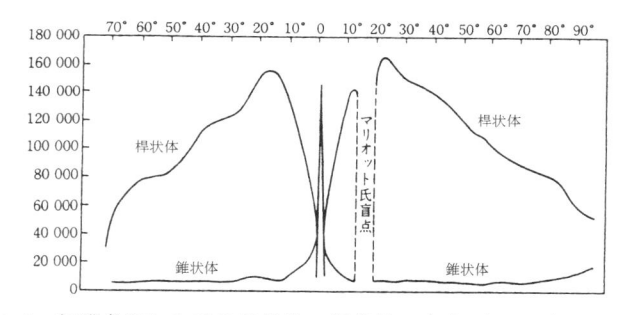

図 1.1.5　網膜各部における錐状体，桿状体の密度（1 mm^2）。
　　　　　　Osterberg 氏測定。

である。錐状体の総数は約 700 万個，桿状体の数は約 13 000 万個といわれている。急に暗いところに入ると，物が見えなくなるのは，錐状体が働かなくなるためで，しばらくすると見えて来るのは，桿状体が働き始めるからである。

　桿状体は赤紫色の感光性色素を含んでおり，これを視紅（Rhodopsin）と呼んでいる。視紅は光に当たるとレチネンとオプシンに分解し，さらに長く光が当たるとレチネンはビタミン A に分解して，色素の紅色は

1.1 人間の目

全くなくなる。しかしこれらの分解物は，暗いところではまた元の視紅に戻る。昼間の明るいところでは，色素がすべて分解しているので，働きが止まっているが，夜になって暗くなると色素が回復して明暗を感じるようになる。ビタミン A が不足すると視紅が少なくて鳥目になる。

ここで問題にしたいのは，視力に関係する錐状体の中心窩における密度である。前にも述べたように，Osterberg 氏の測定によれば，人間の目の中心窩における錐状体の密度は，150 000 本/mm^2 となっている。これから，1 本の錐状体の占める面積を計算すると

$$150\,000/\text{mm}^2 = 15/100\ \mu\text{m}^2 = 1/6.67\ \mu\text{m}^2$$

$$\sqrt{6.67} = 2.58\ \mu\text{m}$$

すなわち，区切られた正方形の中心に 1 本ずつ視神経が存在すると仮定すると，1 辺 2.58 μm の正方形の中に錐状体が 1 本存在することになる。人間の目の直径は 24 mm であるから，視角 1′ に相当する長さは，

$$2\pi r/(360 \times 60) = 150.8\ \text{mm}/21\,600$$

$$= 6.98\ \mu\text{m}$$

錐状体が 1 本入っている正方形の 1 辺で割ると

$$6.98/2.58 = 2.71$$

錐状体の直径が正方形の 1 辺の 2/3 と仮定すると

$$2.71 \div (2/3) = 4.07$$

1 本の錐状体が受けた光の刺激が脳にまで伝達されれば，視力は 4.1 になる筈である。もう一度，図 1.1.3 を見て戴きたい。錐状体から神経細胞に繋がる線が，1 : 1 の対のものもあり 2-4 本をまとめて神経細胞に繋いでいるものもある。目から脳に信号を伝えるのに充分な電圧にするのに，光量が不足の場合に数本の信号を集めて，電圧を大きくして脳に送っている。当然，数本の錐状体に同時に光が来なければ，光を感じないのであるから，暗ければ像の解像力は低下する。視力検査の照明が 200 lx では不足だから視力が低く測定される理由はこれで理解できる。

それでは，明る過ぎる場合にはどうなるのであろうか。

1. 総　　説

　光が多過ぎて眩しい時には，瞳（虹彩）が小さくなって光量を減らす。瞳は直径が2-8 mmの間を無意識の内に変化して調節している。太陽の直接光の過剰の明るさでは瞳の直径は2 mmになっている。カメラでいえば絞りを小さくし，Fナンバーを大きくした操作に相当する。結果としてレンズの焦点深度は大きくなる。

　目の構造を見ると，1枚レンズのカメラに似ている。1枚レンズでは，色収差，非点収差が大きいので，絞りを小さくし，F16にして撮影しないと，良い像が得られなかった。人間の目も多分収差があるであろうから，瞳を絞ることは，収差を小さくし像が良くなる筈である。目の直径は24 mmであるから2 mmの瞳はF12に相当する。

　水晶体によって屈折した光は，網膜の上に像を結ぶのであるが，光は一度網膜を通過し脈絡膜で反射して，ふたたび網膜に入って錐状体を刺激する。従って，焦点深度は深い方が，ピントは良い。さらに，光量が充分で，錐状体の断面の全面積に光が当たらずとも，仮に錐状体の先端の部分で，錐状体の直径の1/2の0.86 μmでパルス信号が出ると仮定すると，視力は8.1になる。

　次に，人間が適当と感じる明るさの問題を検討したい。赤道直下の1年中光に満ち溢れた島に，代々住んでいた赤道近くの人々と，ヨーロッパの長い暗い冬を過ごして来た人とでは，明るさの感じ方が違うのではないかと考え，測定を行った。

　明るさが自由に変えられる部屋を作り，最も暗い0から明るい10までの変化に対し，各国の人が自分が最も気持ち良いと感じる明るさの数字を記入した。ドイツ人は薄暗い平均2.5が好みであったのに対し，日本人はそれよりずっと明るい6.0のほうが気持ち良いと記入した。また，日本人は天井に電灯が付いていて，部屋全体が明るいのが好きであるが，ドイツ人は壁に付いているライトで部分的に明るくし部屋全体は暗い方が好きだということも分かった。

　農耕民族の日本人は，日の暮れるまで土を耕し，冬には陽光の当たる

1.1 人間の目

縁側で細工や縫い物を行って来た。それに対して，狩猟民族のドイツ人は夏は森の中を歩き，冬は窓の狭い，暗い部屋の中で半年以上暮らしてきた。数千年続いた生活の差が，目の感度を変え，明るさの好みも異なってしまったと考える。

　生活するのに適当な明るさについて，オランダの Delft 大学の A.C.S. van Heel 教授は次のように記述している[3]。

　"…居室では，平均 200 lx，本を読む時は 500 lx くらいであると快適である。細かい仕事をする時は 1 000 lx くらいの明るさにした方が良いだろうし，黒い布を縫ったり，製図をする時は 2 000 lx が必要だと考えられる。遮る物も，雲も無い空の明るさは大変なもので，地面で 2 000 lx に達することがある。白い紙に当たる直射日光は，照度が 8 000 lx の大きさに達することがあるから，強すぎて快適なものではない。"

　視力表を照らす明るさを 200 lx に規定したのは，居室内での視力を知りたかったのだ。教授も述べているように，製図をする時は 2 000 lx が必要だ，ということは明るい方が良く見えるという意味である。

　日本人が書いたら，あるいは Heel 教授のいう数字とは若干変わるかも知れない。さらに，勝手に想像すれば，ドイツ人は暗い部屋で生活している時間が長く，目の錐状体は数個連結している率が高くなり，光の豊富な南方の島の人達の目は数個連結している率が遥かに低いかも知れない。もしそうだとすると，南方の人達の方が視力が高いということになる。

　さて，種々の角度から目の解像度に付いて検討して来たが，網膜の構造からは視力 8.1 と計算されても，水晶体の収差や調節能力から，一般の人の視力は条件が良くても 4.0 が限度と考えると，25 cm の明視距離で見える大きさはどの位であろうか。視角 1′ に相当する長さは

$$\pi \times 500 \text{ mm} \div 21\,600 = 72.7 \text{ μm}$$

視力 4.0 の場合は

$$72.7 \div 4 = 18.2 \text{ μm}$$

1. 総　　説

が見えることになる。

　高級な多色オフセット印刷の網点の間隔は，
$$25.4 \text{ mm} \div 175 = 145 \text{ μm}$$
ハイライト部の5％の面積の網点の直径は，
$$(145)^2 \times 0.05 = 1\,051.3 \text{ μm}^2$$
$$2r = (1\,051.3/\pi)^{1/2} = 36.6 \text{ μm}$$

　過去には，この精度で充分との認識であったが，最近レーザープリンターなど再現性の良いプリンターが出現するにおよんで，高精細印刷が精力的に研究されているのは，目の分解能力が上回っているからであろうと考えている。

　人間の目の視力は1.2が正常で解像力は，80 μmであるという前提で印刷の製版技術やプリンターのドット密度が決められていると考えられる。民族によって異なるであろうが，照明が十分に明るければ平均的な視力が4.0で，解像力が20 μmであるとの解釈のほうが正しいとしたら，現在普及している情報機器類はすべて人間の目と比較して能力不足と解釈されても仕方ないのではないか。経済的理由から改良には時間がかかるであろうが。

1.2　色

　前節では正常な目であれば，目の構造と網膜内の錐状体の密度から推論して，視力は3-4の筈であるというのが結論である。ただし，視力測定の条件の200 lxでは明るさが不足で，1 000 lx以上の照度でなければ充分に視力は発揮されない。人間の目が高い視力を持っているとの前提は，フルカラーの良い画像を再現するために，今後議論しようと予定している，網点あるいはプリンターのドットの直径と密度に直接影響する重要なポイントであるので，最初に取り上げた。

　続いて，人間の目が色について，どのような感度を持っているのかを

考えたい。網膜の中には，光に感じる視細胞が2種類あって，桿状体は明暗を感じるのみで色を感じることはなく，色を感じるのは錐状体のみであるという。それで，目の網膜を調べて，錐状体を持たない動物は色盲であると判断している。この考え方だと，大部分の哺乳動物が色盲であることになる。

地球上の生物の進化の歴史の中で，6億年も前から分化して来た魚類，爬虫類，両生類等が錐状体を持っていて色が見える。恐竜，首長龍，翼龍等の大型動物が滅亡した地球上の大変動，何が起きたのかいまだに決定的な証拠は見当たらないようであるが，その後に進化した比較的高等の哺乳類には錐状体がなく，いずれも色盲であるという。

そして，約1000万年前に分化した類人猿から錐状体が現れ，最後に分化した人間が持っている目は非常に優れた性能を持っている。人間の文化の発展には，色が見える目の影響は大きいと考える。

1.2.1 色が変わる

1) 油絵の色

若い頃，体の弱かった私は，夏になると1週間の休みを貰い，会社の山荘のある志賀高原に家族と一緒に行った。天気の良い日には小さい子をリュックに入れ，子供の手を引いて，2000m級の山を歩き回わった。

ある日，自然の景色を油絵に描きたいと思って，針葉樹林に囲まれた陽光の良く当たる池のほとりにイーゼルを立てた。遠い山，樅の木，水の面に写る倒立の像，光の当たる明るい緑，深い影，動く雲。描写技術の勉強の意味で，自然の形も色も可能な限り忠実に描くように努力した。2日目の午後には，自分でも良く努力したと満足できる絵が描き上がった。汚さないように，2枚向き合わせて金具で締め，手に下げて東京に持ち帰った。

3日目の夜，仕事から帰って落ち着いたところで包みを解いて，絵を見て最初は"オヤ"と思った。色が全く違うのだ。全体に色が濁ってい

1. 総　　説

て，白っぽい画面になっている。"色が変わった"と瞬間的に感じたけれども，考えると変わる理由がないのに気がついた。下塗りがジンクホワイト，使った色の大部分は，ヴィリジャン，ウルトラマリーン，カドミウムイエロー，チタンホワイトで，昔から変色しないことで信用のある絵の具である。しかし，陽の当たった葉は黄色になっているし，森の陰の部分にはローアンバーが混じっているし，澄んだ池の水は濁った沼の水になっている。私の目は，子供の時から色盲といわれたことは一度もない。絵の具も目も悪くないのであれば，色が変わって見える原因で残るのは，絵を照らしている光源の問題だけである。次の日曜日に，庭にイーゼルを立て，太陽の光の下で注意して見たら，緑が戻って，水の色も澄んでいたが，記憶に残っているイメージとは少し違っている。東京の太陽は高原と光が違うのであろうか。

2)　口紅の色

女性がごく僅かな色の差を問題にして，好みで選ぶ口紅のことだから，製造のロットごとに製品の色が変わっては，メーカーの信用が落ちて商品が売れなくなってしまう。

そのため，製造工程では色の再現については充分に気を使って作業を進めている。同じメーカーの顔料を使い，ワックスほか十数種類の薬品を，精密に秤で重さを測定し加熱して混合し，ローラーにかけて練る。製造後，いったん乾燥された顔料は，多数の分子が凝集しているので，良く分散しなければならない。ローラーにかけて練るのは，凝集して大きくなっている顔料の粒子を細かくするのが目的である。

顔料の粒子は，粗い時は色が浅く，粒子が細かくなるに従い，色が濃く深くなる。ローラーを5-6回通したところで，前回のロットとの色合わせを行う。テーパーのついている溝に練った紅を入れ，濾紙に転写して，色の比較をする。色の薄い透明色から厚塗りの表面色まで，厚みの異なる全部の色が一致するかを見る訳である。

濾紙に転写するのは，濾紙の表面が粗くて唇の粗さに近いからで，ア

ート紙で比較したのでは，実際に唇に塗った時に色が合わないそうである。色が合うまでローラーでの練りを繰り返すのだが，10回通してもまだ色は変わっていく。色合わせの仕事はあくまでも目で見て行う作業で，スペクトロフォトメーターは使用していない。

3) ペイントの色合わせ

壁の色とかカーテンの色を選ぶ場合，10 cm角くらいの小さな面積のサンプルで見て決めたのと，実物とでは色が違って見えるのを，多くの人が経験していることと思う。さらに壁の表面のザラツキの度合いや，光沢等のtextureの要素を加えると，同じ物を作るのはかなり困難な作業であると想像される。

これはアメリカのペイントメーカーでの作業手順であるが，最初に注文主からきた見本を見て少量のサンプルを造る。二十数本のパイプから異なる色のペイントを少量ずつ器に取って攪拌し，見本と比べながらさらに少しずつ加えて色を合わせる。ペイントの用途から，色相ばかりでなく，隠蔽力，表面光沢なども考え合わせて混合し，見本板に塗って注文主の了解を取りつける。色合わせに関しては，言葉で表すのは全く不可能である。

話はそれるが，紙についていえば，白色度90%以上のアート紙から，白色度60%以下の新聞紙まで"白い紙"と呼んでいる。紙の見本を並べて見る場合は，人間の目は0.3%の白色度の差はハッキリと見えるから，色度図で表せば，Yのみで100種類以上に分類できる。

紙は色の補正に染料を使用しているから，色相と彩度x, yの分類を加えると，"白い紙"という言葉の中だけで普通の人が見て，優に1 000種類以上に分類できるのではないだろうか。ペイントの場合も多分"白いペイント"の中に数百種類の白があるのではなかろうか。

さて，アメリカの会社では注文主の了承を貰ったサンプルに合わせて量産する場合に，5人の色合わせの専門家が各々自分で考えた処方を提出し，責任者がその中の一つを選んで決定して生産に入るのだそうであ

1. 総　　説

る。ここに，能率を重視し権限と責任が明確にして作業をするアメリカらしさがある。

1.2.2 色を感じる機構

1）　ニュートンの色彩論

　林檎の木から熟れた実が落ちるのを見て，万有引力を発見したという逸話で有名なニュートン（Issac Newton，1642-1727）は，力学のみでなく光学の方面でも色彩に関する基本的な発見を行っている。

　イギリスの片田舎の農家の子として育ったニュートンが，ケンブリッジ大学の学生であった1665年に，ヨーロッパ大陸にペストが流行して，大学が一時閉鎖となり，ニュートンは故郷のウールスソープに帰った。故郷の静かな環境の中で，一年半を過ごしたニュートンは，光と色彩の理論，万有引力と運動の法則，微積分学の基礎を作り上げた。

　暗くした部屋の窓に開けた小さな孔から太陽の光線を入れ，光線の途中にプリズムをおくと，無色の太陽光が7色の光に分かれて白い紙に色がついてみえる。

　この実験からニュートンは，

（1）　色の異なる光は，屈折率が異なる。

（2）　太陽の光は，屈折率の異なる種々の光線から成り立つ。

との結論を導き出している。プリズムによって分けられた色をニュートンはスペクトル（Spectrum）と名付け，赤，橙，黄，緑，青，藍，紫の7色に分類している。プリズムで分けた光を白い紙に当てると，色が付いて見えるのは，紙が変わったのではなくて，光そのものが色を持っているとの考えである。ニュートンはさらに，プリズムで分けた光をふたたびプリズムで集めると，無色の光に戻ることを確かめている。

　次にニュートンは物体色に付いて考えて，

"赤い色の物体は，赤い光のみを反射し，他の色の光を反射しないから赤く見えるのだ" と表現している。この考えに到達した時にはニュート

ンはまだ23歳であった。1704年にニュートンは"光学"という著作にまとめ刊行したが，当時の学者からはさんざんな批評を受け理解は得られなかった。

2) 3原色と視神経

同じイギリスに物体の変形に付いて研究し"ヤングの弾性率"の理論で有名なヤング（Thomas Young, 1773-1829）がいる。

彼は3つの大学で，古典語，古代東方学，数学，自然科学，医学を勉強し，26歳の時ロンドンで病院を始めている。ヤングはニュートンの光の理論に興味を持ち，これを医者の立場から視覚について考えた。彼は多くの色を見分けるために，目の中に多種類の神経があるとは考えられないところから，スペクトルを青紫，緑，赤の3種類に分割し，この3色を感じ取る3種類の神経があって，色を感じ脳へ信号として送っているのだという仮説を発表した。時に1801年，ヤングは28歳，ニュートンの理論から135年後であった。ドイツのポツダムに生れたヘルムホルツ（Hermann Ludwig Ferdinand von Helmholtz, 1821-1894）はベルリン大学で勉強し，26歳の時にエネルギー保存の法則を発表し，後にベルリン大学の総長になった物理学者であるが，彼も医学者の立場から，ヤングの説に共鳴して3種類の視神経が，青紫，緑，赤の3色の光に対応して感じるが，3つの神経の組み合わせで脳へ色を感覚として伝達すると考えた。これを"ヤング・ヘルムホルツの仮説"と呼んでいる[4]。

3) 3原色の証明

イギリスのエディンバラで生れたマクスウエル（James Clerk Maxwell, 1831-1879）は電磁場の理論，気体運動論，土星の輪が連続した固体でないことの理論などを研究した幅広い学者だが，ニュートンとヤングの色彩論に興味を持った。彼は3台の幻灯機に3色のフィルターを掛けて，青紫，緑，赤の3つの光束を壁に投影した。3つの色光を近付けて重ね合わせたところ，白色になった。

また，2つの色の光を重ね合わせて，あらゆる色が作りだせることも

1. 総　説

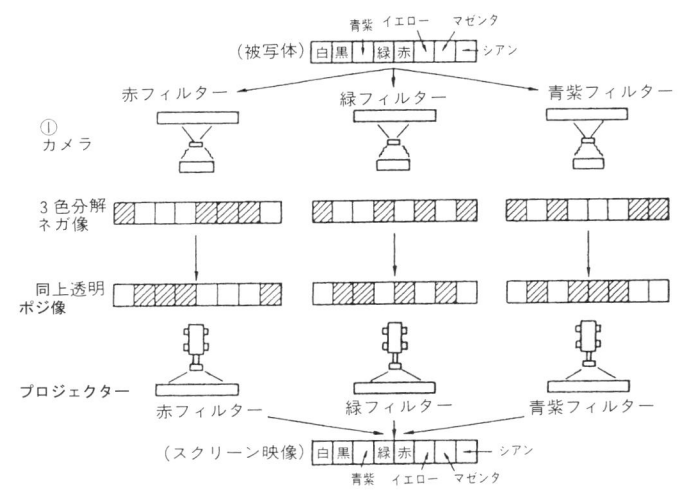

図1.2.1　マクスウエルの光混合による色再現実験

実験で証明した[5]。

さらに，マクスウエルは図1.2.1に示すように，

(1) ヤングの3原色である赤，緑，青紫のフィルターを用いて，物体の色をカメラで3色に分解撮影をした。

(2) フィルムを現像して3枚の色分解ネガを作り，これからさらに反転して3枚の透明なポジ画像を作成した。

(3) 3台のプロジェクターを用いて，スクリーン表面に3枚の合成画像を重ね合わせて映写した，プロジェクターの中には，ネガ撮影に用いたのと同じ赤，緑，青紫色のフィルターと，その組み合わせとなるポジフィルムをそれぞれに入れた。

(1) (2) (3) の工程によって，最初に撮影された物体の色が，スクリーン上に再現された。

ヤングが主張していた3種類の色を混合するとあらゆる物体色を再現できることを実験によって証明された。ここで加法混色の原理が一般に理解された。時に1860年，マクスウエル29歳の頃であった。

1.2 色

　加法混色の原理はカラーテレビに応用されている。ブラウン管の表面をルーペで拡大して見ると赤，緑，青紫の小さな点が点滅しているのが見える。この点が30万個近くあって，遠くから見ると分離できず，混合しているので，混色として見えるのである。その後，アメリカ人のアイヴス（Frederic Eugene Ives, 1856-1937）が，3色のフィルターによって分解されたネガフィルムと，スクリーンによる網点の技術の組み合わせでプロセス印刷を考案し，1885年のフィラデルフィアの展示会に出品した。これが，その後普及したフルカラーのプロセス印刷の始まりである。

　3色のインキによる網点印刷は減法混色の原理を利用したもので，カラーテレビの加法混色とは異なる技術である。

4）　感光色素

　光について詳しく説明して来たが，色が見えるには光と物体と目の3者が必要で，最後の目について少しばかり考察を加えてみたい。

　人間が色を感じるためには，3原色の光に別々に反応して電気信号に変換する視神経と，電気信号を脳に伝達する神経系統と，信号を受けた脳が3種の信号を計算して，無数の色を再現する機構が必要である。先走って結論をいえば，この領域については，ごく僅かしか分かっていないといえるのではなかろうか。

　先に述べたように，ヤングはスペクトルを赤，緑，青紫の3つに分割し，人間の目の中にはこの3色をそれぞれ感じ取る3種の神経があって，色光の受容器として作用し，脳へ信号として送っていると仮説を立てた。この仮説に到達したのが1801年であった。

　この仮説を実験によって証明しようと，多くの学者が努力している。

　証明の方法は2種類あって，1番目は光を電気信号に変換する機構で，弱い光が当たると分子が分解してパルスを出すメカニズムについての研究である。2番目は発生した電気信号を実際に測定し，脳に送られる信号がどのような形をしているのかを追及している。

1. 総　　説

　1番目の研究については，フランツ・ボルが 1887 年に，蛙の目の網膜を観察し，光が当たると赤い色が消え，暗所におくとまた元に戻ることを発見した。ヴィルヘルム・キューネは翌 1888 年に蛙の目の桿状体から赤紫色の色素を抽出するのに成功し，これを視紅（Rhodopsin）と名づけた。

　視紅は光に当たるとカロチノイドの一種であるレチネンと，オプシンという蛋白質に分解し色が褪せるが，さらに光が当たるとレチネンはビタミン A に変化して色はなくなる。このように光に感じて変化する色素を感光色素という。桿状体が夜働き，明暗を識別する視神経であるのに対して，錐状体は昼間働き色彩を感じ取る役割をしている。1937 年に，アメリカのジョージ・ウオルド（George Wald, 1906–1997）が鶏の目の錐状体から，ヨードプシン（Iodopsin）とよばれる感光色素を抽出した。これは黄色から緑色にかけての光に良く感じる色素で，鶏の目が餌を探すのに都合の良い目をしているのが証明された。同じくアメリカのマークス（W. B. Marks）は 1963 年に，金魚の網膜から 1 個の錐状体を取り出し，350–750 nm の単色光の微小光点を当て，その透過光を測定することによって，それぞれ赤，緑，青の波長の光を最も良く吸収する 3 種類の錐状体が存在することを発見し，3 原色説が正しいことを証明した（図 1.2.2）。以後，現在までに各種の動物の目から抽出された感光色素は 100 種類以上に上っている。動物の種類ごとに異なる感光色素を持っている事実をみると，人間の中でも，人種によって瞳の色が異なるように，感光色素も異なるのではなかろうかと疑いたくなる。

　5）電気信号

　第 2 の方法は，心臓の動きを心電図として捕らえるのと同様に，網膜での微弱な光に対する化学変化が電気信号となって脳へ伝えられるならば，この信号を網電図として記録できるのではないかと考えた。

　アメリカのジョンズ・ホプキンス大学の 2 人の学者は，1959 年に猫の視覚中枢に微小電極を刺し込み，光を見た時の信号を増幅器で音に変

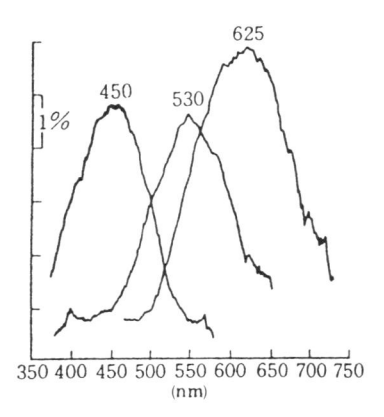

図 1.2.2　金魚の網膜の錐状体外節の吸収スペクトル（Marks: 1963）

える実験に成功している。

　同じ大学のマックニコルは，1964年に錐状体にさまざまな色光を当てた時に伝達される信号エネルギーをコンピューターで分析して，ヤングの仮説のように，赤，緑，青紫の色光を特に強く感じ取る3種類の錐状体があるのを確認した。日本でも富田という人は，1967年に鯉の錐状体に直径 0.1 μm という微小電極を刺し，単色光のフラッシュを連続的に与えて，錐状体の電気的反応を記録する方法で同様の3種類の錐状体が存在することを証明した。

　以上述べて来たように，個々の錐状体から出る電気信号を測定できるようになったのは，今から僅か30年前に過ぎない。その後さまざまな方法によって，人間の網膜にも 440，540，580 nm 付近の波長に最も良い感度を持つ3種類の錐状体が存在することが確かめられている（図 1.2.3）。この図は色に関する専門書には記載されることが多いから，多くの人がこの電気信号が，そのままの形で脳に伝達されると解釈している。ところが，御手洗らは，鯉の網膜を使い錐状体と脳との間にある水平細胞に微小電極を刺し込み，各色光に対する電気的応答を調べた。すると，1つの細胞で赤色光には正の反応を示し，緑色光には負の

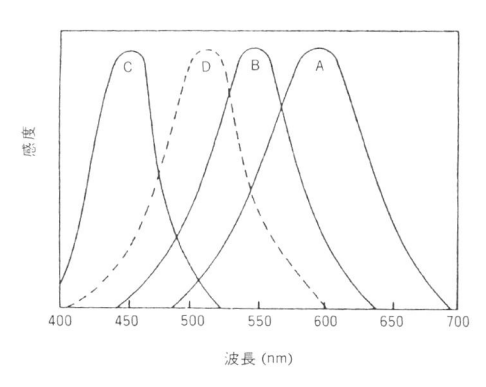

1. 総　説

図 1.2.3　錐状体と桿状体の感度　　　図 1.2.4　鯉網膜水平細胞から
　　　　　　　　　　　　　　　　　　　　　　　得た色光感度曲線
　　　　　　　　　　　　　　　　　　　　　　　（御手洗：1974）

反応を示すという色対立型の応答を示す物があることが分かった（**図 1.2.4**）。

　その後，さらに詳しい実験から，水平細胞のみならず，それより脳に近い部分の双極細胞や神経節細胞の色刺激光に対する反応形式として，赤（＋）緑（－），赤（－）緑（＋），黄（＋）青（－），黄（－）青（＋）という4つの基本型があることが分かった。これで色の残像現象や，色対比現象が説明できるようになった。脳に到達した電気信号がどのように処理されているかは，まだ研究中で定説はないようだ。

1.2.3　青い目，黒い目

　日本人と西欧人とで僅かな色の差を見分ける能力の差が問題になり，1971年，ボストンで開かれたISOの第9回国際会議で取り上げられて，実験が行われた。実験に参加した国は，日本，オランダ，ドイツ，スイスの4カ国である。瞳の色が色差の判別力に影響するかを検出するのが目的である。瞳の青い色の薄い方から濃い方に5グループに分け，各グループ20人が測定に参加した。実験は染色堅牢度判定に用いる変退色

1.2 色

表 1.2.1 日本と各国の判定値の比率

(a) 赤 (5.0 R 4/14)

級	9	8	7	6	5	4	3	2	1	国別平均
フリーレ博士	1.0	1.3	1.0	1.2	1.3	0.8	0.8	0.8	1.0	1.03
ゾル博士	1.0	4.0	2.3	2.0	2.25	1.8	1.3	1.1	1.0	1.97
グント博士	1.0	4.0	2.3	2.0	2.25	1.4	1.3	1.1	1.0	1.92
ホイベルガー博士	1.0	2.0	1.5	1.5	1.5	1.4	1.3	1.1	1.0	1.41
ミュラー博士	1.0	2.3	1.4	1.5	1.5	1.2	1.0	1.0	1.0	1.36
総平均										1.54

(b) 青 (2.5 PB 4/14)

級	9	8	7	6	5	4	3	2	1	国別平均
フリーレ博士	1.0	1.2	0.8	1.0	1.1	1.2	1.1	1.0	1.0	1.05
ゾル博士	1.0	1.2	1.0	1.3	1.2	1.5	1.3	1.0	1.0	1.19
グント博士	1.0	1.2	1.3	1.3	1.2	1.0	1.0	1.0	1.0	1.13
ホイベルガー博士	1.0	1.8	1.3	1.3	1.2	1.5	1.3	1.0	1.0	1.30
ミュラー博士	1.0	1.4	1.2	1.4	1.2	1.4	1.1	1.0	1.0	1.21
総平均										1.18

(c) 黄 (5.0 Y 8.5/14)

級	9	8	7	6	5	4	3	2	1	国別平均
フリーレ博士	1.0	0.8	0.9	0.9	0.8	0.8	1.0	1.0	1.0	0.90
ゾル博士	1.0	1.5	1.5	1.2	1.0	1.0	1.0	1.0	1.0	1.13
グント博士	1.0	1.5	1.5	1.2	1.0	0.8	1.0	1.0	1.0	1.11
ホイベルガー博士	1.0	1.0	1.0	0.9	0.7	0.8	1.0	1.0	1.0	0.93
ミュラー博士	1.0	1.1	1.3	1.1	1.0	0.9	1.0	1.0	1.0	1.05
総平均										1.02

用グレースケールと比較し，カラースケールの各級の色の差をグレースケール値により求め，これを視感値とした。5グループが判定したグレースケール値を，日本の値を1.0とした場合の倍率をまとめたのが**表1.2.1**である。表の縦軸は瞳の色の薄い方が上で，下に行く程青い色が濃くなっている。

　赤い色に対しては日本人より視感値は大きく，最高4.0倍になっている。一方黄色に対しては日本人より小さい値も出ている。また瞳の色に

1. 総　説

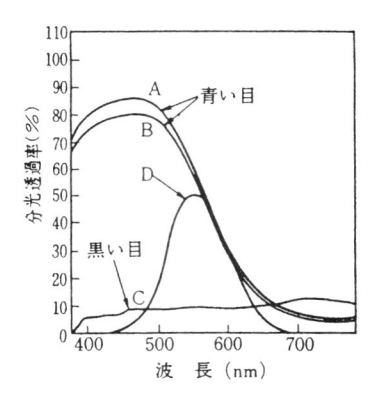

図1.2.5　青い目と黒い目　　D：比視感度曲線

近似した色のガラスフィルターの分光透過率を測定した結果が**図1.2.5**である。Aはゾルグループ，Bはホイベルガーグループ，Cは日本人のグループに似た色である。日本人の瞳の透過率は10％前後であるが，Aグループは480 nmあたりで80％以上の透過率を示している。目の水晶体を通過しない光は網膜上に像を結ばない散乱光になるので，字を見る場合は不利になる筈であるが，グレースケールのように広い面積が均一な面を見る時には，光の量が増えた分有利になったのであろうか。

1.2.4　明るさと色感

次は，日本人で，しかも全員デザインを仕事として毎日色彩について神経を使っている専門家の視感の測定結果である。

赤，黄，青の3色相で，9等級の色紙の対を貼ったカラースケールを実験試料として使用した。照明光の照度を1 090 lxから5 lxまで連続的に変化させて，順々に色の差が大きくなる9等級のどの色紙対まで色の差が見えるかを判定した。

○…9等級の差がすべて識別できる。
△…9等級のうち，3-4番目の差が識別できる。
×…最大の色の差が識別できない。

実験者はA–Kの11人で，その測定結果を**表1.2.2**に示す。この結果から次のことが分かる。

(1) 赤に感度の良い人は，C，D，Hの3名で，C，Dは青に弱い。
(2) 青に感度の良い人は，A，G，Hの3名で，A，Gは共に赤に弱い。
(3) 照度の影響を受け易い人は，E，F，Jで，720 lxが最も適切な照度で，1 090 lxは逆に識別能力が低下する。
(4) Bは低照度で赤，青の感度は低いが，黄には高い感度を持っている。
(5) Iは3色相とも同程度の感度を持っている。

色彩に関する仕事をしている専門家でも，色の識別能力に大きな差があることが判明した。

すべての色に優れた感度を持つ人を標準観測者と呼ぶが，そういう人は人口の僅か2％程度と極めて少ないそうである。また，染料堅牢度のJISでは，視感判定を行う際の照度を570 lxと規定しているが，以上の結果からは日本人にはより明るい方が良いのではないかと思われる。

1.2.5 色を表す言葉

1) 日本の言葉

日本の古い文書には，微妙な色を表現する言葉が数多く使われている。

"日本色彩文化史"を著した前田氏によれば，平安時代に既に145の色名があったことが述べられている。さらに，江戸時代に入ると，庶民文化が発達し，新たに159の色名が加わって来る。明治時代になると，外国の文化が流入して来て，色名にもモダンな言葉が増えている。

色名については次のような分類もできる。

　＊動物名　　　：鼠色，鳶色，鶯色
　＊動物の部分　：肌色，象牙色

1. 総　　説

表 1.2.2　視感判定実験結果

判定者	照度(lx)	カラースケール R	Y	B
A	110 10 5	×		○ ○ ○
B	42 5	△ △	○ ○	△ ×
C	110 42 5	○ ○ ○	○ ○ ○	△ ×
D	250 5	○ ○	○ ○	△ ×
E	1,090 750 450 110	× ○ △ ○	△ ○	△ ○
F	1,090 720 110 5	△ ○ ○ △	△ ○ ○ △	△ ○ △ ×
G	450 250 5	△ △ ×	△ △ ×	○ ○ ○
H	1,090 720 250 42 5	○ ○ ○ ○ ○	○ ○ ○ ○ ○	○ ○ ○ ○ △
I	1,090 720 250 42 5	○ ○ △ △ △	○ △ △ △	○ △ △ △ △
J	1,090 720 250 42	△ ○ ×	△ ○ ×	△ ○ △ ×
K	1,090 720 250 110 5	○ ○ ○ × △	○ ○ △ △ △	○ △ △ △

—30—

1.2 色

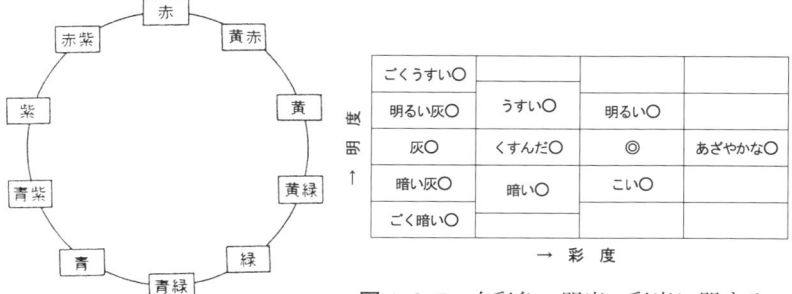

図 1.2.6　有彩色の基本色名

図 1.2.7　有彩色の明度，彩度に関する修飾語

```
＊鉱物名     ：黄土色，鉄色，金色
＊人名       ：利久鼠，仲蔵茶
＊国名，地名  ：江戸紫，京紫，深川鼠
＊自然現象    ：空色，スノーホワイト
＊食品名      ：チョコレート色，卵色
＊抽象的色名  ：ミッドナイトブルー
```

小学館から発行された"色の手帖"には358種類の色見本が色名と共に付いている。

2)　JISの色名

1985年に制定された"JIS Z 8102 物体色の色名"では，物体の表面色の表現を系統的に基本色名10（図1.2.6），色相に関する修飾語5，有彩色の明度，彩度に関する修飾語12（図1.2.7）の組み合わせで行っている。

色の3属性による表示と系統色名との関係を図1.2.8に示す。この方法ではすべての色を240種類に分類できる。

3)　外国の色名

アメリカ国家基準局（NBS）が発行している色名辞典には，英語の固有色名が広く蒐集されていて，色名の種類は7500種くらいある。この色名には同じ色にいくつもの名前が付けられている場合がかなり多く，

1. 総　説

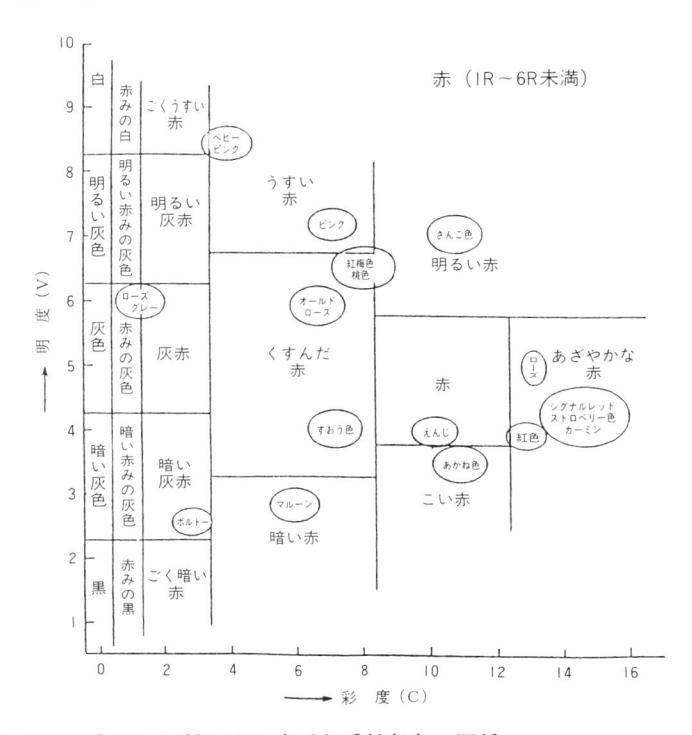

図 1.2.8　色の3属性による表示と系統色名の関係

逆に全く名前の付かない色の範囲も沢山あるようである。固有色名の場合にも，何も連想が生れないことによって生じる命名不能区域が，いたるところに残されている。

4)　色の数

人間の目で違いが識別できる色の数は，計算上は1000万色くらいはあるだろうと推計されている。商工業の発達した文明社会において，日常区別する必要がある色数は，少なくとも50万色は下らないだろうともいわれている。日常区別する必要のある色数でさえも，色名の数を遥かに越えている訳で，単純計算をすれば，60色以上の範囲を1つの色名で代表させなければ間に合わないことになる。

2種以上の色板を並べて色の差を相対的に比較して見るときは，人間の目は非常に高い能力を発揮する。明るい照明の下で印刷物を比較すると品質の優劣は瞬時にして感じとられる。しかし色の絶対値を記憶するとなると人間には全く不得手な領域である。昨日印刷した刷り物と今日の刷り物とを別々に見て比較しようとしたら，たちまち自信をなくして口ごもってしまうであろう。ここに測定器の存在価値がある。

1.3 光の性質

人間に物体の形や色が見えるのは，物体を照らしている"光"と，それを波長別に選択的に吸収・反射する"物体"と，反射された光を受けて感じる"視覚"という三つの要素から成り立っている。この三要素のうち人間の目の"視覚"を最も重視して最初に二節にわたり説明してきた。次に"光"の性質についてこの程度は知っておいた方が良いと考えていることを伝えたいと思う。光については専門書が数多く出版されているので，基礎的な部分の説明は専門書にゆずり，ここでは画像の品質評価に直接関係する項目のみについて説明する。従って光の性質のうち回折，干渉，偏光，量子光学等は省略する。また色光，色の測定，色の表示は内容が多いので項を改めて説明する。

1.3.1 光の発生

1) 白色光

ニクロム線のヒーターに電流を流すと，赤い光を出し熱く感じる。黒い色の炭も火をつけると赤くなり，手のひらに熱を感じる。口で吹くと火が強くなり，色が白っぽくなり熱も強くなる。どんな物も温度が高くなると光を出すようになるようである[6]。

ある固体の物質の塊の中に孔をあけ，孔の口を同じ物質でふさぎ中に空間を作る。空間のまわりの壁の温度が一様になるように外部から熱を

1. 総　説

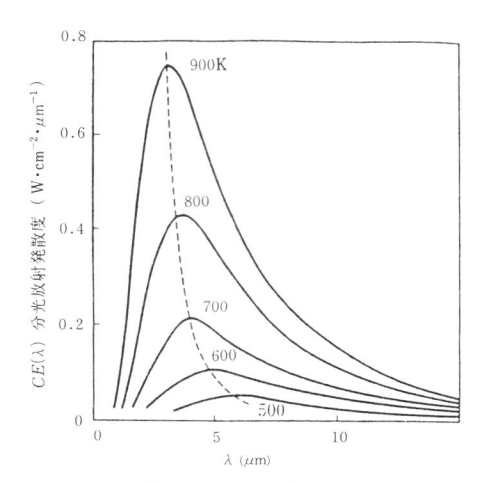

図 1.3.1　プランクの熱放射スペクトル[6]

加えてコントロールし，壁の温度を一定に保つと，壁の各部分は自分で光を出すと同時に，他の部分からの放射を受ける。この放射の一部は反射され，残りは吸収されて熱になる。

　このようにして平衡状態に達すると，単位体積あたりの放射の量は，壁の材質や表面の粗さ，または反射特性等とは無関係のある値になるのである。この場合，放射エネルギーの波長分布もまた，壁の材質によらない。以上の放射の量と放射エネルギーの波長分布の二つのことは温度だけに依存するのであって，グラフにすると**図 1.3.1**になる。これを黒体放射という。そのわけは，得られる分布が，同じ温度における黒い物体，全波長の放射を完全に吸収する物体の出す放射の波長分布と同じだからである。図 1.3.1 を見て，すぐに気がつくことは，物体の温度が高くなるに従い放射エネルギーの総量が大きくなっていることである。これにはステファン・ボルツマンの法則と呼ばれる式がある。単位時間，単位面積あたり物体の表面から放射されるエネルギーは

$$\Phi = \sigma \mathrm{K}^4$$

で表される。K は絶対温度で，温度が 2 倍になると，放射エネルギーは

16 倍になる。さらに図を見て気がつくことは，温度が高くなるに従って，放射エネルギーの最大を示す波長が短くなってゆくことである。これについてはウイーンの変位則と呼ばれる式があり，プランクの放射理論が与えられる以前から経験的に知られていた。

$$\lambda \text{ m} = 2\,898 \text{ μm/K}$$

　この式より計算すると，100 W ガス入電球，A 光源，2 856 K の主波長は 1.015 μm で，人間の目には見えない赤外の領域になる。また太陽から発する熱放射は，地球の軌道のところで 1 cm^2 あたり 8.24 J/min である。これから計算すると，太陽が出している全エネルギーの量は毎秒 3.78×10^{26} W である。もし太陽が完全黒体であるとすれば，これは表面の温度が絶対温度で 5 784 K に相当する。それで地球に到達する前の太陽光の主波長は

$$\lambda \text{ m} = 2\,898 \text{ μm}/5\,784 = 501.0 \text{ nm}$$

この波長は人間の目で感じる色名で表現すれば，青緑色である。

　太陽光が地球に到達した時，紫外線の大部分はオゾン層によって吸収され，空気層で短波長の光が散乱して減少するので，正午の地上に到達する，青空の光を含まない直射光の色温度は 5 035 K となっている。この光の主波長は

$$\lambda \text{ m} = 2\,898 \text{ μm}/5\,035 = 575.6 \text{ nm}$$

　この光の分光分布は図 1.3.2 のような形になる。人間の目が感じる光の全波長に渡りほぼ均一なエネルギー分布になって，理想に近い光である。実際には太陽の直射光に青空からの散乱光が加わるので，図 1.3.3 の 6 504 K のような分布の光が地上にきている。この分布に近い形をタングステンランプとフィルターで作ったのが標準光源 C である。全天が雲に覆われた時の光も同様の分布をもった光になる。

　このような光の環境のもとで，数億年かけて進化してきた植物が揃って緑色の葉を持ち，500 万年以上をかけて進化した人間の目が，色を感じる錐状体が 550 nm あたりで最も感度が良く，暗いところで感度の良

1. 総　　説

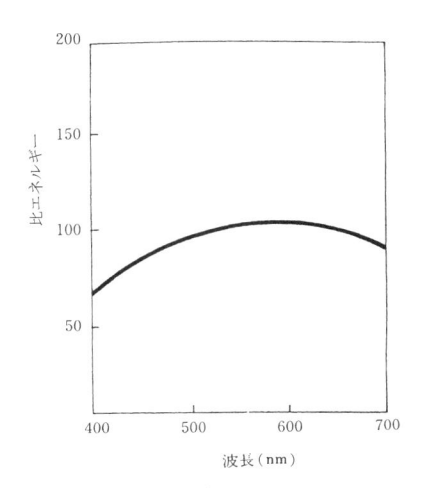

図 1.3.2　色温度 5 000 K の分光分布

い桿状体の感度が 500 nm 付近で最大である理由が理解されるのである。

　さて，以上述べたようにすべての物質が高温になると光を発することは理解できたが，出てくる光が特定の波長のみではなくて，上下限はあるがすべての波長を含んでいることについては，その理由を説明している書物は見当たらない。

　2)　スペクトル

　プリズムで光を単色光に分け，波長の順に並べたものをスペクトルという。太陽光をプリズムで分解すると，赤，橙，黄，緑，青，藍，紫の色に分かれる。分光機や計測装置の進歩によって，可視光だけでなく紫外線，赤外線，X 線を含みスペクトルが調べられている。光は広義には電磁波の一種で，人間の目はその内の僅か 0.38–0.81 μm の範囲の波長の電磁波を光として感じているに過ぎない。光より波長の長い方では，ラジオ波，マイクロ波，赤外線があり，短い方では紫外線，X 線，γ 線がある。これらをまとめたのが**表 1.3.1** である。波長の範囲が 10^{18} の広がりがある中で，人間の目に感じる光は音でいえば僅か 1 オクターブ

表1.3.1 電磁波の波長

波長範囲	名称	分類
100 km～10 km	極長波（VLF）	ラジオ波 / 無線用電波
10 km～1 km	長波（LF）	ラジオ波 / 無線用電波
1 km～100 m	中波（MF）	ラジオ波 / 無線用電波
100 m～10 m	短波（HF）	ラジオ波 / 無線用電波
10 m～1 m	超短波（VHF）FM，テレビ波	無線用電波
1 m～100 mm	極超短波（UHF）	マイクロ波 / 無線用電波
100 mm～10 mm	センチメートル波（SHF）	マイクロ波 / 無線用電波
10 mm～1 mm	ミリメートル波（EHF）	マイクロ波 / 無線用電波
1 mm～0.81 μm	赤外線	
0.81 μm～0.64 μm	赤	可視光線
0.64 μm～0.59 μm	橙	可視光線
0.59 μm～0.55 μm	黄	可視光線
0.55 μm～0.49 μm	緑	可視光線
0.49 μm～0.43 μm	青	可視光線
0.43 μm～0.38 μm	紫	可視光線
0.38 μm～10 nm	紫外線	
10 nm～0.1 nm	X線	
0.1 nm～1 pm	X線	
1 pm～0.1 pm	γ線	

に過ぎない。

　先に述べた白色光のスペクトルはすべての波長を含み連続スペクトルになるが，放電灯やアーク灯の光では単色光が飛び飛びの線状になり，不連続スペクトルと呼ばれる。一般に，発光体が気体であるときは不連続スペクトルを現すことが知られている。気体が分子でなく原子であるときは，はっきりした線状スペクトルになる。

　線状スペクトルは，発光体である元素の種類ごとに決まった配列を持っている。このためスペクトルの状態を既知の元素のスペクトルと照合すると，発光体に含まれている化学元素の種類が推定され，その相対的な強度から成分元素の存在比がわかる。

　線状スペクトルの光で物質を照射すると，スペクトルの色のみ見えて他の色は見えず，明暗のみになるので照明用光源には使用できない。

　3）　標準光源

1. 総　説

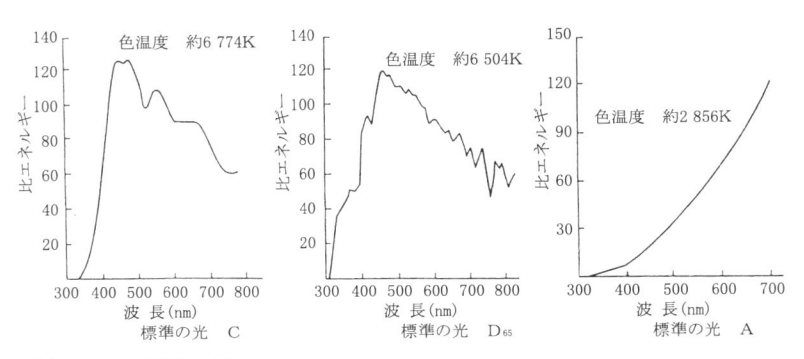

図 1.3.3　標準の光

　物体の色を精密に比較するには，それを照らす光線がすべての色を均等に含んでいなければならない。この理想に近い光源は昼間の太陽の直射光であるが，太陽光は地域，時間，天候によって変化するので測定のための標準にすることはできない。従って，実用化されているのはタングステンランプのみである[7]。

　国際照明委員会（CIE）では，測色において標準となる光源として，1964 年に A, C, D_{65} の 3 光源を規定している。標準の光 A は，色温度 2 856 K のガス入りタングステン電球からの放射光とする。標準の光源 C は，標準光源 A からの光に，それぞれ厚さ 10 mm の 2 種の水溶液フィルター C_1，C_2 を通過させて得られる。標準の光 D_{65} は，色温度 6 504 K の昼光の分光エネルギー分布に相当するが，具体的な光源は規定されていない。同じ印刷物を見ても，A 光源では赤色が明るく見えるが青が暗く見え，C 光源では青色が目立ってきて赤色は暗くなる。従って，測定の記録にはどの光源を使用したかを記載しないと，判断を誤ることがある。

　各標準光源のスペクトル分布を図 1.3.3 に示す。図に見られるように，標準光源 C は青い光の成分が多く実際の色を観察するにはかなり青すぎる。日本印刷学会では日本人の目に適した光源の温度を研究するために専門の研究委員会を設けて数年がかりで検討を行った。実験を行

1.3 光の性質

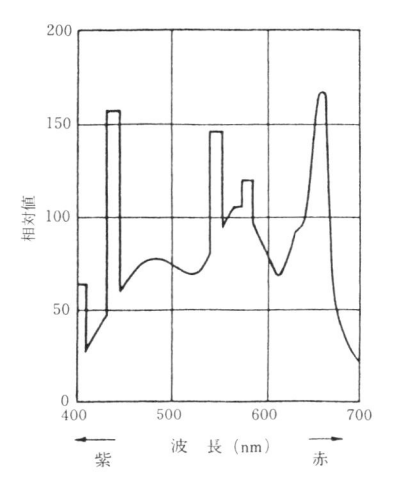

図1.3.4 高演色性白色蛍光ランプの分光分布

った小委員会では官能テストを重ね，4 700 K の付近の照明光が良いことを確かめたが，研究委員会の最終の結論としては，1965年に5 000 K ±200 を標準光源として決定した。5 000 K は青空の散乱光を含まない太陽の直射光と同じで図1.3.2のスペクトル分布をしている。外国では ANSI（American National Standards Institute）が原稿と校正刷の比較に 5 000 K を規定し，ISO（International Organization for Standards）では印刷物の観察用に 5 000 K±20 ミレッドを規定した。これらの新しい規定に合わせて日本の電気各社が蛍光灯を発売したが，蛍光灯のスペクトルは図1.3.4のような分布をしているので，理想からは大分遠い状態である。各種の光源の色温度を表1.3.2に示す。

1.3.2 光の直進

光は真直ぐに進むものと人は皆思っている。普通の生活の場ではそれで不都合はないのだが，光が真直ぐに進むのは真空中の場合で，屈折率が 1.000 29 の空気の中では光は曲がる。地球の外から大気中に光が入る時に地表に向かって光が曲がるので，実際には太陽はまだ水平線より下

1. 総　　説

表 1.3.2　各種光源の色温度

色温度	光　　源
800 K	熱したニクロム線
1 000 K	炉の火
1 900 K	ローソクの灯
2 100 K	石油ランプ
2 400 K	20 W 電球，アセチレンランプ
2 740 K	40 W ガス入電球
2 856 K	A 光源，100 W ガス入電球
3 000 K	電球色蛍光灯
3 200 K	写真用フラッシュランプ
3 500 K	温白色蛍光灯
3 700 K	カーボンアーク灯
3 800 K	クリヤーフラッシュバルブ
4 000 K	日の出1時間後，日の入1時間前の太陽
4 300 K	白色蛍光灯
4 800 K	日の出2時間後，日の入2時間前の太陽
4 874 K	B 光源
5 003 K	D_{50}光源，日本印刷学会推薦標準照明，昼白色蛍光灯
5 035 K	正午平均光
5 080 K	海面上の直射光
5 503 K	D_{55}光源
5 800 K	4 – 9 月， 9 – 15 時の平均太陽直射光
6 504 K	D_{65}，昼光色蛍光灯
6 774 K	C 光源
6 800 K	100％曇天光
7 504 K	D_{75}光源
10 000 K	北空光
14 000 K	天頂空光
20 000 K	快晴日の青空光

に在るのに人間には見えている。このために日の出は早くなり，日の入りは遅くなる。春分の日，3月21日の東京の日の出から日の入りまでの時間は，夜間より8分長い。これを地球の自転の速度から角度に換算すると 120′ になる。これから太陽の視直径 32′ 2″36 を差し引くと

$$(120-32) \div 2 = 44′$$

$$44 \div 32 = 1.38$$

1.3 光の性質

　以上概算であるが，地球上の大気に入る時に光は太陽の視直径の1.4倍の角度曲がったことになる。他に蜃気楼も空気の密度の差によって光が曲がった例である。

　Issac Newton は1704年に出版された"光学"の中で，ニュートンの第1法則である"力の働かない物体は直線上を一定速度で動く"という原理に従い，光が直進すると述べている。ここでは，光は重さを持った粒子と考え"物体の近くを通過する時に引き寄せられて方向を変え，直線運動では到達することが不可能な影の部分に達することができる"と回折現象を説明している。

　同時代のオランダの物理学者ホイヘンス（Christiaan Huygens, 1629–1695）はエーテルの概念を導入して"ホイヘンスの原理"を発表し，光の波動説を基礎にして光の直進性や屈折，反射などの現象を説明した。この原理は波の進み方を図で求める方法を示す。ある瞬間の波面上の各点が，それぞれ独立した波源となって送り出す二次的な球面に共通に接する包絡面が，次の瞬間の波面になるという考えである。光源から出た光はあらゆる方向に球面波として拡がってゆくが，光源からの距離が遠くなると，図1.3.5に示すように球の一部は平面とみなせる。平面波の伝播は図1.3.6に示すように，ある時刻に平面波の波面A–Hがあると，この波面上の各点A, B, –Hから波長λの半径を持つ円を描くと，包絡面PQではすべての位相が山に対応する。それ以外の点は山や谷が重なって山とは観測されない。このようにして周期Tの間に波長λだけ波が進む。波の進む方向は波面に直角の方向である。真空中を進行する波は曲がることなく直進する。波動説は光の反射，屈折，回折，干渉の現象を説明するには便利であるが，ホイヘンスの原理には波長の概念が組入れられていないので，このままの形では波の伝播に伴う特有の現象は説明できない。

1. 総　説

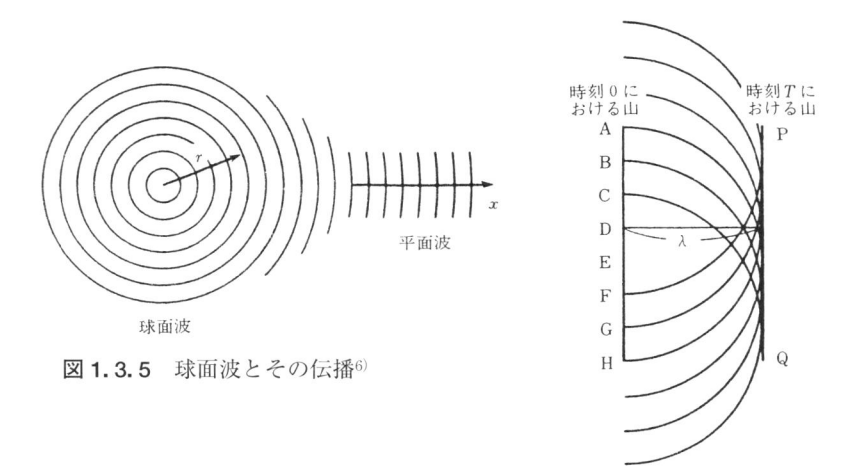

図 1.3.5　球面波とその伝播[6)]

図 1.3.6　ホイヘンスの原理による平面波の直進の説明[6)]

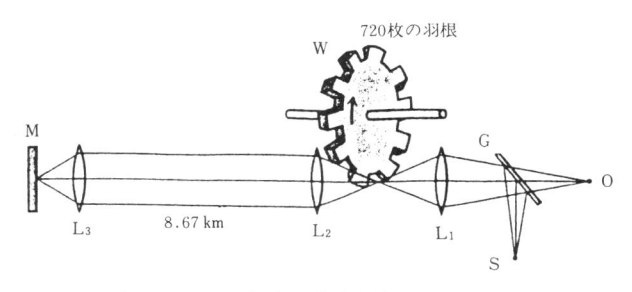

図 1.3.7　フィゾーの用いた光速測定装置[6)]

1.3.3 光の速さ

　地上で光の速さを最初に測定したのは，フランス人のフィゾー（Armand Hippolyte Louis Fizeau, 1819–1896）で，1849年にパリで行われた。彼はパリの2つの丘，モンマルトルとシュルネの距離 8.67 km の間で光を反射させて**図 1.3.7**の装置で実験を行った。光源 S から出た光は半透明の鏡 G によって反射され，720枚の羽根のついた歯車 W の溝の部分を通り抜けて，反射鏡 M によって反射される。歯車が高速

1.3 光の性質

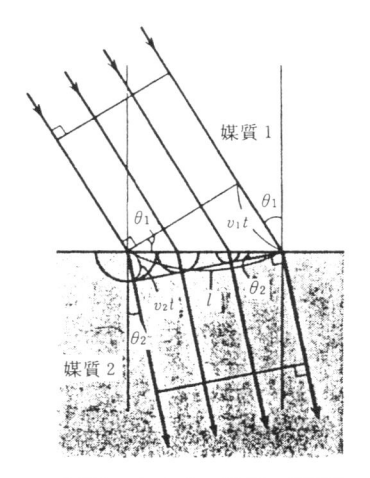

図 1.3.8 ホイヘンスの原理による光の屈折の説明[6]

回転をしているとき，回転速度が毎秒 25 回転増えるごとに，観測者 O には明るく見え，その途中は暗く見える。これは反射された光が歯車の溝を通り抜けるか，羽根で遮られるかによる。このことは光が往復する時間が 1/25 秒の 1/720 であることを意味する。従って，光速は

$$28.67 \text{ km}/(1/25) \times (1/720) = 3.12 \times 10^5 \text{ km/s}$$

と推定された。実験装置の簡単さのわりには精度の良い測定値が得られている。今日では実験方法が改善され精度も向上し光速は次の値が正しいと考えられている。

$$C = 2.99792458 \times 10^5 \text{ km/s}$$

この数字は光が真空中を伝わるときの速度で，物質中を伝わるときはその物質の屈折率 N に応じて $1/N$ に速度が低下する。光速は自然界においていろいろな相互作用が伝播するときの速度の上限を与えるという意味で，最も重要な物理定数の一つになっている[8]。

1.3.4 光の屈折

屈折はホイヘンスの原理を用いて説明される。媒質 1 では光の速度が

1. 総　説

v_1，媒質2ではv_2であるとする。斜めに入射した光は，2つの媒質の境界上の各点に異なる時間に到達する。各点からは今までより遅い速度の球面波を生じるので，媒質2の中にできる包絡面は**図1.3.8**のように異なる方向を向いた面となる。

　入射角$=\theta_1$，屈折角$=\theta_2$とすると，次の式が成り立つ。
$$\sin\theta_1/\sin\theta_2 = v_1/v_2$$
　真空中の光速度をC，媒質1，2の屈折率をn_1, n_2とし
$$n_1 \times v_1 = n_2 \times v_2 = C \text{ と定義すると}$$
$$\sin\theta_1/\sin\theta_2 = n_2/n_1$$
これはスネル（W. R. Snell，1591-1626）の法則と呼ばれる。

　光速は真空中を進むときは前項で述べた速さであるが，地球上の物質中を進むときには屈折率に応じて速度が低下する。真空に対する標準空気の屈折率は波長589.3 nmの光で，1.000 292である。液体や固体の屈折率を測定するときは，空気に対する屈折率で表している。水は1.333 0, クラウンガラスは1.518 2, ポリスチレンは1.592である。セルロースについての測定値は見当たらないが1.55-1.60の近くであろうと考える。

　氷やガラスは透明で向側の物体の形が透けて見えるが，これを細かく砕いて行くと，次第に白くなり遂に全く透けて見えなくなる。これは空気と氷の界面で光の方向が曲り，その回数が増えるに従いあらゆる方向に光が散乱するからである。紙の素材のパルプは太さが20-60 μmと非常に細いので光の散乱が激しく，紙は非常に薄いのにも関わらず不透明度が高く，向こうが透けて見えないという特性を持っている。パルプは繊維の細いL材を使う方が不透明度が高くなる。紙層の中の繊維の詰まり具合の不均一さ"地合い"を見るとき，一般に紙を透過光に透かして見る。これは繊維の少ない部分は光の透過が良くて白く見え，繊維の多い部分は光の散乱が多くて透過光が少ないために黒く見える性質を利用している。しかし繊維の水分が多いときに圧力を掛けると，繊維同士

が密着して光の散乱が減少し半透明になる。この性質を利用し水分と圧力をコントロールすると，不透明度を保ちながら目で見る"地合い"のむらを改善できる。

1.3.5 光の反射

山梨県忍野村の池に写る逆さ富士は昔からその姿の美しさで有名で，今なお写真愛好家の集まる場所になっている。水の表面に写る景色は上下は逆になるものの，色はほとんど変わらず少し深くなるのみである。

これを物理的に見ると，空気に接している屈折率の高い物質の面が平滑な場合，反射光は面に直角な法線と入射光とでつくる平面内で法線の反対側に入射角と同じ角度で反射する。ここで注意して欲しいのは，反射光の強さと色相である。反射光の強さは物質の屈折率が大きいほど強く，法線に対する入射角が大きいと強くなる。屈折率 1.567 の硼硅クラウンガラスの場合，法線に対し 20°の角度の入射光に対して反射光の強さは 4.91％，法線に対し 45°の場合 5.97％，60°の入射角の場合で反射光は 10.0％，75°では 26.46％である。そして反射光の色は着色することなく光源と同じ色である。この着色しない反射光が印刷物を見るときに非常に邪魔をする。

アート紙に多色印刷をすると，シャドウ部の表面は光沢が高くなる。ここでインキ膜を通過した着色した光の量と，着色しない表面光沢光の量とを比較してみる。物質の屈折率と反射率の測定値で本に記載されているのは僅かしかないので，ここでは多くの仮定を入れて概数で比較する。印刷物を観察する条件によりインキで着色した光と，無着色の表面光沢光の比率を三つの条件について考える。

条件(1) 輝度の高い光源から出た光で照射された印刷物の表面光沢光が直接肉眼に入る場合。
条件(2) (1)の光沢光が目に入らない場合。
条件(3) 白い天井の散乱光で印刷物を照射した場合。

1. 総　　説

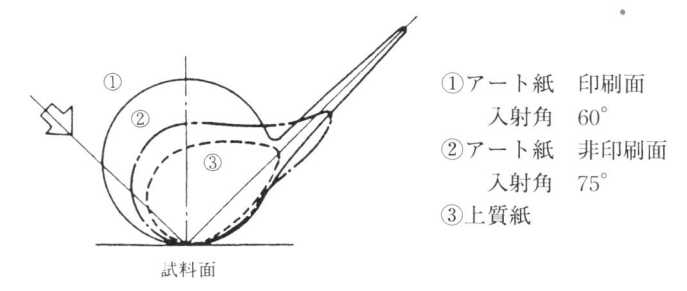

①アート紙　印刷面
　　入射角　60°
②アート紙　非印刷面
　　入射角　75°
③上質紙

試料面

図1.3.9　物体からの変角反射光分布特性の例

今，紙を白色度85％，光沢度65％の高級なアート紙を選び，これにグロスインキで4色刷りを行い濃度1.6の強光沢の印刷物を作ったとする。アート紙からの反射光をゴニオフォトメーターで測定すると，**図1.3.9**のようなグラフが得られる。法線方向の散乱光と光沢光の強さは略同じと考えて良い。濃度1.6の印刷を行うと，印刷面からの反射光は2.14％になる。印刷インキは**表1.3.3**に示す素材を使用しているので，インキの屈折率は1.55程度と考えるとクラウンガラスの反射率と同じになり，印刷面の光沢はアート紙の光沢より高くなり100％以上となる（白色度の標準板の反射率を100％とした比率）。着色光の2.14％に対し着色しない光沢光は100％以上であるから，両者の比率は40倍以上の差になる。この状態は印刷物を太陽の直射光の下で見ると納得される。印刷物の表面は太陽の光で輝き，印刷の色はほとんど見えない。

条件(1)のような形で印刷物を見る人はいない。これは光量の比率を計算しやすくするために考えた特殊な条件である。

条件(2)の場合は窓のカーテンを引いて，部屋の中を薄暗くしておいて，カーテンの隙間から太陽の直射光を印刷物に当てる。印刷物を動かして光沢が目に入らないようにすると，天井からの光が弱くてほとんど感じないので，印刷は驚く程綺麗に見える。濃度1.6の印刷物の反射光量はほぼ1/40になるから，8 000 lxでまぶしい太陽の直射光の明るさも200 lx相当になり，シャドウ部のグラデーションもはっきり見える。

1.3 光の性質

表 1.3.3 インキ成分の屈折率

水	1.33
油　脂	
アマニ油	1.472-1.478
エノ油	1.480-1.483
キリ油	1.519-1.511
オイチシカ油	1.509-1.514
羊毛ロウ	1.472-1.475
ロジン油	1.54
脱水ヒマシ油	1.487
樹　脂	
アルキド樹脂	1.575
変性フェノール・ホルムアルデヒド樹脂	1.67
クマロン・インデン樹脂	1.63
ロジン	1.525
顔　料	
沈降性硫酸バリウム	1.64
リトポン	1.80
チタン白	2.8
鉛白	1.9-2.4
亜鉛華	2.0
アンチモン白	2.1-2.2
硫酸カルシウム	1.64
硫化亜鉛	2.37
シリカ（石英）	1.55
アルミナホワイト	1.50

しかし，印刷物を太陽の直射光で見て比較する人もごくまれであろう。

条件(3)は普通に見られる条件である。日本の会社の事務所は天井も壁も白く塗り，蛍光灯を天井に沢山並べて，あらゆる角度から均等な光がくるように配慮されている。この条件はISO 2470に規定されているISO ブライトネスの測定法に似ている。今，入射光量を無視し，白色度の標準板の反射率を100%と考える。反射率計の集光レンズの紙から見た立体角が小さく，通過光量が1/10に低下したとする。アート紙の白色度を85%と仮定し，シャドウ部の印刷濃度を$D=1.6$であったとすると

$$85 \times (1/10) \div \log_{10} 1.6 = 8.5 \div 39.8 = 0.21$$

1. 総　　説

表 1.3.4　光源の輝度

光　　　源	sb
蠟燭	1
蛍光灯	1
白色電球	2
ナトリウムランプ	5
電球のフィラメント	600
高圧水銀灯	30 000
太陽	150 000

　印刷面のインキのフィルムを通過し，紙層中で散乱しふたたびインキフィルムを通って出て来た着色した光の量は，入射光量に対し0.21%になる。一方，インキフィルムの表面で反射する光の量はインキの材料の屈折率による。表1.3.3にインキの諸材料の屈折率をまとめてあるが，これらの材料の混合してできているインキフィルムの屈折率は1.55くらいで，クラウンガラスより大きそうである。印刷面に直角に入射し着色していない反射光の量は入射光の4%近くで，着色した光の10倍以上になる。

　印刷物を見るとき，見ようとしている場所に光源の像が重なったときに以上の光量の比率になるわけで，印刷の色はほとんど見えない。一般にはこの様な条件で印刷物を見ることはしない。

　会社の事務所では天井に蛍光灯が並び，天井も壁も白く塗装してある場合が多い。この条件では光はあらゆる方向から来るので，積分球で試料を照射するのに似ている。

　表1.3.4に示すように，蛍光灯の輝度は1 sbで蠟燭と同じ程度であり，肉眼で継続して見詰められる程度である。多くの蛍光灯に照射された天井や壁の明るさを蛍光灯の1/2とすると，濃度1.6の印刷面のインキフィルムを透過し着色した光の量は

$$85 \times 1/2 \div 39.8 = 1.07\%$$

　一方，印刷表面の反射光量は

1.3 光の性質

$$100 \times 1/2 \times 0.04 = 2.0\%$$

で着色した光に対し無着色の光の方が多くなっている。濃色のインキに白色のインキを多量に混合したのと同じ条件で印刷物を眺めているわけで，濃度も彩度も低い状態である。上質紙に印刷した場合も，散乱光で照らすときは表面光沢光の比率はほぼ同じである。

印刷物の濃度は 1.6 であっても，光沢光を含めて見ている濃度は

$$85 \div (1.07 + 2.0) = 27.7 = \log_{10} 1.44$$

この数字の意味を確認するには，印刷物を持って窓際に行き，太陽の直射光を当てて，太陽の正反射光が目に入るようにした場合(1) と，角度を変えて色が最も良く見える場合(2) と，窓際で空からの光線で空の正反射光が目に入るようにした場合(3) の 3 条件の見え方を比較すると理解されると思う。

以上長く述べたように，表面光沢光の影響は画像品質を議論する場合無視できない程大きい。ただ，反射光は偏光になっているので偏光フィルターを使用すれば測定値から除くことはできる。しかし肉眼で見るには光沢光のみを除く方法がない。

インキが同じときには，印刷面が平滑であるほど表面の光沢は高くなる。印刷の品質を判断する一項目に光沢が含まれていたことは否めないが，表面は平滑でも光沢は低い方が色がはっきり見えて良いのだ。カメラのレンズでは種々の収差を防ぐために組み合わせるレンズの数が 6 枚以上になる。このときレンズの表面を何も処理しないと，表面反射光が 20% 以上になり画像に悪い影響が出る。これを避けるためにレンズの表面に何層ものコーティングを行い光沢光を少なくしている。今後画像品質が向上するに従い，発色性に対する要求がより厳しくなることを予想すると，表面コーティングにより光沢を減らすのは考慮すべき技術であろうと考える。

1. 総　説

1.3.6 光の分散

白色光をプリズムによって虹色に分解する現象は，異なる色がばらばらになるので分散と呼ばれている。この場合，赤色が最も小さく屈折され，紫色が最も大きく屈折される。このことは同じ物質でも光の波長が異なれば，屈折率が異なることを意味する。

種々のインキ成分の屈折率を表 1.3.3 に示す。クラウンガラスでは赤色光に対する屈折率は 1.520 0，紫色光に対して 1.538 0 と，その差は約 1％の程度に過ぎない。光の波長と色の関係，色の諸性質に付いては後に詳しく述べる予定である。

1.3.7 輝度と照度

日常の生活で何気なく接している光でありながら，より正確に光のことを知ろうと思って調べるとわかるのだが，光に関する諸単位は実に理解しにくいものである。しかし印刷物の品質を正確に比較して判断するには，避けて通れない問題である。

ある面積を持った光源から放射される光の量は次式の関係がある。

$$L = BSO$$

ここで，L は光束と呼ばれ，実用単位は

　光束 L　：ルーメン lm = lx × m^2 = cd × sr

　面積 S　：m^2

　立体角 O：ステラジアン sr

　輝度 B　：スチルブ sb = cd/cm^2

以上の式より，立体角が大きくなれば光量も大きくなり，同じ光量を光源の小さい面積から出す光源は輝度が高い。

光源から単位時間あたり単位立体角あたり発生するエネルギーを光度という。

　光度 I　：カンデラ cd = lm/sb

以上の関係を分かり易く図にしたのが **図 1.3.10** で，照度，光度，輝

1.3 光の性質

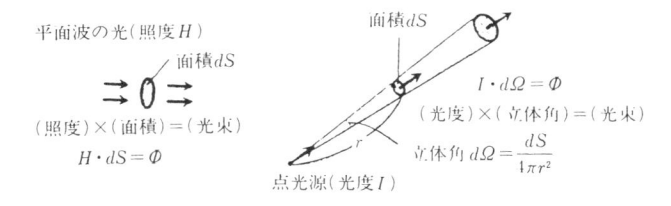

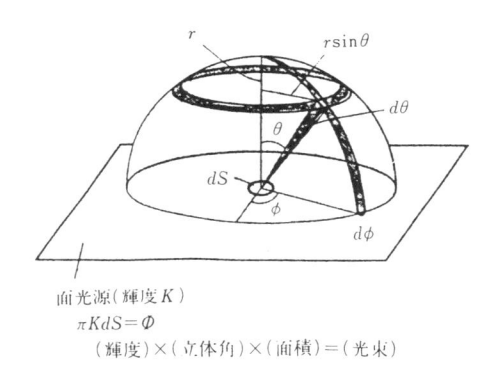

図1.3.10 照度,光度,輝度と光束の関係[6]

度と光束の関係を説明している。点光源からあらゆる方向に光が出るとすると全光束 L は全立体角 4π に強度 I の光を出すので

　　全光束 $L \ :\ = 4\pi I$

で表される。これは約 $12.5I$ である。

　光度の単位カンデラは蠟燭を意味するラテン語 Candela からきているが,1948年に決めた定義は,白金の融点である $1\,772°C$ の温度の黒体の表面の $1\,cm^2$ から出る光の強さを $60\,cd$ とした。

　光の単位面積あたりの明るさを表す単位として照度がある。

　　照度 H 　：ルックス $lx = lm/m^2$

　日常生活では照度は居間では $200\,lx$,本を読む時は $500\,lx$,細かい仕事をする場合は $1\,000\,lx$ くらいが適当の明るさである。

　さて,光学測定器で白色度,濃度,色度を測る場合,測定試料から集光レンズに対する立体角が測定器ごとに異なっているが,いずれも標準

1. 総　　説

板を使いこれを100％として，試料との相対的な値として表すので若干の誤差はあるが問題にする程ではない。しかし光沢度では直接入射光量に対する比率になるので白色度や濃度の測定値と比較するのは問題である。

　この両者を比較できる唯一の測定器はゴニオフォトメーターである。この機械では入射光と反射光の角度を変えて測定できるので，45°入射，90°反射の光量と45°，45°の光沢光の比較ができる。印刷をしていないアート紙の場合，90°方向の光量は光沢光に対して1/2くらいであるが，印刷面では反射光は印刷濃度に従って低下するのに対し，光沢光は増加するので両者の比率は数十倍になる筈であるが，正確なデータにはお目にかからない。印刷物の品質を比較するには，肉眼が最も正確であるが，以上述べたように光沢光の影響が非常に強いので，観察する部屋は天井や壁を黒くし光沢光が目に入らぬよう注意することを勧める。

1.4　色　の　表　示

　色は目で感じる物だから本来個人差があるのは当然であると思われるが，可視光のすべてに優れた感度を持っている標準観測者はわずかに2％で，98％の人は感度が赤か青のどちらかに偏っているのだそうで，大袈裟に表現すれば大部分の人はごく弱い色盲だということになる。これは，日本学術振興会が日本人の500人を対象に調査研究を行った結果である。また，デザインの専門家を対象に照度を変えて色差の判別能力を調査したところ，全員が異なる判定をしたとの結果も出ている。さらに前に述べたように，瞳の色が異なると色の見え方が変わる事実も分かっている。これは，ヨーロッパ人と日本人は同じ物を見ても違う色に見えるということである。これらの事実を踏まえて，それでも色彩学として学問体系を形作るためには色を定量的に数字化し，万人に共通した物性を見付け出さねばならない。ここでは色を数字化するのに多くの学者が

努力して考え出した表色系について説明をする。

1.4.1　3属性による色の表示法

　オーストラリアに行ったら，太陽は東から昇って北に回って行く。だから家の一番良い部屋は東北の角にある。メルボルンで地図を買ったら南極が上で，オーストラリア大陸が日本より上に印刷してある。オーストラリア人は自分の国が地図の下の方に印刷してあるのが気にいらないからだそうだ。ある日競馬を見にメルボルンから 100 km ほど北に行ったところにある競馬場に向けてドライブしたときに，車が太陽に向かって走っているので危うく"違う…"と声を出しそうになった。他国に行くと日本の常識が通用しないことが多い。狭い範囲であれば地図は 2 次元の直角座標で表して何ら問題はないし，定規を当てて測れば町の間の距離も正確に計算できる。しかし地球全体を図にするには直角座標では無理である。子供の時に眺めた地球儀を思い出して戴きたい。北極と南極の 2 点で経線が一つに集まって放射状の形をしている。このような座標を極座標と呼んでいる。広い範囲を表現するには極座標が適している。無数の色の相対的な位置関係を表現するにも極座標が適していることが試行錯誤の末に分かった。

　1) マンセル表色系

　マンセル (A. H. Munsell, 1858-1918) はアメリカのボストンに生まれた。マサチューセッツの美術学校を卒業した後，パリに留学して画の勉強を続けたが，彼の名は画家としてよりはむしろ表色系の考案者として知られている。彼が"マンセル記号"と呼ばれる色の表示方法を考えて発表したのは 1905 年で，これに基いて 883 色の色票を付けた "Atlas of the Munsell Color System" が発行されたのは 1915 年であった。さらに改定増補版の "Munsell Book of Colors" が 1929 年に刊行された。後に詳しく述べる CIE 色度図による表色系が発表されたのは 1931 年で，マンセルは CIE の表色系よりずっと前に色を 3 つの性質に分けて

1. 総　　説

記号化する方法を考えていたことになる。マンセルの色票を，アメリカ光学会（OSA）が CIE 方式で測色計算し，xy 色度図上にプロットして若干の修正を加えた物が"修正マンセル表色系"として 1943 年に発表され，国際的に広く使用されている。日本でも工業規格として 1958 年に JIS Z 8721 として制定され，1977 年，1993 年に改定されている。この表色系は色に敏感な画家の目で見て，色の差が等間隔になるように色を選び出して配列した物で，目の感覚を優先した考えである。マンセルは色は三つの要素で表すのが良いと考えた。

＊色相（Hue）
＊明度（Value）
＊彩度（Chroma）

　色相と彩度を組み合わせて極座標とし，色相は角度，彩度は極からの距離で表している。水平の極座標に対して明度は極を通過する垂直な軸とする。

　色相については，基本の色を Red，Yellow，Green，Blue，Purple の 5 色として，その頭文字 R，Y，G，B，P を記号としたものであり，その中間の色は頭文字を並べて YR，GY，BG，PB，RP で表す。以上の 10 の色相を R を頭にして円周上に配列した物を色環と呼んでいる。さらに，赤の中にも紅によったものから朱によったものまであるので，これを 10 等分して 1 R，2 R として表す。このようにして色相は 100 種類に分類される。この色を実際に目で見られるように，財団法人日本色彩研究所では 100 色相のマンセル色相環を制作発行している。マンセル色相環（図 1.4.1）では，極をはさんで正反対の位置にある色が補色同士の関係になる。

　次に明度では白を 10，黒を 0 として 11 段階で表し，白，灰色，黒は無彩色であるから Neutral の頭文字 N をつけて N 2 のように表現する。人間の目では 0.3％の反射率の差がはっきり見えるのと比較すると，マンセルの分類はさらに 1 桁下まで考えても良いように感じる。

1.4 色の表示

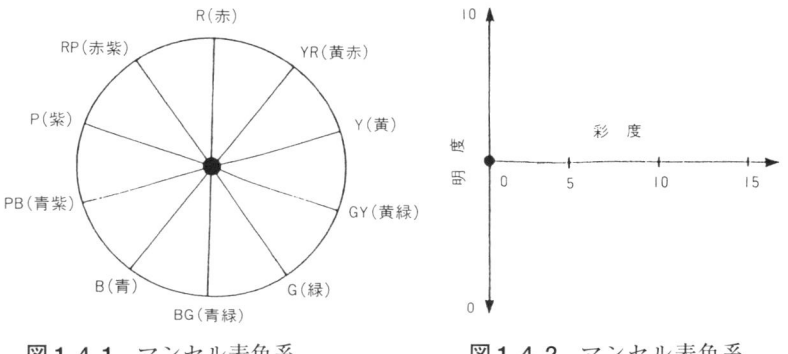

図1.4.1 マンセル表色系 色相環

図1.4.2 マンセル表色系 明度と彩度

3番目の彩度では，白，灰色，黒の無彩色を彩度0とし，ある色相の色を加え，間隔的に等しい間隔で増加して行くと最も高い彩度は14-16になる（**図1.4.2**）。

マンセルの表色系では，ある色を表すのに色相（H），明度（V），彩度（C）の記号や数値を次のように並べて表現する。

H V/C …… 5Y 7/10

個々の色が色相，明度，彩度という三つの性質によって構成されているので，この三つを"色の三属性"と呼んでいる。三つの性質より構成されているので，色全体を図にすると3次元の立体になる。色相によって彩度の大きさが異なるので，球にはならないで部分的に出っぱった不規則な形をした立体になる。これをマンセルの色立体と呼び，日本色彩研究所で製作され，日本規格協会から発行された"標準色票"には1 928枚の色票が配置されている。x, yからの換算の場合は小数以下一桁まで計算するので50万色程度に分類されることになる。

2） オストワルト表色系

マンセルの表色系が画家の感覚的な色立体であるのと違って，オストワルトの表色系は純粋に科学的な方式である。

オストワルト（W. Ostwald, 1853-1932）は1853年にリガで生まれ，

1. 総　説

ドイツのライプチヒ大学教授になった化学者である。反応速度論などを研究して近代物理化学の祖と呼ばれ，1909年にはノーベル化学賞を受賞している。彼は晩年になってから色彩に興味を持ち表色系を考案した。彼の表色系はすべての色を，白と黒と純色の3種の混合比率で表すという科学者らしい発想である。1923年には"オストワルト色彩アトラス"という表色系が作成されている。この考えに基きシカゴにあるCCA社が1948年に"カラーハーモニー・マニュアル"（略称はCHM）を発行し，産業分野で広く実用されるようになった[9]。

2-1)　色　相

オストワルトは同じライプチヒ大学のヘリング教授の黄色を加えた4原色説に基いて，赤と緑，黄と青紫という2組の補色を考えて互いに直角に配置し，その中間に橙と青，黄紫の2組の補色を並べて合計8色で色相環を作った。さらに各色を3分割して24色相で色相の環とした。色相の名称と略号は

Yellow	黄	Y
Orange	橙	O
Red	赤	R
Purple	紫	P
Ultramarine Blue	青紫	UB
Turquoise	青	B
Sea Green	緑	SG
Leaf Green	黄緑	LG

マンセル表色系では色相を100等分しているのに比べれば，オストワルトでは色相の数は1/4に減少している。

2-2)　明　度

人間の目が感じる明るさは，目に入った光の量が等比級数であるときに明るさは等差級数に感じる性質があると知られている。大昔から知られている空の星の明るさは，肉眼で見える最低の明るさの星を6等星と

し，明るい星を1等星とした時，現代の光度計で測定すると，1等星は6等星の100倍の光量であり，光量が2.51倍に増えるごとに1等級小さくなる。具体的に6等星の光量を1とすると，5等星は2.51，4等星は6.30，3等星は15.8，2等星は39.7，1等星は100となる。

余談であるが，人間の感覚は耳も鼻も目と同様に等比級数の量に対して，等差級数に感じる性質を持っている。クラフト蒸解の臭いを消すのに，空気中の臭気物質の量を1/10 000に減少しても，人間の鼻には1/10に減った程度にしか感じない。ここに公害問題の解決の困難の要因がある。

オストワルトは人間の感覚の性質を良く知っていたと思われる。彼は明度を15段階に分類し，これにa–pの記号を付け，各記号の白色度を等比級数になるように計算して決めてある。その白色度の数字が**表1.4.1**であり，白色度を対数目盛りにした場合の各記号の位置は**図1.4.3**に示すように等間隔である。さらに回転円盤を用いた加法混色法による面積比を**表1.4.2**のように決めてある。顔料は白はチタンホワイト，黒はカーボンブラックを用いているので，露光に対する保存性は良好である。それにしても，a＝89.1%　p＝3.6%の数字の意味は何であろうか。チタンホワイトならば95%の白色度は作れる筈である。またカーボンブラックならば，2%以下の反射率は得られる筈である。顔料の粒径，バインダーの種類と純度，配合比などが影響するので，これらを細かく規定しないと色の再現性に問題が生じるのではなかろうか。

2–3) 彩　度

純色には耐光性の良い顔料を用いている。明度で述べたように，回転円盤の面積比で色を表す。

$$白＋黒＋純色＝100\%$$

となるように，比率を規定する。**図1.4.4**を見ると理解し易い。図中のアルファベットは前の文字が白の面積比，後ろの文字が黒の面積比を現している。例えば

1. 総　説

表1.4.1　オストワルト記号の反射率

記号	反射率%
a	89.1
c	56.2
e	35.5
g	22.4
i	14.1
l	8.9
n	5.6
p	3.6

表1.4.2　オストワルト記号の白と黒の面積率

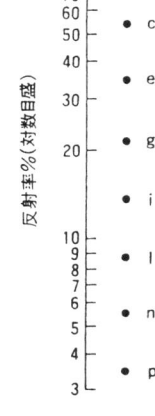

記号	白%	黒%
a	100	0
c	61.6	38.4
e	37.3	62.7
g	22.0	78.0
i	12.4	87.6
l	6.3	93.7
n	2.4	97.6
p	0	100

図1.4.3　オストワルト記号の反射率の等間隔性

　　ca：白　61.6%　　黒　0%　　　純色　38.4%
　　pa：白　0%　　　黒　0%　　　純色　100%
　　le：白　6.3%　　黒　62.7%　　純色　31.0%

　念のためにいえば，この比率は面積比であって，顔料の重量の配合比ではないことである。

　記号の前に色相の数字を入れることでオストワルトの色立体の座標の位置がきまる。カラーハーモニー・マニュアルには，若干の特別の色票を追加して949枚の色票が収録されている。

　3)　その他の表色系

　上記2種の表色系が多くの人に使われている表色系だが，その他にも

—58—

1.4 色の表示

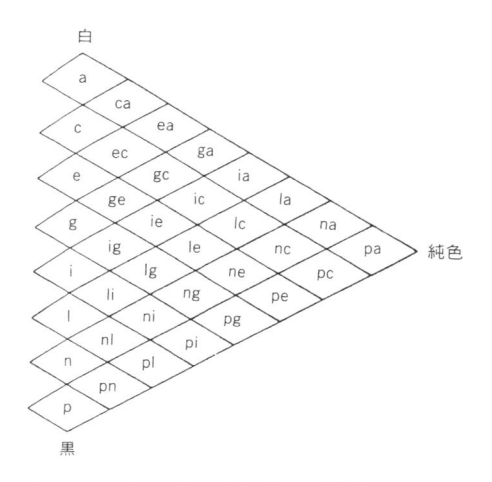

図1.4.4 オストワルト表色系　同色相の三角形

DIN，P. C. C. S，Adams，など8種類の表色系が考案されている。

1.4.2 色の測定

1) 分光反射率曲線

前節で述べたように，人間の目が感じる光の範囲は波長にして380-810 nmであるから色を測定する場合もその範囲の波長の反射率を測定すれば目的に合致する。色を測定する最も精密な測定器は分光光度計である。光源から出た光をプリズムで分光し，細いスリットで10 nmの幅の光を取り出して測定する物体に当て，標準の白色板に対する反射率をグラフに記録する。標準板の反射率を100%とするが，以前は酸化マグネシウムで標準板を作ったが，1982年にJISが改定になり，硫酸バリウムを使用するようになった。**図1.4.5**に各色の分光反射率曲線を示すが，表色系で立体の中の点であった物体の色が曲線で表現できるようになった。

2) CIE色度図

人間の目に物体の色が見えるのは，物体を照らしている"光"と，そ

1. 総　説

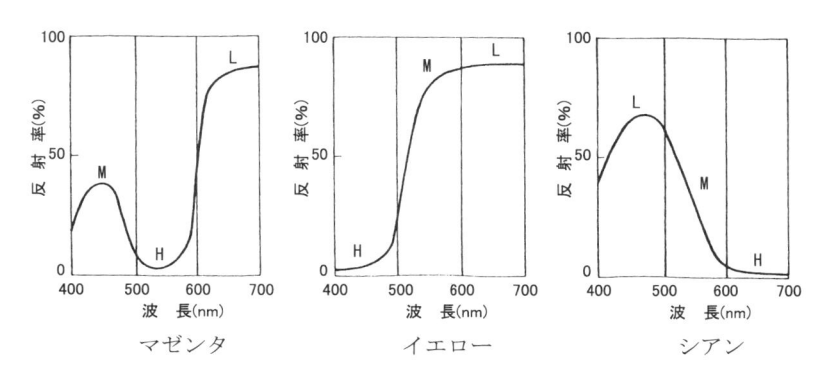

図1.4.5　各色の分光反射率曲線

れを波長別に選択的に吸収，反射する"物体"と，反射された光を受けて感じる"視覚"という三つの要素から成り立っている。分光光度計で物体の色が測定できるようになったのであるから，さらに光源と視覚を計算に加えれば良い。

　国際照明委員会 (Commission Internationale de l'Eclairage) 略してCIEは，光源としてC光源，視覚として人間の目の錐状体が持っている3種類の色素の吸収曲線に近似した形の比感度の曲線を想定し，10 nm幅の波長毎の光源，視感度，物体色の各係数を掛け合わせる。JIS Z 8722 (2000) では，"三刺激値の計算法"の式を次のように規定している。

$$X = K \sum S(\lambda) x(\lambda) \cdot R(\lambda)$$
$$Y = K \sum S(\lambda) y(\lambda) \cdot R(\lambda)$$
$$Z = K \sum S(\lambda) z(\lambda) \cdot R(\lambda)$$
$$K = 100 / \sum S(\lambda) y(\lambda)$$

ここに，SはC光源の比エネルギー曲線の関数，x, y, zは錐状体の三種の色素の比感度曲線の関数，Rは物体の分光反射率曲線の関数である。Σは10 nm幅の波長毎の測定値の合計，積分値である。現在では測定器に内蔵しているコンピューターが計算して，反射率の測定が終了す

1.4 色の表示

るのと同時に計算結果が出てくるので時間も節約され，大変便利になった。

計算結果の X, Y, Z は三種の錐状体が吸収した光エネルギーの大きさ，あるいは錐状体が出すパルス信号の大きさに近い値を示す。三種の刺激値を色立体の中の位置に換算するためにさらに次の計算を行う。

$$x = X/(X+Y+Z)$$
$$y = Y/(X+Y+Z)$$
$$z = Z/(X+Y+Z)$$

ここで，$x+y+z=1$ となるので，x と y が決まれば z は自動的に決まるので必要としない。x と y を水平の直角座標として，垂直座標を Y とすると三次元の色立体ができる。x, y をその色の"色度座標"と呼ぶ。白色光をプリズムで分光した単色光の色度座標を計算すると，**表1.4.3**になる。この値を xy 直角座標の上にプロットすると**図1.4.6**になる。この曲線は最も純粋な色の範囲を示しているもので，すべての色がこの曲線の内側に存在する。カラーフィルム，印刷インキ，塗料が出し得る色の範囲をプロットすると**図1.4.7**のようになる。印刷インキはカラーフィルムが持っている演色域より狭い範囲しか表現できない。これは濃度でも同じで，カラーフィルムが透過光で濃度3.0以上出し得るのに対し，印刷では1.5程度しか実現できないと思いこまれている。

白，黒など無彩色の色の座標は，光源がC光源である場合は，

$$x = 0.310, \quad y = 0.316$$

になる。この点からある色の座標を通過して延長した線とスペクトル座標との交点を，その色の"主波長"という。またその交点と無彩色の座標間の距離を100とし，色の座標の比率を"純度"という。純度の数字は大きい程純粋で鮮明な色であることを示している。

さて，xy を水平座標とし，Y を垂直座標としたCIEの色立体で色がどれだけ細かく分類できるのか，非常に大雑把な概数計算を行ってみたい。色立体を近似的に2個の円錐と考え，その体積を計算する。

1. 総　説

表1.4.3　スペクトルの色度座標

No.	波長(λ) nm	x	y
1	380	0.17411	0.00496
2	90	0.17380	0.00492
3	400	0.17334	0.00480
4	10	0.17258	0.00480
5	20	0.17141	0.00510
6	30	0.16888	0.00690
7	40	0.16441	0.01086
8	50	0.15664	0.01771
9	60	0.14396	0.02970
10	70	0.12412	0.06780
11	80	0.09129	0.13270
12	90	0.04539	0.29498
13	500	0.00817	0.53842
14	10	0.01387	0.75019
15	20	0.07430	0.83380
16	30	0.15472	0.80586
17	40	0.22962	0.75433
18	50	0.30160	0.69231
19	60	0.37310	0.62445
20	70	0.44406	0.55472
21	80	0.51249	0.48659
22	90	0.57515	0.42423
23	600	0.62704	0.37249
24	10	0.66576	0.33401
25	20	0.69151	0.30834
26	30	0.70792	0.29203
27	40	0.71903	0.28094
28	50	0.72599	0.27401
29	60	0.72997	0.27003
30	70	0.73199	0.26801
31	80	0.73342	0.26658
32	90	0.73439	0.26561
33	700	0.73469	0.26531

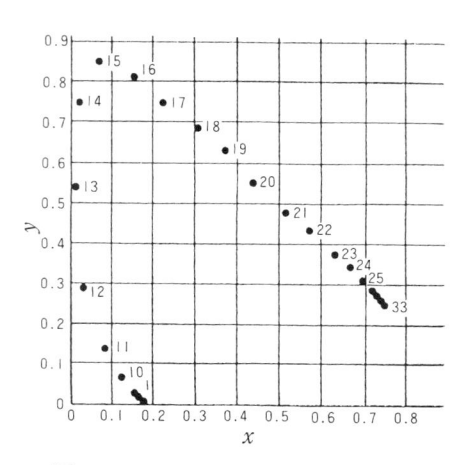

図1.4.6　スペクトルの色度座標

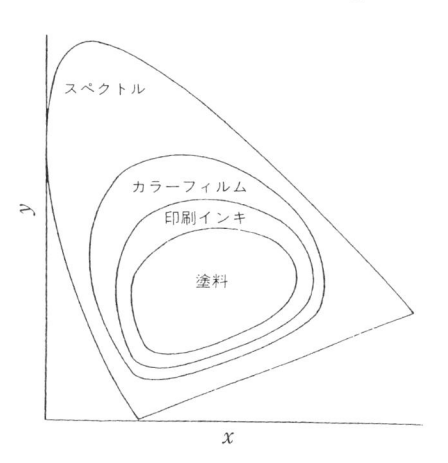

図1.4.7　各種材料の演色域

$$V = (\pi/3)r^2h \times 2$$
$$= 1.0472 \times (0.31)^2 \times 0.5 \times 2$$
$$= 0.10064$$

　色度座標は通常小数点以下3桁まで記入するが，最終桁に±1の誤差があると仮定して，色立体の中の色で分類可能な数はおおよそ三百万く

1.4 色の表示

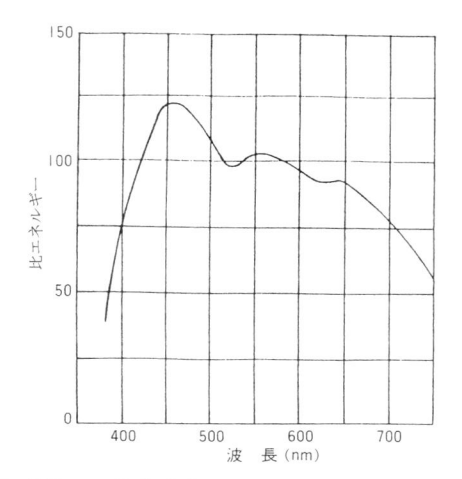

図1.4.8 標準光源Cの分光分布

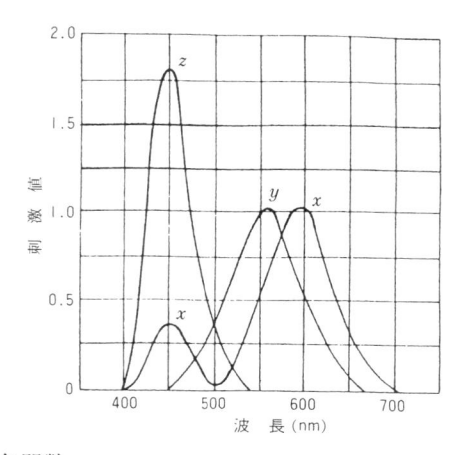

図1.4.9 等色関数

らいになる。図1.4.6のスペクトルの色度座標を見るとNo.10-No.23の間は間隔が開いていて識別能力があるが，No.1-No.10，No.23-33の間は近接していて判別できない。ここで色の分類能力が1/3に低下して百万程度となる。実際にはこの測定器を使用した経験は少ないので正

1. 総　　説

確なことは不明である。市販の色度測定器としてはより簡便な機械が普及している。これらの色度計は，光源，（A 光源），光電池，ガラスフィルターの組み合わせが，CIE で定めた C 光源の分光分布（図 1.4.8）と，等色関数（図 1.4.9）を掛け合わせた重価係数に近似した構造を持っている。短時間の測定で直ちに，内蔵しているコンピューターにより *XYZ*，*xyY*，*Lab* が表示される。

1.4.3 色　　差

希望する色の見本と，実際に作った試作品との間の色の差を"色差"という。色は 3 次元の立体のなかの位置で表せるので，CIE 色度図のように座標が直角座標であるときは，2 つの色の差は直角三角形の斜辺の長さとして表される。

$$\varDelta E = AB = [(Y)^2 + (AB')^2]^{1/2}$$
$$= [(\varDelta Y)^2 + (\varDelta x)^2 + (\varDelta y)^2]^{1/2}$$

以上の式のように斜辺の長さで色差をあらわすのは，多くの学者が提案した表色系の基本的な考えであるが，この色差を CIE 色度図にプロットした色差は，視覚的な判断とは一致しなかった。たとえば 1942 年の MacAdam の報告によれば，図 1.4.10 に示すように同じ色差であっても *xy* 座標上で場所によって差があることが判明した。図 1.4.8 では目で同じ大きさ色差と感じている色を，*xy* グラフに 10 倍に拡大してプロットしたもので，*y* の大きい方で数字が大きく表現され，*y* の小さい方では僅かな差と読まれる欠点がある。

1) UCS 色度図

先に述べたように修正マンセル表色系の色票は，色相，明度，彩度に関して知覚的に等しい差で間隔を持たせるように体系づけてあるので，色票の測定値を色度図の上にプロットした場合，その色度図が均一な色度目盛を示すように作成されているならば，マンセル値の等色相線は中心から等角度の間隔で放射される筈であるし，等彩度線は同じ間隔の同

1.4 色 の 表 示

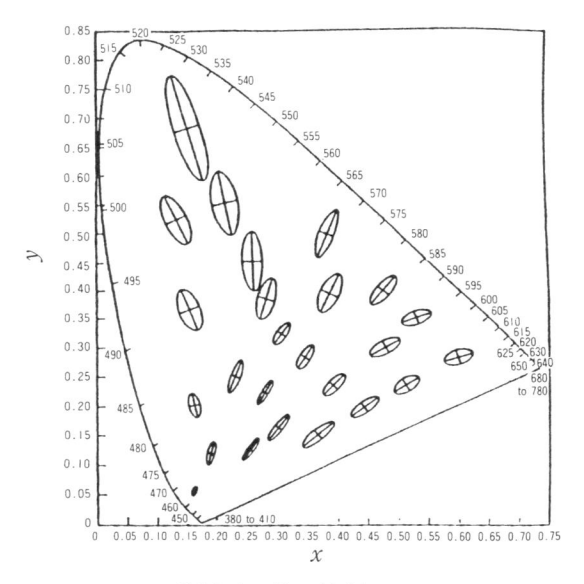

図 1.4.10　MacAdam の楕円（10 倍に拡大）

心円になる筈である。これはマンセル表色系を正しいとして，各種の表色系の優劣を判断する方法で以下に共通している。

　さて，CIE 色度図では xy の小さい値の方で差が小さく表現される傾向が見られた。これは三刺激値 XYZ の中で相対的に Z が大き過ぎるために起きるので，図 1.4.6，図 1.4.7 を見ると C 光源は短波長の方でエネルギーが大きく，等色関数は Z が飛び抜けて大きくしてある。従って両者の積の重価係数も Z が大きく，結果として x, y が小さくなっている。これを直すには Z に係数を掛けて小さくし，逆に X は大きくすれば良い。このようにして修正した表色系を UCS 色度図と呼んでいる。UCS とは Uniform Chromaticity Scale の略である。明度 5 のマンセルの色票の値を，UCS 色度図で表すと図 1.4.11 になる。かなり改善されているがまだ放射線の間隔に歪みが残っている。CIE は 1964 年にさらに改良した $U^*V^*W^*$ 表色系を定め，次の色差式を作った。

1. 総 説

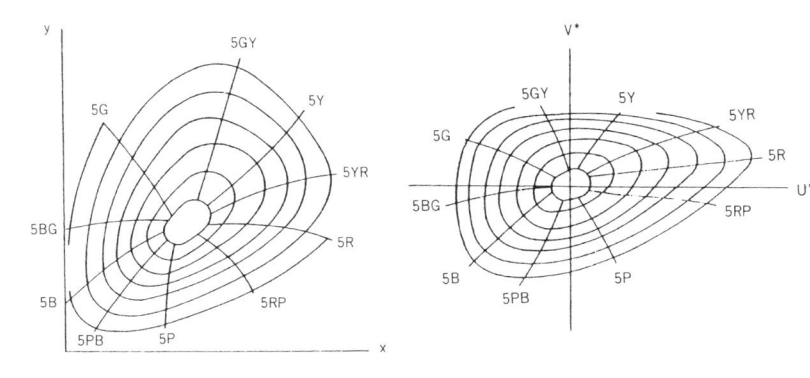

図 1.4.11 UCS色度図上の
マンセル値[2)]

図 1.4.12 $U^*V^*W^*$系のマンセル値[2)]

$$\Delta E = [(\Delta W^*)^2 + (\Delta U^*)^2 + (\Delta V^*)^2]^{1/2}$$

ここで

$$W^* = 25\,Y^{1/3} - 17$$
$$U^* = 13\,W^*(u - u_0)$$
$$V^* = 13\,W^*(v - v_0)$$
$$u = 4x/(-2x+12y+3)$$
$$v = 6y/(-2x+12y+3)$$

u_0, v_0 は用いる標準光源の u, v 色度座標

マンセル値をこの表色系でプロットしたのが図 1.4.12 で黄色の色相で彩度の間隔が詰まっているのが目立つ。

2) *Lab* 表色系

R. S. Hunter により 1948 年に提案された色差式である。

$$\Delta E = [(\Delta L)^2 + (\Delta a)^2 + (\Delta b)^2]^{1/2}$$
$$L = 10\,Y^{1/2}$$
$$a = 17.5(1.02\,X - Y)/Y^{1/2}$$
$$b = 7.0(Y - 0.847\,Z)/Y^{1/2}$$

により計算される。ハンターのこの色度図にマンセル値をプロットする

1.4 色の表示

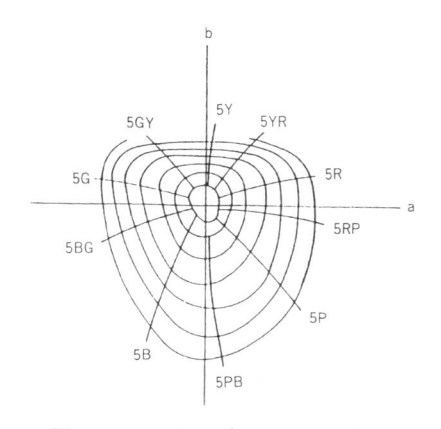

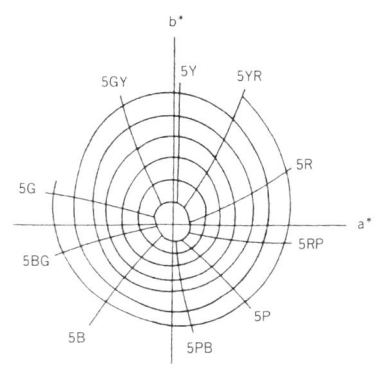

図1.4.13 Lab系のマンセル値[2)]

図1.4.14 $L^*a^*b^*$ 系のマンセル値[2)]

と，**図1.4.13**になる。等色相線の間隔は良好だが，等彩度線の間隔が黄色の領域で狭くなっている欠点がある。しかしハンターはLabを近似的に直読できる簡便な光電色差計を作ったので，日本でも塗料の業界で良く使われている。

次に，1942年にE. Q. AdamsとD. Nickersonによって提案された色差式を，Hunterの式の形に修正した色差式がある。

$$\Delta Eab^* = [(\Delta L^*)^2 + (\Delta a^*)^2 + (\Delta b^*)^2]^{1/2}$$

$$L = 116(Y/Y_n)^{1/3}$$

$$a^* = 500[(X/X_n)^{1/3} - (Y/Y_n)^{1/3}]$$

$$b^* = 200[(Y/Y_n)^{1/3} - (Z/Z_n)^{1/3}]$$

大変面倒な計算式だが最近の測定器はマイクロプロセッサーを内蔵していて，測定と同時にディジタル表示されるので，このような複雑な式を覚えていなくともよく，便利になった。マンセル値を$L^*a^*b^*$表色系の色度図にプロットしたのが**図1.4.14**で，Labと比較するまでもなく格段に改良された理想的な色度図になっていることが明白である。この式は1976年に従来の色差式に代って正式に採用され，色材工業の分

1. 総　　説

野で扱われる小色差を現すのに適している。

　3）　JIS

　マンセルが色票の本を出版したのが1929年で，この色票をアメリカ光学会がCIE方式で測定し"修正マンセル表色系"として1943年に発表した。日本では工業規格として1958年に"JIS Z 8721 色の三属性による表示方法"として制定され，1993年に改定された。

　また，CIE色度図による表色系としては1959年に"JIS Z 8722 物体色の測定方法"が制定され，1971年と2000年に改定されている。

　色差については1995年に"JIS Z 8730 色の表示方法―物体色の色差"が定められ，三種の表示法の中にLabによるハンターの式が入っていたが，1980年の改定では$L^*a^*b^*$と，$L^*u^*v^*$系が採用されている。

1.4.4　カラーダイアグラム

　多色印刷を行う場合には，イエロー，マゼンタ，シアン，ブラックの4色のプロセスインキを用いるのが普通であるが，インキの色を分光光度計で測定すると理想の色とは異なった形をしているし，紙との組み合わせで印刷した場合にさらに色が変わる。印刷された色の濃度を補色フィルターで測定し，色の優劣を視覚的に判定しようとして考え出されたのがカラーダイアグラムである。

　アメリカのGATF（Graphic Arts Technical Foundation）は1969年にその方法を発表した。GATFのカラーダイアグラムには円形，六角形，三角形の3種類があるが，インキの色相誤差と濁りの数値をプロットするには円形のカラーサークルを用いる。カラーサークルは円周にそってイエロー，マゼンタ，シアンの一次色と，それらの重ね合わせによる赤，青紫，緑の二次色との6色が配置されている。色相については一次色は0が，二次色は100が最も良く，それからはずれると色相の誤差が大きくなる。色の濁りは，円周上が0，円の中心が100%で，円周から遠く

1.4 色の表示

表1.4.4 プロセスインキの濃度測定値[2]

プロセスインキ	フィルター		
	青紫	緑	赤
マゼンタ	0.53	1.20	0.14
イエロー	1.10	0.07	0.03
シアン	0.16	0.52	1.23

なるに従って色が濁っていることを表す。

一例として，プロセスインキの各色の濃度を3枚のフィルターで測定した時，濃度の高い方から H, M, L と記号を付けると，色相誤差と濁りは次の式で表される。

$$色相誤差 = 100(M-L)/(H-L)\%$$
$$濁り = 100\, L/H\%$$

表1.4.4に示すプロセスインキの濃度測定値があると，その色相誤差と濁りの計算は

$$イエローインキ色相誤差 = (0.07-0.03)/(1.10-0.03)$$
$$= 0.04/1.07 = 3.7\%$$
$$マゼンタインキ色相誤差 = (0.53-0.14)/(1.20-0.14)$$
$$= 0.39/1.06 = 36.8\%$$
$$シアンインキ色相誤差 = (0.52-0.16)/(1.23-0.16)$$
$$= 0.36/1.07 = 33.6\%$$
$$イエローインキ濁り = 0.03/1.10 = 2.7\%$$
$$マゼンタインキ濁り = 0.14/1.20 = 11.7\%$$
$$シアンインキ濁り = 0.16/1.23 = 13.0\%$$

以上の数字をカラーサークル上にプロットすると**図1.4.15**のようになる。色相誤差と色の濁りが感覚的に良く分かる方法である。

1. 総　　説

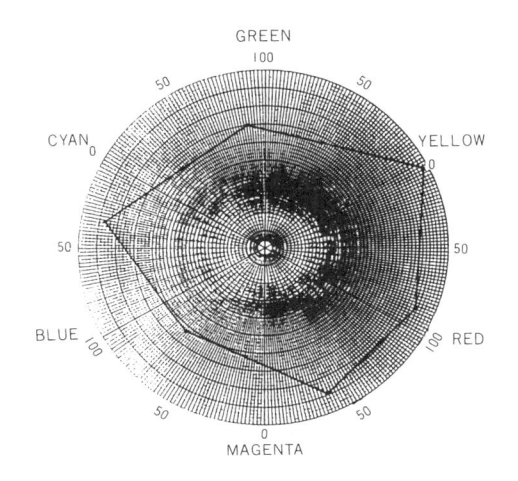

図1.4.15　GATFのカラーダイアグラム　プロセスインキの色度図[2]

1.5　ま　と　め

　若い Issac Newton が暗い部屋の中で窓の小穴を通って来た太陽の光線について，プリズムを使って実験を繰り返して色について考えたのが1665年であった。そして物体色を分光光度計で精密に測定し，目で見て作ったマンセル表色系への変換式を R. S. Hunter が完成したのが1975年で，実に310年を要している。この間に大勢の学者が努力を続けたことを考えると，完成度の高いこのシステムに対して尊敬の念を覚える。
　しかし，この文章をまとめながら一つ釈然としない気持も一方に感じるのである。その根本は人によって色は違って見えるという事実が最近の研究によって明らかになったからである。瞳の色によって，また照明の色と明るさによって，色は違って見える。色彩学は北ヨーロッパで発達した。北ヨーロッパの人達は瞳の色は薄いグレーか青色である。冬は半年以上曇が続き太陽の直射光は少ない。寒い気候が長いので窓は小さ

く，部屋の中はうす暗い。アトリエの窓は太陽の直射を入れないように北を向いていて，青空の光（20 000 K）かあるいは曇り空の光（6 800 K）で物を見ている。

　現在の表色系は以上の条件の下で進歩し完成したのだ。これに対し，黒か濃褐色の瞳を持つ人種の住んでいる地域は，一般に太陽の直射（5 000 K）が多く明るい（1 000 lx）時間が長い。これだけ違う環境に数千年も生活したら違う目になるのが当然ではないかと考えたくなる。既に手本があって，方法も測定器も分かっているのであるから，東洋人の目で作った色立体と重価係数と表色系が，あるいは新しくできるのではなかろうかと考えている。西洋医学に対して，東洋医学の価値が見直されているように。

1.6　引　用　文　献

1) 小関治男："システムとしての遺伝情報"ラージシステム研究会　岩波講座現代生物学 -7（1988）
2) 一見敏男："色彩学入門"日本印刷新聞社（1990）
3) A. C. S. van Heel. C. H. F. Velzel 著：和田昭允，計良辰彦訳"光とは何か"講談社．（1990）
4) 奥山滋．宮本正．須賀長市："色のはなしⅠ"　色のはなし編集委員会編．技報堂（1989）
5) 福田邦夫："色のはなしⅡ"色のはなし編集委員会編　技報堂（1989）
6) 好村滋洋："光と電波"培風館（1990）
7) 日本色彩学会："新編・色彩科学ハンドブック"東京大学出版会（1980）
8) 国立天文台編："理科年表　1995"丸善
9) 稲村耕雄："色彩論"岩波書店（1960）

2. 紙の印刷適性とその試験法

2.1 印刷適性の考え方

　古い話で恐縮だが，印刷の作業を行う場合，印刷用紙については出版社から指定されている，いわゆる先方紙で変更はできないし，印刷機は予定が決まっていて変えられないで，トラブルが発生するとその解決はインキメーカーに押し付けられることが多かった。僅か1kgのインキを売るのに頻繁に技術サービスを要求されては利益が出なくなる。インキをとりかえただけでは解決できない問題もたびたび起こる状態が長く続いた。インキ業界はこれらのトラブルが発生するのは印刷技術全般についての知識が不足しているからで，印刷作業者も紙やインキについて勉強してもらう必要があると考えた。

　トラブルの解決をインキに要求される状態から脱皮するために，大学，製紙，印刷，インキ，機械などの関係各業界に呼掛けて，協力して問題を解決しようとの発想で，合同の学会をアメリカで開催したのが1952年である。この第一回の合同の学会で主催者から初めて提案された概念が"Print ability"の単語であった。この新しい単語に誰か知らないが頭のよい人が"印刷適性"の訳語を選んでくれた。日本語の文字は英語と違って表意文字であるので，文字を見ただけである程度の意味が理解される。この文字が後から"印刷適性"の勉強を志した若い研究者の理解をどれだけ早めたか訳者に感謝の言葉を捧げたい。

　日本では印刷関係業界に呼掛けて若手の研究者を集め，印刷適性研究委員会が発足したのが1957年である。50人以上のメンバーが委員として登録され，毎月一回の会合で熱心な議論が戦わされた。最も意見が割れたのは活字やフルカラーの画像の美しさを，いかにして物理量の数字

2. 紙の印刷適性とその試験法

に換算するかであった。多くの実験と議論の末判明したことは，人間の健康診断に血液の分析値を参考にするのと同様に印刷品質を表現するのに複数の測定値を総合して判断すれば優劣が比較できる。しかし，一項目でも不合格の点数を取ったら，その紙はテストした印刷条件では使用できないという判断の仕方である。

具体的の例で説明すると，アート紙の品質評価をするのに，カラープロセスインキを用いて印刷試験機でベタ刷りを行い，インキ転移率，印刷濃度，色濃度，網点再現性等を測定すれば，そのアート紙が作りだせる演色域の大きさから印刷品質のレベルが定量的に知ることができる。

しかし，このアート紙を新聞インキで刷ったとすると紙の吸油速度が遅すぎて，紙から版にインキが逆転写し，紙の全面がインキで汚れてしまう。このように紙の品質を測定するのに使うインキは紙に最も適したインキが最高の得点を出す。見方によれば得点は試験に使った紙とインキのマッチングの度合いを表しているともいえる。ここに試験法の名称に印刷適性という言葉を使用した理由がある。

我国の 2002 年の経済産業省の統計によれば，紙製品の生産量は紙が 1 853 万トン，板紙は 1 214 万トン，段ボールは 928 万トンで世界第 3 位である。また紙の貿易量は少ないので生産した紙は日本の国内で消費されている。紙の種類を重量，仕上げ寸法，色，表面処理などで分類すると，約 1 万種類にわけられるといわれている。さらに，印刷の 3 種類の版式と数百種類のインキとの組み合わせを考えると，互いに最も良いマッチングの相手を見出すことがいかに困難か想像できるであろう。

紙の品種が余りにも多いので，その品種の差はほとんど連続して変化していると表現しても間違いではないくらいである。出版社で企画するとき紙の知識があれば，あらたに抄造しなくとも企画のイメージにあった紙は存在すると考えてよいと思われる。企画で作ろうとした印刷画質は紙とインキの組み合わせの選定さえ誤らなければ，印刷作業は順調に行われ，目標の画質の印刷物が得られることは，現在では常識である。

2.1 印刷適性の考え方

それでもなお作業上のトラブルは発生しているのは，まだ，材料に対する知識が不足しているからである。将来，規定されるであろう印刷適性試験法で品質を数値化して販売するようになれば，このようなトラブルは激減するであろう。

印刷適性研究委員会に出席してきた若い研究者は新しい学問を開拓する希望に燃えて熱心に討論を行い，考え方もまとまりはじめたが，残念なことに測定器メーカーは戦争の破壊から漸く立ち直ったばかりであった。測定器の構造はほとんどJISに規定されている機械的なもので，現在のような弱電の技術は存在していなかった。従って，新しい分野の研究を計画する場合は，まず測定器を試作してデータが信用されるようになるまで改良を重ねなければならない。実験を伴わない委員会の討論はやがて机上の議論のみとなり，会の魅力は急激に低下し出席者が減少した。この状態に不満を抱いた一部の研究者がグループを作り，高分子学会の中に研究委員会を設立し，新しい委員長の運営方針に従ってスタートした。メンバーは各自所属する会社の中で研究を行っているのだが，研究の成果は会社の財産である。研究委員会での発表は会社の許可が得られないため，討論する種が次第に乏しくなっていった。

昭和30年代には会社が研究費を負担して大学に基礎研究を依頼する方法はまれにしか行われなかった。筆者はこの新しい委員会の運営方針に同調し会の幹事を勤め，会を発展させるべく努力してみたが長く続けることはできなかった。ただ大勢のメンバーによる共著"印刷適性[1]"を高分子学会から出版し，委員会の討論により得られた考え方を一冊の書籍として残すことができたのは唯一の収穫であったと思っている。

委員会としては印刷適性の試験法を成文化することはできなかった。この後列記してある試験法は委員会での討論を筆者が個人的にまとめたものである。

最初に発足したほうの研究委員会はその後も長く存続し，テーマごとに講師を選出し，討論抜きで講義を聞く勉強会の形で1990年代まで継

2. 紙の印刷適性とその試験法

続していたが，委員長が老齢になられたため解散した。

　委員会の組織は消えさった。しかし，真剣な多数回の討論で得た"画像を各要素に分解して測定し，総合して品質を評価する知識"は生き残っていた。ゼロックスが先頭をきって，乾式トナー静電記録方式のコピー機を開発し事業化に踏み切ると，国内の大手弱電機械メーカーは一斉にコピー機の開発に走り，ついでファクシミリ，パソコン用プリンター，と展開した。ディジタルカメラが普及するにつれフルカラーのプリンターの需要が急速に成長している。現在，最も有望視している記録方式はインクジェットプリンターである。これらのプリンターはいずれも機械の開発が先行していて，紙は機械の性能に合わせて品質を設計し製造する。

　昔の印刷では紙の品質を優先して銘柄を決め，インキは紙に合わせてきた。現在は立場は全く逆になっている。

2.2　印刷作業適性

2.2.1 新聞巻取の断紙率

　新聞社で毎日行っていた凸版輪転印刷機による新聞巻取の印刷は，速度が20年以上も前から600 m/minであったと記憶しているので，近年になって印刷条件が急に厳しくなったわけではないと思う。しかし朝刊の頁数は40頁と倍増し，発行部数は800万部と称し，新聞のトラックによる輸送は道路の混雑で不確定になった。このように，各種の条件の変化があったとしても，新聞配達が予定通り行われるように，印刷中の巻取の断紙に対する要求は格段に厳しくなった。

　20年以上前に新聞の印刷が活版からオフセット印刷に変わった時に問題になったのが断紙，紙粉，見当狂いの3点である。活版では活字の間が開いていて圧力が掛からないので紙の皺の逃げ場があったが，オフセットではブランケットが紙と絶えず接触しているので紙の皺の逃げ場

がなくなり，断紙率が高くなるであろうと考えた。当時の断紙率は1.0%以上であった。現在は0.02%以下と激減している。

この間に巻取の紙の長さは6 000 m/rから10 000 m/rと長くなり，新聞紙の坪量は52 g/m^{2}から43 g/m^{2}にと軽くなった。製紙会社の数ある製品の中で最もトラブルの解決に根気良い努力と，長い年数を要した項目が新聞巻取の断紙率の向上であるといっても過言ではあるまい。

断紙率向上の努力は製紙会社だけでなく新聞社でも積極的に行われた。第一にサテライト印刷工場を各地に建設し，版は電送して新聞の配送距離を短くした。2番目には地下の巻取倉庫および印刷室の温湿度をコントロールし，巻取の水分変化を減少させた。紙継ぎの速度も印刷速度と同じにして紙継ぎのショックをなくした。次には印刷機のテンションコントロールを精密にし，高速運転の時に生じるペーパーロールの振動を減少して，紙に掛かる張力を少なくした。またアンワインダースタンドを高くして巻取の直径を大きくし，1本の長さを30 000 m/rとし，自動紙継ぎの回数を減少させた。

これだけ印刷条件が改善されたにも関わらず，カナダの製紙工場で生産した新聞巻取を日本で印刷すると断紙率は1%以上を示す。カナダの西部地区は海岸近くまで針葉樹の原生林が生え茂り，輸送の費用も安価である等，日本と比べて木材の事情は非常に良い。強度の高いパルプを原料としているので試験室で測定した紙の引張り強度は高い。印刷条件が良ければ断紙は起きにくいと予想されるが，実際にはカナダの新聞巻取の断紙率は国産品より大きい。カナダの新聞巻取が日本の港着の価格で比較しても国産品より安価であるにも拘らず，輸入されない理由の一つがこれである。原料の強度よりも抄造，仕上げ，輸送の技術的影響が大きいことを示している。

ここで断紙率の定義に触れておくと，巻取1本を印刷する間に1回紙が切れると断紙率100%という。巻取100本を印刷して1回切れると断紙率1%である。現在標準の新聞巻取の長さが10 km/rであるから，断

2. 紙の印刷適性とその試験法

紙率0.1%とは10 000 kmの長さの紙の中に欠陥が1個所ある確率現象である。従って試験室の中で小面積の紙を測定して断紙率を予測することは不可能である。

2.2.2 紙むけと紙粉

オフセット印刷で発生しやすいトラブルで，印刷機上で紙から繊維の白い粉末が取れて，ブランケットまたは版上に蓄積する状態をいう。このトラブルは両者とも現象が似ているため，しばしば両者を混同して解釈されている例が多いが，問題を正確に解決するためには明確に区別しておかねばならない。

紙は水分が少ないと電気抵抗が高くなり摩擦による帯電が大きくなる。紙は水分が1%減少すると紙の電気抵抗はほぼ10倍になる。水分5%の上質紙の電気抵抗は$10^{13}\Omega$程度で絶縁物に近い電気抵抗値である。

金属ロールとの摩擦で強く帯電し，スリッターとロータリーカッターによって枚葉に断裁され山と積み上げた上質紙表面電位は150 000 V以上であった。スリッターやカッターから粉末となって空中に飛び出した繊維は，強い静電気に吸着されて紙の表面に乗っている。これが紙粉である。本来付着力はないに等しいから触れば簡単に取れる。スリッターの回転刃のすぐ横にパイプを付け，内部を減圧にして空気を強く吸引すれば紙粉の大部分はなくなるが，静電気が強いとまだ残る。抄紙機のドライヤーでの乾燥を弱くし，紙の水分を高くして紙の静電気の発生を低くすれば紙粉の量への効果は大きい。

紙層を形成している繊維は繊維同士接着しているが，インキの吸着力または機械との摩擦力が大きいと，取れてブランケット上に溜まることがある。この現象は紙むけと考える。付着力の弱いリグニンを多量に含んでいる機械パルプ（GP，RGP）を配合している中質紙や新聞用紙では必ず起きるトラブルである。印刷会社ではこの溜まった繊維を紙粉と呼んでいる。製版に使用する銀塩フィルムの袋の黒い紙で，印刷用紙の

2.2　印刷作業適性

表面をこすると繊維が取れてくる。印刷会社ではこの方法で印刷機上に発生する紙粉の量を推測していた。この方法は，静電気で付着していた紙粉と，付着力の弱い繊維の紙むけとの，両方の量を同時に測っていることになる。

以前に週刊誌をオフ輪で印刷していた会社で，紙粉のために印刷機を30分ごとに止めて，ブランケットと版を清掃しなければならない状態に困って，一計を案じた。印刷胴に入る前にサクションボックスを付けて紙粉を吸い取ってしまおうと考えたのである。紙の全幅1.6 mに渡り奥行1 mの金属製の箱を紙の両面に設置し，細くて柔らかいナイロン製のブラシを当て，ブラシによって取れてきた繊維を吸引して取り除いた。フィルター上に大量の繊維が溜まったので発想は正しかったのだが，印刷機上の紙粉の量は減るどころか逆に増加した。もともと付着力の弱い繊維は確かに取れたのであるが，ボックスの縁やブラシとの摩擦で付着力の弱い繊維がふたたび発生したのである。

現在では新聞印刷の大部分がオフセット輪転印刷になり，新聞用紙も紙むけ防止のためペーパーマシンにゲイトロールを付けて変成デンプンを塗布するようになった。これで紙むけのトラブルは解決できる。しかし，スリッターより発生する紙粉が，量は僅かであるが問題として残っていることを忘れてはならない。上質紙の場合はフリーネスさえ適切に調整すれば，繊維間の接着力は十分である。しかし日本ではLBKPの配合比率が高く，L材に含まれている導管が剥脱してくる現象がある。導管はフリーネスを下げても接着力は大きくならない。また栗，楠などの樹種に含まれている導管は幅が0.3 mmと大きく，印刷面に1個取れた跡が残っても目立って不良品になる。この問題を解決するにはサイズプレスでデンプン液を塗るのが最も安価な方法である[2]。

さて，紙むけと紙粉の測定法であるが，大型の印刷機で全面ベタ刷りを行えば正確に判断ができる。実際に使用されるインキと同じインキでテストすればより正確である。単繊維または導管が取れたらサイズプレ

2. 紙の印刷適性とその試験法

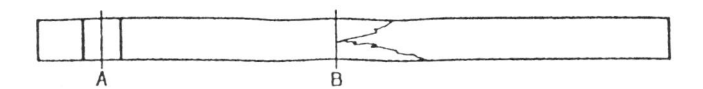

図 2.2.1　IGT 印刷適性試験機による紙むけ　内層の剥がれ[2)]

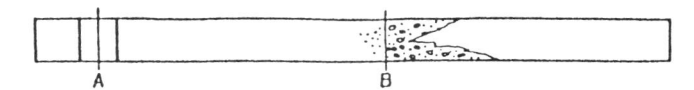

図 2.2.2　不連続の剥がれ　B 点で計る[2)]

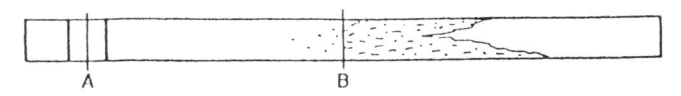

図 2.2.3　毛羽立ちの剥がれ[2)]

スのデンプンの量を増やせば良い。紙の縁に繊維の塊がとれたら，それは紙粉であるからスリッターの刃を切れる物に取り替えるか，吸引の真空度を強くすれば良い。試験室の中で測定するには，印刷面積が小さくなるが RI テスターで印刷すれば実機印刷に近い情報が得られる。大型印刷機の運転は費用がかさむので，特別の場合を除いては品質管理には RI テスターを使うのが適当と思われる。標準試験法として "JIS P 8129 紙及び板紙―紙むけ試験方法―" が規定されているが，本文の後の解説に記述してあるように，デニソンワックスによる測定はコート紙等測定に適さない紙がある上に測定の個人差が大きく推奨できない。また IGT 印刷適性試験機については，図 2.2.1 のような形の紙むけは表面サイズが利いているときで，内層の剥離強度を測っていることになり，叩解の程度を表示している。図 2.2.2 はコート紙でしばしば起こる剥け方で，原紙のサイズ度が低くてカラーのバインダーが原紙に吸い取られた場合に，または原紙の表面強度不足で起きる現象である。図 2.2.3 サイズプレスでのデンプン溶液塗布量が少ないため単繊維が取れている状態を示している。解説に記述されているように，IGT 印刷適性試験機で

の測定は同一機でテストした場合に紙資料間の表面強度の順位は再現性が良い。研究で多水準の紙を比較するには信頼性がある。しかしインキの状態などで測定値が大幅に変動するので絶対値での比較は注意を要する。また導管取れのように広い面積の中に確率的に起きる現象は測定面積が小さいので推測できない。

2.2.3 見当狂い

製版の精度,版の取り付け精度,ブランケット胴の仕立て精度等印刷に関する条件は良好であると仮定して,多色印刷で1色目の印刷に対して3色目,4色目の位置が変化する最大の原因は紙の寸法安定性である。

紙を構成している木材パルプは天然のセルロース繊維で,水を吸収すると体積が膨脹する。乾燥時に対して水に浸漬したときは繊維の長さはほとんど変わらないが,太さは約30%太くなる。これが紙の寸法変化の原因である。紙の寸法変化は紙の水分量に正比例している。そして紙の水分は周囲の空気の相対湿度によって変化する。この現象は紙を扱う人ならば大部分の人が知っているが,定量的に正確に考えている人は意外と少ない。印刷会社の印刷室の空気調整の機構をみてこれで十分と思った例はない。

現在,多量に印刷されている広告の多色印刷の精密度は,網線数で表示すれば175 lpiである。そして工業的に大量生産する場合にはトンボ一本に相当する0.2 mmの見当狂いは許容されている。4色以上の印刷機を用いてワンパスで製品を仕上げる場合は,印刷機を通過する時間が数秒であるため印刷室の湿度コントロールは不十分でも差支えないという訳である。この考えでは6色以上の高級印刷や高精細印刷は困難が生じるであろう。なお,紙の水分と寸法安定性の関係については"3.6紙の水分と寸法安定性"の節で詳しく述べる。寸法安定性に関する標準の試験法としては"JAPAN TAPPI No.28-78 湿度の変化による紙及び板紙

2. 紙の印刷適性とその試験法

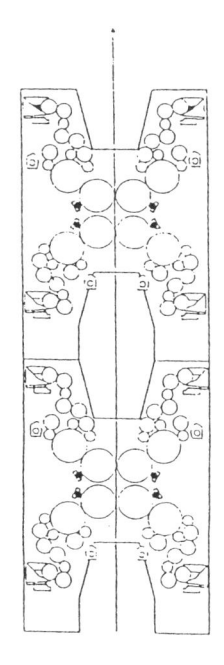

図 2.2.4 タワープレス (4 HI) 型オフ輪の構造

の伸縮率試験方法"が制定されている。近年この試験法を不満として新しく検出力の高い試験機の試作が行われているし,試作した試験機を使った研究論文が発表されている。この努力により紙の水分変化による伸縮の状態がかなり明確になった。さらに注目すべき測定器が発表になっている。スエーデンの FIBRO SYSTEM 社が開発した DST 1200 (Dimensional Stability Tester) である。50×50 mm の大きさの紙の寸法変化を CCD カメラで連続的に測定し,$1\,\mu m$ の精度で変位量をベクトルとして表示する。この測定器によって非常に短時間の紙の寸法変化が判明した。

　スエーデンの STORA 社研究所の Nils Thalen は新聞巻取紙に 4 色カラーの印刷をした場合に湿し水による幅方向の伸びを測定した。印刷機は BB タイプのタワープレス型(**図 2.2.4**)で印刷中に紙幅が広がり,3,4 色目の印刷が見当が合わなくなる現象を解明するのが目的である。

2.2 印刷作業適性

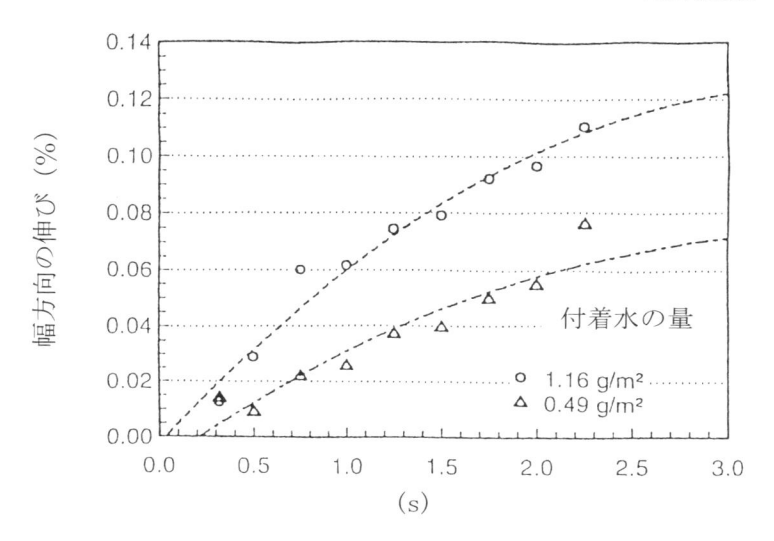

図 2.2.5 水付着による巻取幅方向の伸び

その論文の中に新聞巻取にオフ輪で湿し水が付いたときのごく短時間の幅方向の伸びを TFL（Swedish Newsprint Reserch Center）で測定したデータが紹介されている[1]（図 2.2.5）。

BB タイプであるから，2 色印刷で 4 回分の湿し水が紙に付着したことになり，その量を 1.16 g/m^2 としている。仮に 1 胴から 3 胴までの距離を 2.5 m とし，印刷速度を 300 m/min とすると 1 胴で水がついてから 3 胴にくるまでに 0.5 s 掛かっているので伸びは 0.03％ である。巻取の中央は位置が変わらないとして半幅の伸びを計算すると

$$80 \text{ cm} \times 0.03\% = 0.24 \text{ mm}$$

コート紙の見当狂いが 0.2 mm を許容しているのであるから新聞印刷も 0.2 mm の狂いは当然認められる誤差である。図 2.2.5 のグラフは印刷速度が 300 m/min より早ければ問題が生じないことを示している。枚葉オフセット輪転機も同じ結論になるのであろう。いずれにしてもこのような短時間の現象が正確に測定できるようになって，今まで解決で

2. 紙の印刷適性とその試験法

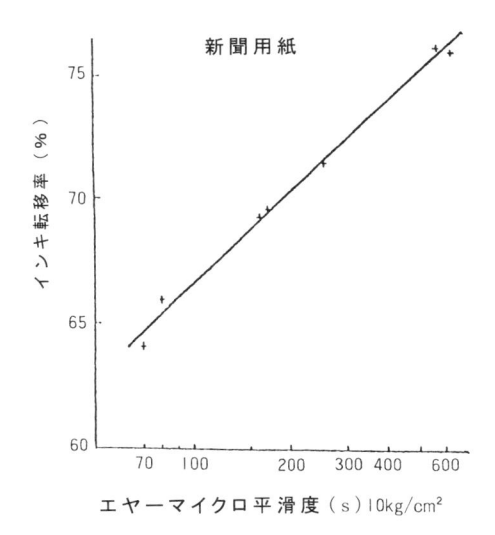

図2.2.6 新聞用紙の平滑度とインキ転移率

きなかった問題が明らかになりそうだ。

ついでに，DST 1200では湿度コントロールの設定を動かしてから，箱の中の湿度が設定と等しくなるのに1分かかり，紙の寸法変化は2分遅れで追随しているそうである。空気の湿度変化による紙の寸法変化の速度も，いずれ正確に測定され公表されるであろう。

2.2.4 インキ転移

印刷品質の項目も含めて，インキ転移は印刷適性測定の全項目に関係する最重要項目である。版と紙，またはブランケットと紙の表面が互いに良く接触して初めてインキが転移し印刷が行われる。凸版やオフセット印刷では版の上に乗っているインキの厚みは3-4 μmであるから，紙表面の凹凸がこれより大きいと，インキは転移できず印刷面に白い斑点が生じる。版と紙表面の接触の状態は凸版ベタ刷りでインキ転移率を測定すると定量的に正確に把握できる。新聞用紙の印刷ではベック平滑度の対数とインキ転移率は非常に綺麗な直線関係であった（**図2.2.6**）。

2.2 印刷作業適性

　版材が硬い金属である場合は，紙は平滑度が高くないと転移が悪く，紙の表面が粗い場合は，フレキソやオフセット印刷のブランケットのように柔らかい材料で刷るほうがインキの付きが良い。版材と紙の種類とは互いに欠点を補うように組み合わされているが，文字のシャープネスや網点の再現性からみれば，版材は固く，インキの粘度が高い方が良いわけで，紙の平滑度は高くないと良い印刷はできない。紙を構成している木材繊維は中空で，膜の厚みは3-5μmである。乾燥したセルロース繊維の硬度は鉄に近いので，普通のペーパーマシンの構造では繊維は十分に潰れず，繊維の縁の段差は10μm以上になる。これだけの高さの差があると版上のインキの膜厚が3μmくらいなので当然インキの着かない部分が生じ，紙に塗工して段差を埋めなければ白点の発生は防げない。紙統計年報によれば非塗工印刷用紙の伸びはわずかであるが，塗工印刷用紙は10年間で2倍以上に生産量が増加している。

　インキ転移率の測定は紙表面の品質の差が大きく検出できる凸版ベタ刷りが良い。印刷の前後2回，版の重量を精密天秤で測定し，印刷前の版上インキ量に対する紙への転移インキ量の比率を小数点一桁まで求める。M-3型印刷適性試験機を用いると印刷面積が大きいので精度が高く測定できる。良く研磨したステンレスの薄い板（厚さ0.5 mm）をベタ刷りの版とし，インキ量を変えて5回刷り測定値をグラフに書けば紙の優劣は正確に判定できる。また面積が大きいので印刷面の濃度，光沢，ワイヤーマーク等のムラが一目瞭然である。KRK万能印刷適性試験機でもインキ転移率は測定できるが，何が理由か不明だが測定値にバラツキがある。オフセット印刷では湿し水の問題もある。3色目以降で水のためにインキが紙の上に転移しない現象で，紙が水の吸収が特に悪いか，水を吸収した表面の親水性が強い場合に起きる。KRK万能印刷適性試験機の1色目を水で刷り，時間の長さを変えて2色目をインキで刷ると現象が再現できる。グラビア印刷については"JAPAN TAPPI No.24-77 紙のグラビア印刷適性試験方法（印刷局式）"に試験機と操作

2. 紙の印刷適性とその試験法

法が記述されている。印刷面を肉眼で比較し白点の数を測定する。

2.2.5 トラッピング

　高速多色機でワンパスで 4 色印刷するときは 1 色目のインキが乾かない上に 2 色目，3 色目のインキが乗ることになる。この場合には 1 色目のインキの凝集力と，1 色目と 2 色目のインキ相互の付着力が 2 色目のインキの凝集力より大きいときに，2 色目のインキは分裂して紙の上に転移して来る。この状態をトラッピングが良好であるという。2 色目のインキの方が凝集力が大きいときは 1 色目のインキが逆に紙から版またはブランケットの上の取られてしまう。このようなことが起きないように，プロセスインキではインキの缶に色に刷順が指定されていて，1 色目が最もタッキネスが高く，オフセットインキでは 10–11 程度で，後になるに従いタッキネスを低くした配列になっている。指定された色の順序に従って印刷すれば逆トラッピングを起こす心配はないが，何等かの必要性が生じてインキを薄めたりしたときは注意を要する。このように指定された順序で印刷すれば大きな問題は発生しないが，タッキネスの差が十分でないので 2 色目のインキの乗りが不足する。インキが紙の表面に転移すると，インキのなかの石油溶剤成分が紙に吸収され，インキのタッキネスは急激に上昇する。1 色目のインキのタッキネスが高くなればトラッピングは良いが，2 色目までの時間が短いと低下する。発表されている論文のグラフでは 2.0 s 当たりから低下し始め，0.5 s ではインキの転移量が 60% くらいにまで低下し，色のバランスは完全に崩れている。3 色目のトラッピングについてのデータは見たことがないが，予想されることは 2 色目よりさらに低下率が大きいであろう。版上インキ量はストリップの濃度を連続して測定してコントロールしているが，単色を測定しただけでは色のバランスは訂正できない。

　インキのトラッピング率%は次の式で表す[2]。

$$M/Y \text{トラッピング率\%} = (D_{my} - D_y)/D_m$$

D_y：イエロー単色の反射濃度。
D_m：マゼンタ単色の反射濃度。
D_{my}：イエロー色の上にマゼンタを印刷した反射濃度。
測定は緑色フィルターを使用する。

　実験はKRK万能印刷適性試験機を用いて，版の形状を考慮し時間間隔を大きく変えて印刷し反射濃度を測定すれば得られる。トラッピング率の低下が僅かな内は版上のインキ量を多くすればバランスは直せるが，印刷速度が10 000枚/h以上になるとコントロールが困難になっている。印刷用紙表面の吸油速度の改善が必要とされている。

　吸油速度の測定法は"JAPAN TAPPI No.51-87 紙及び板紙の液体吸収性試験方法（ブリストー法）"に規定されている。試験法の説明によれば紙資料の回転速度を8段階，繰返し各3回，計24回の測定値をグラフに書いて吸収係数 K_a (ml/m^2/ms$^{1/2}$) を求める。紙の吸収速度の相対的な比較には有効な測定法である。最近ブリストー法を改良した測定法として回転するターンテーブルの上に紙を乗せ，加速して各速度の吸収量を連続測定し1回の測定で K_a が求められる測定器が開発された。この測定器が普及すれば液体吸収の改良研究は効率が上がり促進されるであろう。さらにごく短時間の液体吸収を計測できる測定器が輸入販売されている。スエーデンのFIBRO SYSTEM社製DAT (Dynamic Absorption Tester) で(株)マツボーが輸入販売を行っている。

　測定法は，細いチューブの先から紙の上に0.2–25 µlの液を滴下し，紙の上の液の形状をレンズでCCDに写し，出力を計算して接触角を出す。露光時間は1 ms，測定間隔は10 msである。オフセットインキに使用されている鉱油を用いてコート紙表面の吸収性を測定したところ，最初接触角が急激に減少するが，0.2 sを過ぎる頃から接触角15°くらいで変化が遅くなることが分かった。紙との接触面積，液体の体積から単位面積当たりの吸収速度が計算可能である。このデータを用いてコート紙のコーティングカラーのピグメントとバインダーの種類と配合比率の

2. 紙の印刷適性とその試験法

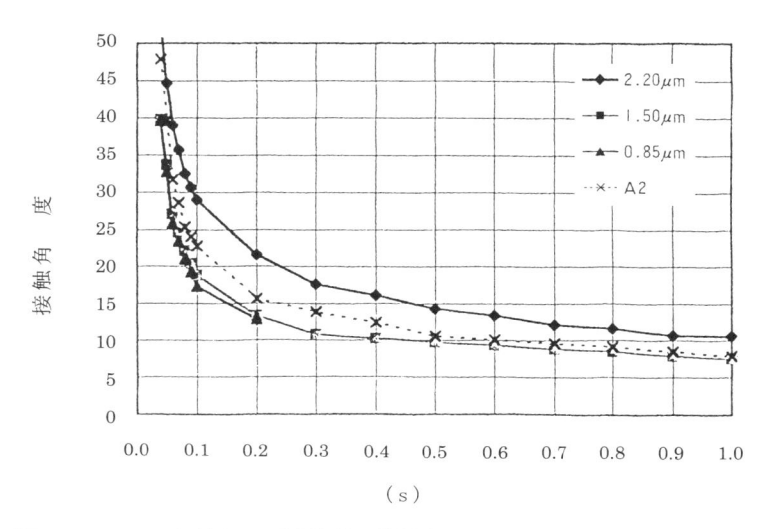

図 2.2.7 コート紙上の石油溶剤の接触角

液体吸収性に及ぼす影響がいずれ解明されるであろうことを期待する（図 2.2.7）。

2.2.6 インキセット，裏移り

　印刷した後，紙がインキ中の低粘度成分を吸収して，インキのタッキネスが上昇し，印刷面に軽く指で触ってもインキが指に付いて来なくなった状態をインキがセットしたと称する。強く押せば指に付いて来るし，擦れば取れる程度の固さである。紙表面の吸油性が良ければセットも速く印刷作業は楽になる。セットが悪いと裏移りを起こす。濃色の多い多色印刷の場合は特に裏移りに注意が必要になる。印刷面にデンプンの粉末を圧搾空気と共に吹き付けて紙同士の接触を防止しているが十分ではない。

　500 枚ですのこ取りをするときは 12 000 枚/h の速度であれば 2.5 分ごとに一回板を差し込んでやらねばならない，大変な重労働である。概数で計算すると，0.8 m² の大きさで 80 g/m² の重さの紙を 1 000 枚積む

と，積み重ねた一番下の紙に掛かる圧力は

$$(80\,\mathrm{g/m^2} \times 1\,000)/0.8\,\mathrm{m^2} = 100\,\mathrm{kg/m^2}$$
$$= 10\,\mathrm{g/cm^2}$$

　セッティングタイムの測定には規定された試験法はないが，印刷試験機で測定する紙の上にベタ刷りをし，上に白紙を重ねて巻き，裏面から時間間隔をあけて一定の圧力を掛け，白紙に転移したインキの濃度を測定する。測定する紙がコート紙で，裏移り測定用の紙もコート紙を用いると重ねた直後に裏移りが生じて測定できない。また裏から掛ける圧力が大きいと1時間経っても裏移りは消えないで残る。裏移りの濃度値を設定してセットの終了時間とする社内規格でも決める必要がある。紙の資料を細く切って台紙に並べて貼りつけ RI テスターで同時に測定すると，紙の厚みが同じであれば相対的な比較はできる[4]。

　裏移りの特殊な例として合成紙の印刷がある。合成紙は吸油性がないのでオフセットインキで印刷すると，インキは乾燥しているにも拘らず3日後くらいから石油溶剤成分の裏移りが始まり薄い黄色い画像が見える。合成紙の印刷には，アマニ油型インキを使用しないとトラブルが発生する。

2.2.7　インキ乾燥

　紙の上にインキが乗ってから時間が経過し印刷面を強く擦ってもインキが取れて来なくなった状態を，インキが乾燥したという[5]。

　凸版やオフセットインキでは，インキの中に混合してあるワニスの乾性油が，空気中の酸素を吸収して重合し堅い皮膜ができた状態である。

　フレキソやグラビアインキでは，溶剤が蒸発して樹脂が固まった状態になる。

　昔，東北地方に一面に雪の積もっている冬に出張した時の経験だが，冷えきった部屋の中で印刷機が手も触れられない程冷たい時に，冷えて固まっているオフセットインキを柔らかくするために，多量の 00 ワニ

2. 紙の印刷適性とその試験法

スを加えてヘラで練っているのを見た。このようなインキで印刷すれば乾燥不良も起こりうると思った。現在ではインキの中に予め適量のドライヤーが配合してあり，印刷室の環境も良くなっているので乾燥不良のトラブルは聞かなくなった。ドライヤーとは，ワニスの乾性油の酸化重合反応を促進するためにインキ中に配合する触媒で，紙のpHが4以下と酸性が強いと酸化反応促進の効力が低下する場合がある。

測定法はセッティングの測定と同じく，RIテスターでベタ刷りした上に白紙を重ねて巻き，裏から圧力を掛けて裏移りが完全になくなる時間を測定する。普通の印刷用紙であれば20時間くらいは掛かるものである。

2.2.8 チョーキング

インキが乾燥した後に印刷面を擦ったときに，あたかも黒板に書いたチョークの文字に指で触ったように，顔料の粉末が取れて来る状態をいう。紙の表面塗工に炭酸カルシウムなど吸油性の強い粒子を使うと，印刷後インキ中の液体成分が吸い取られ，印刷面の光沢が低下するだけでなく，インキがバインダー不足となって摩擦に耐えられなくて顔料が落ちてくる。良質の樹脂型インキを使えばチョーキングまでは行かない。

アマニ油型インキで，乾燥に時間が掛かり過ぎると起きる現象である。

2.2.9 擦れ汚れ

インキは完全に乾燥しているのにインキが擦られて取れてくる特別な例がある。近年生産量が伸びて来た表面光沢の低いマットコートで印刷後，製本時に擦られて反対面にインキが付いて汚れる。コーティングカラーのピグメントに使用した重質炭酸カルシウムの粒子径が大きく，角が鋭いと起こるトラブルである。

2.2.10 ブリスターリング

　巻取オフセット輪転印刷機でコート紙に多色印刷を行うときは，裏移りを防ぐために，印刷直後にガスの直火または熱風を吹き付けて250°C近くの高沸点石油溶剤を蒸発させて乾燥する。紙に含まれている水分も加熱により水蒸気となって蒸発する。水蒸気の量が多く，コート層の通気性が悪いと内部からの圧力で膨れを生じる。この現象をブリスターリングと呼んでいる。この原因から分かるように，枚葉オフセット輪転印刷用コート紙とコーティングカラーの組成を変えて，SBRラテックスを減らしてコート層の通気性を良くするだけでなく，ドライヤーでの乾燥を強化して紙の水分を5%以下に減らすと安全である。

2.3　印刷品質適性

2.3.1　印刷物の濃度

　印刷の技術は，人間の視覚を満足させるために発達してきたものであり，印刷物の品質の評価とは，視覚の満足度を数字化する作業であると考える。従って印刷物の品質の各論に入る前に，人間の目がどこまで見えるのか，その能力を認識しておかねばならない。そのように考えて冒頭に人間の目について記述しておいた。その結論は，人間の目の解像力は照明の明るさによって変わり，明るい条件（1 000 lx）であれば明視距離（25 cm）で20 μmの大きさの物体が見える筈であるとした。しかし，人間の目が感じ得る明るさの範囲（明度の差）について議論しておかなかったので，印刷物の濃度を議論するに当たって，改めて人間の目の明るさに対する感度から調べ直した。

　1）　星の明るさ

　余談であるがオーストラリアのメルボルンで素晴らしい星空を見たことがある。日本では一月に霜が降りて芝生が枯れて黄色くなるが，この季節はメルボルンでは真夏で昼間は30度を越して暑いが雨が降らず乾

2. 紙の印刷適性とその試験法

燥しきっているために，郊外の牧場は草が枯れて一面に黄色くなっている。大陸の中央部の砂漠地帯から吹き出す北風は湿度が低く，風によって木の枝が擦れて発火し，方々から山火事の煙が立ち上っていた。砂漠の空は天井のない温室のようなものだ。照り付けていた太陽が沈むと途端に半袖のシャツではいられない程寒くなる。食事が終わって庭に出ると隙間のないほど星が一面に輝き，どの星も明るいので星座の形が分からない。天の川とマジェラン星雲は明るく空の広い面積を覆い，天の川に含まれる無数の星は7等星まで見えているのではないかと疑いたくなる程である。

東京の夜の空は水蒸気と塵のハウスに覆われて空は濁り，4等星以下の暗い星は都市から出る光の雑音に消されて見えない。しかし1等星と2等星で作る星座の形は，はっきりと見分けられる。何のために星の話をしているのか。人間の目の能力の限界を知りたいからである。

古代の牧人達は夜空に輝く数千の星を眺めてその明るさを漠然と6等級に分けた。しかし，古い分類では同じ等級の中に違う明るさの星が混じっていたのである。近代になって測光学が発達し，星の光量を精密に定量的に測定できるようになって世界共通の等級決めが必要になったので標準を決めた。1燭光のランプから1kmの距離に到達した光量を1等星の明るさとした。また1等星と6等星の光量の比率を100倍とした。

$$(1等星の光量) \div (6等星の光量) = 100$$

$$x^5 = 100 \quad x = 2.512$$

現在では，光量が2.512倍になるごとに1等級数字を小さくしている。実際の測定としては基準の光度として北極星を2.12等星として，それからの比率を求めた。1等星より明るい星はその比率に応じて0等，-1等と決めた。以上長く説明したことをまとめたのが**表2.3.1**である。

2) 桿状体の感度範囲

2.3 印刷品質適性

表 2.3.1 星の等級

見える最低の光量	6 等星
等級差	2.512 倍の光量
最も明るい恒星	大犬座シリウス：－1.42 等星
金星	－4.6 等星
満月	－12.5 等星
太陽	－26.7 等星

表 2.3.2 星の等級と相対的光量

等級	相対的光量	概数	対象
6	1.000		最低可視星
5	2.512		
4	6.310		
3	15.851		
2	39.818		
1	100.02	10^2	1 等星
0	251.26		
－1	631.16		シリウス
－2	1 585.47	10^3	
－3	3 982.69		
－4	10 004.5	10^4	金星
－9	1 000 625	10^6	
－12	15 860 906	10^7	満月
－14	100 085 210	10^8	

(1) 暗い光を感じるのは人間の目にある 2 種類の視神経のうち桿状体の方である。桿状体が感じ得る最低の光量は 1 km 先にある 1/100 燭光のランプの光である。

(2) 同じ桿状体が感じうる最大の光量は**表 2.3.2** の中では金星である。金星は 6 等星の約 1 万倍の光量を持っている。数量が明確に分かっているのは金星の 1 万倍であるが，実感としては遥かに明るい星も感じられそうである。

(3) 星は点光源と見えるから等級の差は輝度の差といえる。満月の明るさは－12.5 等と非常に大きく，6 等星の光量の 1 千万倍であり人間の目には十分に見えるが，光量が大きいのは面積が大きいからで輝度で比較すると，太陽からの距離が月のほうが金星より

2. 紙の印刷適性とその試験法

も遠いので月の方が輝度が低い。結局桿状体が感じうる光量差を定量的に証明できたのは1万倍までであって，もっと大きい光量差が見えそうであるが推論になってしまう。

3) 錐状体の感度範囲

星の明るさのレベルでは桿状体が作動しているが，太陽の光線に照射された明るい状態では，視神経は入れ替わって錐状体が作動する。錐状体が感じうる明るさの範囲はどの程度であろうか。太陽が南中したときの地上の照度は 8 200 lx である。暗い方を確かめるために 1 lx の明るさで印刷物を見たが，赤い色がかなり黒ずむのみですべての色が鮮明に見えた。これより暗くなると桿状体が作動し始めるので，色として見える限界を測定するのは熟練を要するであろう。自分で実験した感じでは 1 lx よりかなり暗く…1/10 lx…でも色は見えそうに思えるが専門書にも錐状体の感度の下限は記載されていない。錐状体の感度範囲も確実なところは1万倍ということになる。

4) カラー原稿の濃度

多色印刷の製版に原稿として使うポジカラーフィルムの最大濃度は

$$D_{max} = 3.9$$

である。また製版用白黒フィルムの最高濃度は $D = 5.0$ が出しうる。製版用フィルムの濃度はカラーフィルムの濃度より高く見えたから，両者の濃度差は十分肉眼に感じうるが，あるいは桿状体が作動しているかも知れず証明できない。そこで，人間の目の錐状体の感度範囲とカラーフィルムが表現しうる濃度範囲が近いといえる。カラーフィルムの濃度は透過光で測定するので，フィルム表面での反射光は測定値に入ってこない（図 2.3.1）。

カラーフィルムでは，わずかに1回の透過で染料によりこれだけ光を吸収できるのであるから，印刷で透明なフィルムの上に顔料を均一に乗せ透過光で測定すれば，より高い濃度が出せる筈である。

5) カラー印刷の濃度

2.3 印刷品質適性

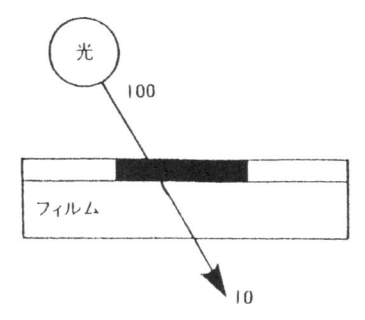

図 2.3.1 フィルムの透過光濃度[6]

オフセット印刷用グロスセットインキでコート紙の上に $1.5 \mathrm{~g/m^2}$ のインキ量でベタ刷りをした場合の印刷面の濃度は $D=2.4$ であった。紙とインキの品質を選び，4色重ね刷りをした時の濃度は $D=3.0$ 近くまで高めることはできる。先に述べたようにインキ層の濃度は透過光で測ればカラーフィルムと同様に $D=3.9$ は出せる筈である。印刷の場合は一度インキ層を通過した光が紙の層で散乱し，ふたたびインキ層を透過して目に達する。光の吸収層を二度通過したのだから濃度は $D=7$ 以上になっている筈である。しかし測定器で測った値は $D=3$ 以下になっている。

このような差が生じる原因は二つあるが，第一はインキ層の表面光沢光が測定値に混じっていることで，着色していない表面光沢光が印刷濃度を低下させている主原因である。

二番目には僅かであるが，インキ中の顔料と樹脂の屈折率の違いから顔料の表面で光が散乱し測定値に入ってきたからである。

6） 表面反射光

紙の光沢を測る時に使用する標準板には屈折率 $N=1.567$ の表面を良く研磨した黒色ガラス板を使う。この標準板の鏡面反射率はガラス面に対する入射角度によって変わり，それを表にまとめたのが**表 2.3.3** である。

2. 紙の印刷適性とその試験法

表 2.3.3 標準ガラスの鏡面反射率

入射角 θ	鏡面反射率 ρ
20	0.0491
45	0.0597
60	0.1001
75	0.2646
85	0.6191

　ガラス面での正反射光量はガラス面に直角な法線に対して角度が大きい程,すなわち低い角度で入射する光の方が反射率が大きくなる。いま法線に対して45°で入射した光は,法線に対して反対側45°の方向に入射光の5.97%の光量で反射する。正反射光沢であるから,人間の目には光源の輝度に対して5.97%の輝度にガラスの面が見える。一方紙の表面からは散乱光があらゆる方向に反射しているが,紙面の法線上開き角5°の受光面の光量は

$$(5 \times 2/180)^2 \times 100 = 0.31\%$$

　上の式の2は紙面からの光量の方向による差の補正のための概数である。紙の白色度の表示は標準板の白色度を100%として相対的に85%と表示しているが,直接光源光と比較すると,白色度計の受光面に目を置いたと仮定したときの紙の面の輝度が,光源の輝度に対して0.31%であるとの意味である。ガラス面の輝度に対して1/19に相当する。コート紙のコーティングカラーの屈折率が光沢度標準板の屈折率 $N=1.597$ と等しかったと仮定して考えれば,コート紙の光沢度を50%とするとコート紙面の輝度は

$$5.97\% \times 0.5 = 2.98\%$$
$$2.98 \div 0.31 = 9.6$$

　この数字の意味はコート紙の光沢光の輝度は散乱光の9.6倍の強さであることを示している。試しにコート紙を電球の近くに持ってゆき,光沢光が目に入る角度に支えて良く表面を観察して頂きたい。光沢の部分は黄色く輝き,紙の部分は黒ずんだ灰色に見える。これ程光量の比率の

差は大きい。コート紙の品質で白色度85%，光沢度60%という数字を見るが，これは各々の標準板に対する比率を示しているのみで，光源光に対する比率ではないことを理解していただきたい。

ついでながらコート紙の光沢を見ると，光沢面に一面に微小な黒い斑点があるのに気付く。この部分はスーパーカレンダーを掛けてもなお平にならずに凹んでいる。光沢度60%のコート紙は表面の凹んでいる面積率が40%であるとの意味である。目に見える黒い斑点は配列に規則性があるので，コート原紙のワイヤーマークとフェルトマークが原因と考えられる。印刷により紙の面にインキが乗るとこの凹みは若干埋められて表面の光沢度は上昇する。しかしなお20%近い面積が凹んでいて，ある程度の傾斜を持っている点に注意する必要がある。

インキのフィルムを通過した光は着色しているが，インキの表面で反射した光は着色していないため光源のスペクトルと全く同じである。厳密にいえば光源の温度（A光源2 856 K，C光源6 776 K）によってスペクトル分布が異なり色相も異なるわけだが，いわゆる白色光である。印刷物の場合は，必ずインキによる着色光と表面反射による白色光とが混合する。これはインキの中に白色インキを混ぜて印刷しているようなもので，ベタ刷りの最高濃度は低下しトーンリプロダクションの曲線は明るい方に移動する。

7）表面形状と印刷濃度

上記の議論は，紙面が鏡面のように平滑な場合の光源光に対する反射光量の話であるが，粗面の場合について考える[6]。

印刷用紙の表面にオフセットインキを均一に1.5 g/m^{2}乗せてその濃度を測定した状態を詳しく分析してみる（**図2.3.2**）。

インキフィルムを2度透過し着色した光の量は光源に対して$1/10^7$程度である。濃度計の光学系を45°入射，法線方向の受光とし，受光器の開き角を10°とすると，印刷したインキの表面に22.5±5°の傾斜を持った面に照射した光は，正反射して受光器に入る。その角度の面積率をx

2. 紙の印刷適性とその試験法

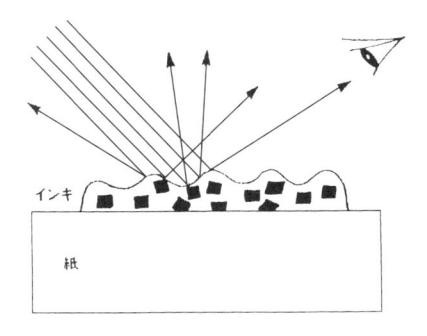

図 2.3.2　粗面での光の乱反射[6]

とすると受光量の光源に対する比率は
$$4.91\% \times x$$
である。一方印刷濃度の式は，
$$D = \log_{10}(R_w/R_b)$$

R_b：印刷面反射率

R_w：白紙面反射率

白紙面反射率90％の紙の光源に対する反射光量の比率は，
$$(10 \times 2/180)^2 \times 0.9 \times 100 = 1.11\%$$
従って濃度1.5の印刷面濃度の反射光量は，
$$1.11\% \div 69.90 = 0.016\%$$
これだけの光量が表面正反射光の白色光によるものだと仮定しその面積率を計算すると
$$x = 0.016 \div 4.91 = 0.0032$$
すなわち22.5±5°の傾斜角を持った面が0.32％あると表面反射光のみで濃度 $D = 1.5$ に相当する光量が受光器に入るとの意味である。墨インキでベタ印刷して最高濃度が1.5までにしか上がらないのは，上質紙の印刷の場合である。上質紙の面を触針型表面粗さ計で測ると，粗さは12–17 μmである。また製造時にマシンカレンダーで潰された平均直径40 μmのLBKP繊維の厚みは7–12 μmである。オフセット印刷ではインキの転移量は1.5 g/m^2 くらいであるから，繊維の端の10 μmの段差

2.3 印刷品質適性

を埋めることはできない。インキは繊維の表面を薄く覆うのみで，インキ表面の形状は繊維の形に近似している。法線に対して22.5±5°の傾斜面が0.32％も存在する原因である。

　コート紙に印刷すると印刷面光沢度は80％に上昇する。インキを乗せてもなお光の半波長0.3μmより大きい凹みが20％の面積率で存在するとの意味である。コート紙の表面を触針型表面粗さ計で測定すると，滑らかな曲線が記録され，粗さを測ると3μmくらいになる。測定端の針の先端は3μmくらいの半径を持っていて，測定対象の粒子径に対して大き過ぎるので，コーティングカラーに混合しているピグメントによって生じた1μm以下の凹凸は，全く検出できない。滑らかな曲線の周期はコート原紙のワイヤーマークか，地合いムラに合致する。ブレードでダブルコートしても，原紙の大きな凹凸は埋めきれていない。

　コート紙の印刷面濃度は2.4になる。この反射光量の入射光量に対する比率は

$$1.1\% \div 602.1 = 0.0018\%$$

面積率 x は $\quad x = 0.0018 \div 4.91 = 0.00037$

　コーティングしてもなお22.5±5°の傾斜を持った面積が0.04％存在するとの意味である。以上行ってきた議論は，インキフィルムを2度通過した着色光と，フィルム内の顔料による散乱光を無視した概念である。また濃度計の対物レンズが大きくて，印刷物からの開き角が大きい場合にも光量の比率は変わる。

　以前にマイクロデンシトメーターで網点の濃度を測定していたとき，時々メーターが振り切れるのを不思議に思い，アイピースから覗きながら測定したところ，インキ面に金星のように輝いている部分（光源の正反射光）が視野に入るとメーターが振れることが分かった。メーターの振れから，白紙の散乱光量よりはるかに大きい光量である点を確認した。

　かなり乱暴な推論を行って来たが，印刷物の濃度が白色の表面反射光

2. 紙の印刷適性とその試験法

に支配されているという因果関係は理解して戴けたと思う。

印刷用紙を平滑度の高い方から順にアート紙,コート紙,上質紙,中質紙,新聞紙と並べると,ベタ刷りの印刷濃度も高い方から順に並ぶ。その上,多色印刷をした場合に表現し得る色立体をCIE色度図の上にプロットすると,その面積はアート紙が最も大きく,順に小さくなって行く。

このように印刷濃度は発色性,トーンリプロダクション等,他の品質特性と深く関係し,最も重要視されるべき項目である。

8) 濃度測定器

印刷物の濃度を測定する機械は印刷会社で古くから使用され,簡易型,携帯用を含めて,数多くの測定器が市販され信用されている。

どの測定器を使用してもほぼ同じ濃度になるし,再現性も満足する。印刷会社でのインキ量の管理,製紙工場での毎日の製品管理の目的ならばいずれの測定器を選んでも問題は生じない。しかし印刷品質を向上させるための研究用となると要求される項目が変わって来る。今印刷業界の新しい動きとして,高精細印刷という従来のフルカラー印刷より一段階上の印刷効果を持った印刷技術の商業化が進められている。製紙会社としては,高精細印刷の要求を満足する印刷用紙を供給しなければならないが,それにはより印刷効果の良い表面をもったコート紙とは何かを証明しなくてはならない。当然研究の主眼はコーティングカラーの流動性,ピグメントの結晶形と粒子径,バインダーの種類のあたりに集中する。コーターの生産性からはブレードコートに限定せざるを得ないであろうから表面性の改良の方法はかなり限定される。このような内容の研究で塗工条件の優劣を検出するのが目的の測定であるから,測定面積が直径5 mmのように大きい面積の平均濃度を測るのでなく,直径数十μmのような微小面積の濃度を測定し,濃度分布の表示と,濃度の変動が生じた原因を解析するために分布の規則性が表示されると良い。

地合い測定器に,紙の透過光の画像をレンズでCCDの上に結像し,

その出力を処理する構造の機械があるが，この技術をそっくり応用すれば印刷濃度のパターンの処理ができる筈である。

2.3.2 印刷面光沢度

印刷後のインキフィルム表面の鏡面光沢と傾斜面での表面光沢が印刷濃度および発色性に及ぼす影響を述べて来た。光沢度と濃度は表裏一体になってるので，どちらか片方だけ測定すれば済むかというと，そのように単純にはいかない。鏡面光沢に関係する表面の凹凸の大きさは0.3 μm が境でこれより小さければ光沢が出る。オフセットインキの転移量は 1.5 μm であるから，白紙では光沢度が低くても印刷をすると，インキ表面は高い光沢の出るコーティングカラーの組成は作り得るわけである。高速度印刷でインキセットの要求もさらに厳しくなっているので，ベヒクルの吸収は早くなければならず，インキの組成に対して吸収が強過ぎると光沢が低下するので，製紙会社のみで研究しても解決しにくい問題である。インキ会社との共同研究が可能であれば成功するであろう。

根本的に鏡面光沢を改善するには，印刷濃度の測定器と同ように CCD を用い，微小面積の光沢ムラを解析してムラの発生原因を突き止めることであると考える。

2.3.3 シャープネス

昭和 40 年頃，乾式トナーによる PPC 複写機が売れ始めて，複写機メーカーは積極的な販売合戦を展開した。ショーに複写機を陳列し，説明会を開催してコピーの明るい将来性の夢を説明した。いわく"イメージのリプロダクションの領域でコピーは印刷と競合する。少数の複製ではコピーの方が遥かに安価である。製版の方法にもよるが印刷とコピーが競合する枚数は 1 枚から 100 枚の範囲であり，これをグレーエリヤと称する。"

2. 紙の印刷適性とその試験法

テレビの出現により新聞が消滅するであろうと宣伝したのと同じ発想で，複写機の出現によって軽印刷業界は壊滅的な打撃を受けるであろうと予想したのである。

これに対して印刷業界の反応は全く冷静であった。複写機を印刷の競争相手と見ていなかったのである。"同じ品質なら安い方が売れる。しかし品質が悪いなら安くて当たり前で同じ土俵で比較されるのは迷惑な話だ。幕内と幕下とでは格が違うのだ。"

筆者は確かに聞いた記憶がある。格が違うのだと。ここでいう格の違いが本題のシャープネスなのだ。文字のシャープネスの違いは並べて見れば一目で分かるし，誰が見ても優劣の判断は一致する。

活字を並べて作った活字組版で印刷した文字印刷は確かに美しかった。シャープネスという言葉では表せない感覚的な美しさを持っていたが，オフセット印刷との経済的競争に負けて廃業し，現在日本の中に活版で文字印刷ができる印刷所が僅かに数社しかないと聞いた。そして一般の人は活版の文字を見る機会がなくなり，その美しさを忘れてしまった。昭和40年頃のオフセット印刷の文字の品質は，活版印刷を行っていた人からいわせれば"格が違う"といいたい程の差があった。

その後オフセット印刷には大きな技術的な進歩があった。写真植字で印画紙の上に文字の配列を行い，それをカメラでフィルムに露光して版下を作るという手数の掛かる方法はレーザー光による直接露光に変わりつつある。ボールグレーニングによって目立てしたアルミ版は陽極酸化した親水性の強いPS版におきかわった。水負けやグリージングを起こしやすかったインキは，光沢の強い樹脂型インキになった。紙粉の発生しやすかった印刷用紙は塗工紙になった。すべての技術改善がより美しい印刷を大量生産できる方向に向いて，その総合的な結果としてオフセット印刷の文字のシャープネスのレベルは大幅に向上した。念のために直接比較しようと考えて書棚を探したところ，昭和35年に朝倉書店から発行されたセルロースハンドブックが見付かった。本文の文字をルー

2.3 印刷品質適性

図 2.3.3 印刷とコピーの文字

ペで 25 倍に拡大して見ると文字の縁にマージナルゾーンがあり，明らかに活版印刷と判定できた．紙はスーパーカレンダー掛けの良く締まった上質紙である．早速最近のオフセット印刷の文字と比較してみる．対象は紙パルプ技術協会発行の製造技術シリーズである．この 2 者のみの比較でいうならば全く優劣の差がないというべきか．文字の縁の直線性（ギザギザが少ない）の点ではオフセットの方が良く，マージナルゾーンがあるために文字の縁が明確である点では活版の方が優れている．字体についていえば，明朝体の横線の細いのが何とも美しく見えるのは懐古趣味ということになろうか．

さて話を戻して，複写機で作ったコピーの文字と軽印刷機で量産した文字の違いは何であろうか．両者を比較するのに使用した原稿を同一とすると，オフセットマスターの製版機と複写機は構造が類似しているから，画像の違いはその後に生じてくる．オフセットマスターに使用している感光剤の酸化亜鉛の粉末は平均直径が 1 μm くらいである．湿式現像液に含まれているカーボンブラックの粒子は直径が 1 μm 以下と非常に小さいので，マスター上に再現された文字の形は原稿に忠実である．複写機の場合は感光ドラムに作られた潜像を平均直径 12 μm の粉体トナーで現像し，その画像を紙に非接触で静電気を利用して転写する．転写の時にトナーは紙面に対して直角にばかり飛ばず，斜めに飛ぶものもある．コピーの文字をルーペで拡大して見ると文字の回りにトナーが飛散しているのが良くみえる（図 2.3.3）．コピーの濃度を高く調節するとトナーの飛散の量が増え，0.3 mm くらいの遠くまでトナーが飛ぶ．この現象がコピーの画質を落としている．発売当初に比べれば格段に画質が向上したとはいえ，粉体トナーを使用している PPC はトナーの飛

2. 紙の印刷適性とその試験法

散の現象を抱えている。

　大手民間会社では本社に印刷室を持っているのをいくつか見たが，いずれもオフセット印刷機数台と複写機十数台を備えていて，目的に応じて機械を使い分けていた。印刷室の担当者が判断した通り，印刷と複写は別々の性能を持ったものであり，目的により使い分けるのが便利で，一方のみですべての用途をカバーしようとするのは本来無理があったのである。

　昭和40年代の日本経済の高度成長期に，軽印刷業界が急成長を遂げたことは読者のご存じのとおりである。そして複写機は別の大きな市場を確立し共存していったのである。

　さて肉眼では瞬間的に優劣の判断できるシャープネスだが，これを構成している物理要素に分解して見ると二つの要素が考えられる。

　第1が文字の縁の直線性について。中空のセルロース繊維の膜厚は3–5 µmであるので，非塗工紙の表面は繊維の端で10 µm以上の段差が付いている。凸版のインキ量は4 µmであるので活字で印刷しても線の縁には凹凸が生じる。紙の表面がスーパーカレンダー掛け，コート紙と平滑になるに従い線の縁の直線性は良好になる。オフセット印刷でも同ように紙の表面の影響を受ける。

　第2は文字の縁の濃度差について。文字の線に直角に走査したときに，横軸に距離，縦軸に濃度のグラフを書き，その曲線の$\tan\theta$で表現される性質である。以前のオフセット印刷は縁がモヤモヤしていたが，現在はコート紙にグロスインキで印刷した文字は十分な濃度が出せているので問題がない。線の縁の直線性について大分以前に測定を試みたことがある。マイクロデンシトメーターを用い，対物レンズの拡大率を上げて一辺10 µmの方形の面積の濃度を連続記録する。明朝体の文字の横線に直角に走査して線の太さを測定し，十数回の測定値の平均と分散を計算する。分散の大きさが線の直線性を現すと予想して測定したが，見事に失敗した。インキの表面に照明の光沢光が重なって，線の太さが

測定できなかったのである。いまだに考え方は正しかったと考えている。現在ではCCDを使用した画像解析機があり，測定値の計算処理も容易になったので，シャープネスは数値化できるのではないか。

シャープネスの肉眼による感覚的評価と測定値の関係，紙の表面粗さと測定値との関係を明確にしておく必要があると思うのだが。

2.3.4 網点再現性

凸版とオフセット印刷ではフルカラーの印刷物をつくるのに網点を使い，網点の面積の大きさによってトーンを表現している。インキの付いている網点の面積が小さくて紙の白地の多い部分は色が薄くて明るく，インキに覆われている面積の多い部分は暗くて色が濃くなる。印刷された網点の面積が変わると色相と明るさに影響が出る。この項でいう網点再現性とは版材の露光に使うフィルム上の網点の面積に対して，印刷された網点の面積がどれだけ正確かを議論することである。

フルカラーの網版を作るのには最初に原稿のポジのカラーフィルムからフィルターを掛けて色分解ネガを作り，リタッチで部分修正を行った後スクリーンで網ネガに変換する。この工程は印刷工場の経験と技術の最も集積したところで，見学者にも見せない部屋である。

高級なカラー印刷用の版を作るには4色一組の網フィルムを作成するまでに32枚のフィルムが必要であるといわれ複雑であった。カラースキャナーを使う場合は，修正を必要としない完全原稿であれば，色分解，網掛けが一工程で完成してしまう。このように色の再現を計算して注意して制作したフィルムであるから，この後の工程での網点の面積の変化は望ましくない。凸版印刷では銅板の上に予めネガ型の感光剤を塗布してあるPS版の上にフィルムを重ねて露光する。PS版がネガ型であるから露光の時間を増やすと網点の面積は若干大きくなる。現像により感光しなかった膜を溶解して金属面を出し，酸によって金属を腐食する。エッチングは最初は金属面に垂直な方向に進行するが，穴が深くな

2. 紙の印刷適性とその試験法

ると水平方向にも進むので網点は腐食を長くすると面積が小さくなる。版ができて印刷するときには，紙にコート紙を使用すると，凸版は印圧が高いのでインキが押し出されて網点の周囲にリング状のマージナルゾーンを作り，面積は増大する。この増大分をメカニカルドットゲインと称し，凸版印刷では必ず発生する現象である。紙が非塗工紙の場合は紙の表面粗さがインキの膜厚より大分大きいので，インキが転移できず網点が欠けて小さくなることが多い。以上のように凸版印刷では紙の上の網点はフィルム上の網点に較べて増減が大きく不安定であった。

オフセット印刷ではアルミPS版の品質が安定しており，インキの耐水性と流動性が向上したので，コート紙に印刷すれば網点の面積再現性は良好である。また非塗工紙に印刷する場合でもブランケットが柔らかくて紙の表面粗さを補うので網点の形は凸版ほど悪くならない。

網点再現性は画像解析機で測定できる。測定機は数社が販売しているが，カタログの説明文では内容は似ていると感じた。原稿のポジフィルムの測定は透過光だから問題がないが，印刷面の面積を測定するときは印刷濃度の測定の項で詳しく述べたように，インキの表面光沢光が入るので，その対策がどのように取られているかに注意するべきであろう。

2.3.5 色再現性

原稿のカラーフィルムの色に対して，4色のインキを使用した印刷がいかに近似した色を出し得るかを考える。混色による色の再現は非常に複雑で，多くの要素が互いに作用しあい交互作用を生じるので，一項目のみ取り出して議論するのが困難な面がある。前項の網点の再現性は色再現性の中の一要素であるが正確に測定可能であるし，変動の要因は主に製版技術によるもので紙の影響は少ないためにあえて別項目にした。

色の再現に影響する要因は数多いが，主な3要因のみを取り上げると，第一はインキの色である。工業的に大量生産されている印刷用インキは，重ね刷りによってすべての色を表現しようとする減法混色が要求

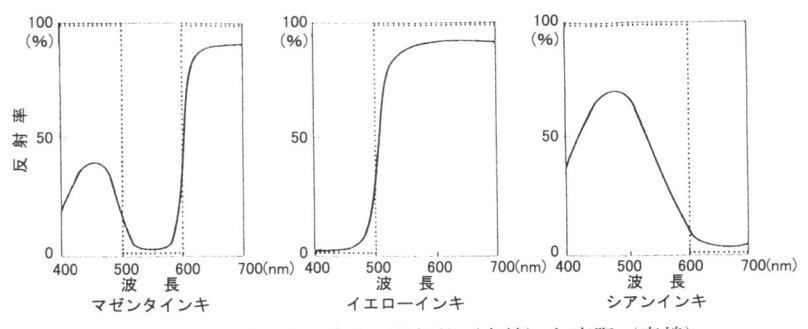

図 2.3.4　プロセスインキの色[6]　理想的（点線）と実際（実線）

している理想的な色に対して色相のズレと，色の鮮明さを示す彩度の不足（濁度の大きさ）がかなり大きい。理想の色に対するプロセスインキのスペクトルのズレを示したのが図 2.3.4 のグラフである。イエローインキは良いがマゼンタとシアンインキは色相，彩度ともに大きくズレている。これらのインキを使って重ね刷りした色はさらにズレが大きくなる。

図 2.3.5 は GATF が提唱しているカラーサークルにプロットしたグラフであるが，ブルーとグリーンでの濁度が大きいのが目立つ。インキの色がこのような欠点を持っているのだから，印刷という方法で表現される色の範囲はカラーフィルムの範囲に比較して小さい。図 2.3.6 は種々の方法で表現しうる色の範囲を比較のために CIE 色度図で示したグラフで，カラーフィルムより印刷の方が小さいことを示している。工業生産の場合には経済性を無視できないのでやむを得ないが，逆に見れば価格を譲歩すればさらに理想に近いインキが供給される可能性があるとも考えられる。

　第二の要因は網点の使用である。グラビヤ印刷ではインキの膜厚でトーンを作るが，オフセット印刷では版の上のインキの膜厚は変わらずに，網点の面積でトーンを作る。ここに問題がある。網点面積と印刷の濃度の関係を表す式に Murray と Davies の式がある。

2. 紙の印刷適性とその試験法

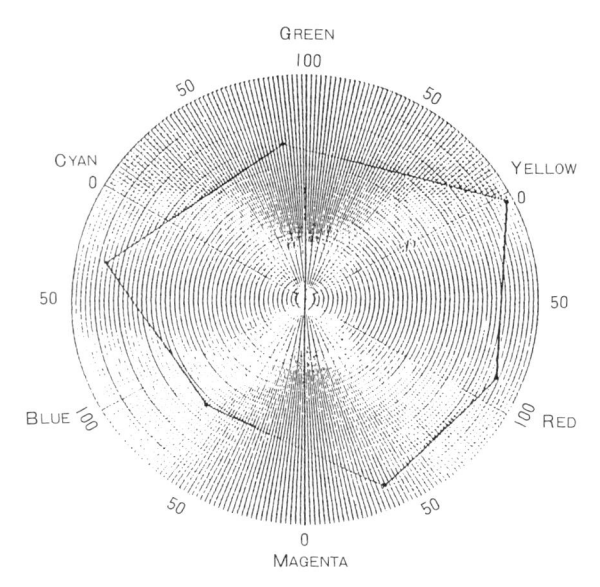

図 2.3.5 GATF のカラーダイアグラム（色相と濁度）[6]

$$D = -\log[1 - a(1 - 10^{-D_S})]$$

D：網点部分の濃度
D_S：ベタの濃度
a：網点面積
10^{-D_S}：ベタの反射率

　この式をグラフにしたのが図 2.3.7 で，図に見られるように網点面積と印刷濃度とは正比例していない。網点面積の小さい部分では，面積の変化の割りに濃度の変化が少なくて表現力が小さく，面積の大きい方では僅かな面積変化に対して濃度変化が大きくて色相の狂いが目立つようになる。この関係を直線に直すべく製版工程でマスキングを行ったり，カラースキャナーで面積変換式を修正している。マレーデービスの式はその後多くの学者が修正した式を発表しているが，現在最も多く利用されているのが Yule の式である。網点にはさらに別の欠点がある。

2.3 印刷品質適性

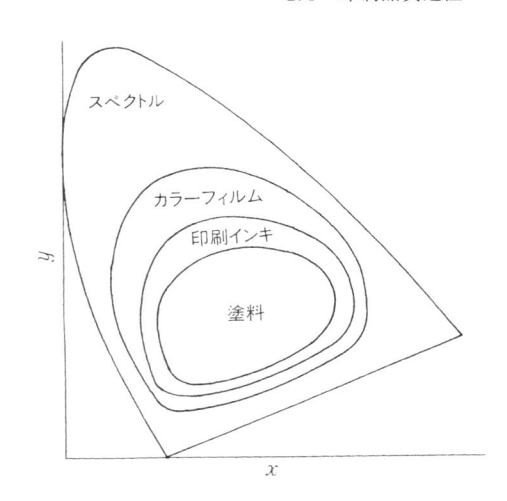

図 2.3.6 各種材料の色表現域[6]
(CIE 色度図)

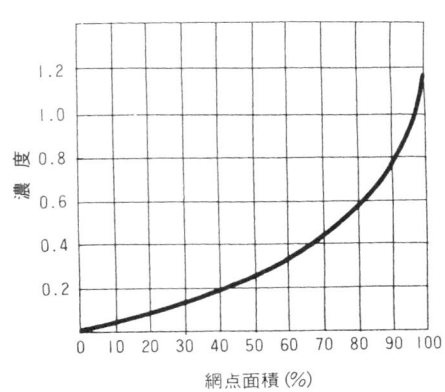

図 2.3.7 網点面積と濃度の関係

色はインキの付いた網点の面積と白地の紙の面積の比率で決まる。網点が小さくなるに従い紙の白地の比率が大きくなる。絵の具をいじったことのある人ならば白い絵の具を混ぜて行けばどのようになるか良くご存じの筈である。絵の具を混ぜると色立体の2点を結んだ線上を量に応じて移動する。反対色同士を混ぜると色立体の中央部の無彩色，グレーが生じる。白色は無彩軸上の頂点にあるから，濃色のマゼンタに白を混ぜて行くと，明度が高くなって明るくなると同時に無彩軸に近付き，彩度

2. 紙の印刷適性とその試験法

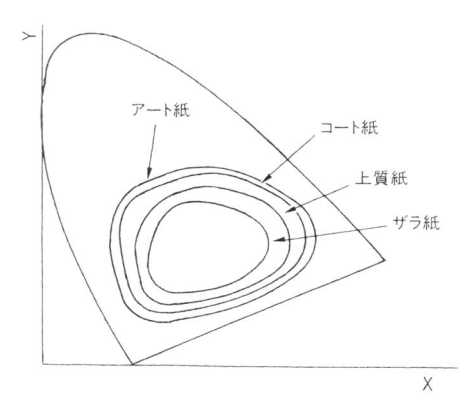

図 2.3.8　各種印刷用紙の色表現域[6]　CIE 色度図

は低くなっている。5％の網点では残りの 95％が白であるからグレーに近い赤色しか作れない。どの色を用いても同様の現象が起きるから，網点によってトーンを作る方法は，基本的には明度の高い領域で彩度の高い鮮明な色を作ることが不可能な方法であるといえる。ではカラーフィルムは何故高い彩度の色が出せるのであろうか。それは濃く着色した光に白色光を混ぜるのではなく，染料が薄く均一に分散していて，どの光も彩度の高い色に着色しているからである。印刷でも明度を面積に変換せずにインキの膜厚に変換できればカラー印刷の表現力は今より格段に大きくなる筈である。

　残る第三の要因は紙の表面性である。紙の表面の粗さが大きいと版との接触が悪く網点が欠けて面積が小さくなり色が薄くなる。オフセット印刷ではブランケット上のインキの膜厚は 2.5 μm くらいであるから，紙の表面粗さが 10 μm 以上あれば当然接触しない部分が生じて網点は欠損部分ができる（図 2.3.8）。次に印刷面のインキフィルム表面の平滑性である。印刷濃度の項で述べたようにインキ面が傾斜角を持っていると，無彩色の表面光沢光が混入して色の彩度を低下させる。さらに濃度の低下は色立体の下部を削ることになるのでコントラストを弱める基

になる。また塗工紙で表面光沢が低く，印刷面も低光沢になるマットアート紙があるが，この場合はインキ面の極く小さい凹凸があるから傾斜面が存在するので，印刷濃度は低く，発色は彩度が低い。塗工紙に印刷した場合に塗工層の吸油性が強いとインキ面の光沢が低下する現象がある。これを避けるために塗工層の吸油性を低くすると，インキのセットが遅くなり印刷速度が制限されるので，この方法は好ましくない。

印刷面光沢が低下する原因は3つある。

第1にはインキ中のベヒクルが紙に吸収されてインキの樹脂成分が減り過ぎたからである。これはインキの選定に問題があるので，グロスインキを使えば鉱油成分が紙に吸い取られても，樹脂は分離してインキ中に残るので避けられるトラブルである。

第2にはインキに含まれている顔料（着色用と無色の体質用顔料を含めて）の粒子直径が大きくてインキ表面に顔料が顔を出していて光沢を下げる現象である。最近は高級印刷用として 0.1 μm 以下の直径をもった顔料を使ったインキの生産が始まっている。

第3には紙の塗工層の表面粗さの問題である。ガラスのように表面が完全に平坦であれば光沢は高いが，コート紙の表面のように粉末で面を作る場合は，表面の凹凸が光の波長の1/2以下になると光沢が出始め，平らになるに従い光沢は高くなる。故にコーティングカラーに混合するピグメントを平均直径が 0.5 μm 以下のものを選べば塗工層の表面光沢は高くできる。さらに上にインキの層が 1-1.2 μm 乗るのであるから，吸油性が強くてもインキ面の光沢は保ち得る筈である。

念のために付加えると，コート原紙の表面粗さは 10 μm 以上あるので，1層の塗工で平な表面を作ることは不可能である。最低2層塗工で，ブレードの下塗りで表面粗さを 3 μm 以下にしてから，微粒子のカラーを塗工して表面を綺麗にならす必要がある。コーティングカラーに炭酸カルシウムの粉末を混合すると，カオリン単独よりもインキのセッティングが改良されることは知られている。炭酸カルシウムがインキのベヒ

クルの吸収がよいから，印刷面の光沢が低くなると思い込んでいる人も見受けられる。上に述べたように光沢が低下する原因を理解し，インキの選択等適切な処置を取れば，高光沢の印刷とインキセッティングの短時間化は両立するのである。これこそが現在要求されている高精細印刷用印刷紙なのである。

2.3.6 モットリング

青空のように均一の色に印刷されるべき面に色濃度の不均一なムラが生じる現象を総称して Mottling と呼んでいる。原因は数多くあるが，ここではインキや印刷条件に関する点は除外して紙に起因する現象のみについて述べる。

塗工原紙を合成樹脂で固めてミクロトームで薄く切り取り，顕微鏡で拡大して紙の厚み方向に入っているセルロース繊維の本数を読み取る。$80~g/m^2$ の坪量の原紙の場合では 5-12 本の繊維が数えられる。この本数の差が問題の元凶である。

セルロース繊維は水中に分散している時は強く撹拌していないと，直ぐに集合してフロックを生じる。直径数 mm 以上の大きさのフロックは分散しないで脱水乾燥され，繊維数が多いので光の分散が多くて，透過光で見る地合いの暗い部分に相当する。繊維数が多いのでマシンカレンダーの圧力が強く掛かり，潰されて表面が極端に平滑になる。紙の表面を明るい方向に向いて低い角度で見ると，光沢の高い部分である。この部分は面積が小さいから測定はできないが，ベックの平滑度で表示すれば 150 s 以上であろう。フロック以外の部分で目立つのはワイヤーマークである。抄紙機で脱水するとき，水の流れと共に繊維が移動するので，ワイヤー上は繊維の数がフロックの部分の半分以下と少ない。繊維が少ないのでマシンカレンダーの圧力は全く掛からないで平滑度は低い。透過光では明るい点に見え，表面を低い角度で透して見ると光沢がなく暗い斑点に見える。この部分を表面粗さ計で測定すると，20 μm 以

上の大きな凹みがあることが分かる。

　原紙の上に塗工した量をコート紙並に片面 10 g/m² と仮定し，ピグメントの比重を 2.6，塗工層の空隙率を 40％とすると塗工層の平均厚さは

$$12 \div 2.6 \div 0.6 = 7.7 \ \mu m$$

である。塗工表面を顕微鏡で拡大して注意して見ると原紙の繊維が透けて見えるところもあるし，低い角度で照明すると影になる凹みも存在している。塗工後のスーパーカレンダーを掛けても凹みの部分は低光沢のまま残る。要するに原紙の表面粗さに対して塗工量が不足しているから穴が埋めきれないし，ハイスピードブレードコーターでは原紙の面が平滑過ぎると十分な量の塗工ができない。そしてコート紙の表面に光沢，平滑，吸油性のムラを生じ，フルカラーの印刷面に色濃度の不均一を生じる。これがモットリングである。各種の印刷用紙でも非塗工紙は表面の状態からモットリングをなくすることは不可能である。ただチルドロールのマシンカレンダーの代わりにソフトニップカレンダーを使用すれば若干軽減することはできる。

　軽量コート，微塗工紙は広告の増加に応じて生産量が急激に伸びているが，塗工量がコート紙に較べて少ないので当然印刷面のモットリングは目立つ[7]。

　コート紙は高級化の傾向にあり，最近新設されるコーターは 2 重塗工の設備が多いが，その設備で生産されたコート紙の表面をルーペで拡大して意地悪く注意して見ると印刷面に無数の光沢ムラが見付かる。今後高精細印刷の成長が期待されているとき，その要求品質にあわせるために，コート原紙の地合い，ワイヤーマーク，フェルトマークが印刷面にどのように影響しているかを研究し，その解決を図るべきである。幸なことに最近優れた地合い測定器が開発されて，紙の地合いが数値化されるようになった。解決の技術的な方法が見付かったのであるから，より均質な紙が量産される日が来るのを期待する。

2.3.7 裏　抜　け

　裏面の印刷が表面から透き通して見えることを裏抜けと呼んでいる。紙の不透明度が93%以上であれば印刷しても裏抜けの心配はまずないが，坪量の低い紙では注意を要する。辞典は以前から42 g/m^{2}程度の坪量の用紙を使っていたが，この紙は内添の填料が非常に多くて，墨一色のオフセット印刷では裏抜けを起こさない。

　新聞紙は以前は坪量が52.7 g/m^{2}とJISに決められていた。それでも凸版輪転印刷機で600 m/minの高速で刷っていた時代には，裏抜けをしばしば引き起こしていた。

　凸版印刷用新聞インキの組成は以下の通りである。

　　　　カーボンブラック　　　　13
　　　　補色（青）顔料　　　　　 3
　　　　樹脂，ギルソナイト　　　 8
　　　　鉱物油　　　　　　　　　76
　　　　　　　　　合計　　　100

　　　　粘度　　　10 P

　低粘度インキが高い印圧により押し込まれて，ミクロトームで紙を切ると紙の表面から1/4くらい中までカーボンブラックが入っていた。それ以上に鉱油が染み込んで繊維の光散乱を減らし，紙を半透明にする影響が大きかった。

　新聞社の希望で紙の坪量を49 g/m^{2}に減らした時は，製紙会社はいかにして裏抜けを防止するかに苦心したものである。その後新聞印刷は大手がオフセット印刷機を採用し，紙の上に乗る鉱油の量が1/4近くに減少したので紙の負担が軽くなり新聞紙の坪量の軽量化は一気に促進された。現在では43 g/m^{2}の新聞紙の生産が90%以上になり，巻取の長さも10 000 m/rとなった。さらに40 g/m^{2}の軽量紙が試作されている。巻取の断紙率と並んで裏抜け防止の優れているのが日本で生産されている新聞紙の特徴で，外国で生産された巻取を日本の新聞社が採用しない

理由である。新聞用紙の裏抜けの測定法については，"JAPAN TAPPI No.45 新聞用紙の印刷後不透明度試験方法"に詳しく述べてある。注意する点は印刷後不透明度（printed opacity）の計算式では，分母に同種の紙を多数枚重ねた反射率 $R_{\infty B}$ を用いることである。印刷不透明度（printing opacity）は裏に白色板を当てた反射率であり，これと間違えないことである。また新聞社で印刷されるのがオフセットであるならば，測定には JIS K 5703 に規定されていた新聞インキを使うのでなく，実際に使われている新聞オフセット輪転インキを用いなければ判断を誤ることになる。全般に印刷用紙が軽量化の傾向があるが，印刷品質のレベルが上がると裏抜けに対する要求も高くなるであろうことを注意しておくべきであろう。

2.4 紙の印刷適性試験法

どこの国でも，印刷機上で発生したトラブルの解決はインキ会社が行ってきたらしく，印刷品質に関する技術論文は第2次大戦中から American Ink Maker に発表されていたが，インキ会社のみでは解決できない問題が多いので，大学，研究所と，製紙，印刷，機械の各業界が協力して解決しようとの発想で合同の学会をアメリカで開催したのは 1952 年である。この会合で初めて Print ability との単語が生まれた。日本では 1957 年に印刷適性研究委員会が発足し，大学と民間会社の若い研究員が参加し，月に一回の定例の会合を持って印刷適性とは何かを熱心に討論した。委員会の討論の中で印刷物が人間の目の感覚による物であるから，印刷物の品質の優劣も肉眼で判定するべきだとの意見が一部の委員から出ていた。あるいは科学として発展させるには，印刷物の各物性ごとに測定器を作り，定量的な数字にしなければならない。品質の総合判断は多くの測定値に比重を掛けて換算式を作れば良いとの意見を主張する委員もいた。

2. 紙の印刷適性とその試験法

　その後の40年間の経過を振り返ってみると後者の意見の方向に動いてきたと思われる。多くの試験器が試作され，研究論文が発表になり，そのうちごく一部の試験器が標準試験法として採用になり，JISとJAPAN TAPPIに収録された。

　筆者も物性を数値化するには新しい試験器が必要であると考えていくつか試作を行った。それらの中で成功した一つが王研式平滑度計であり，試作一号機であるM-3型印刷適性試験機である。さらに印刷画像を電気信号に変換しようと考えてCCDカメラとアンプ一式を電気会社から借用し3か月近く努力してみたが，昭和37年当時の装置では解像度とデータの再現性の点で満足できる精度の試験器が作れる環境ではなかったので諦めた経験がある。現在では市販されている測定器のなかで，網点面積計，光学式地合い測定器，寸法安定性試験器，ダイナミック吸収計等がいずれもCCDカメラを使い，データをコンピュータ処理をして理解しやすい数値にしているのをみると，着想と研究の方向は間違っていなかったと考えている。今回は印刷適性に関係する多くの試験法を概観し印刷試験機の説明までに止め，最近発達してきた新しい試験機とその試験法については次章に詳しく私見を交えてまとめてみる。

2.4.1 公認の試験法

　印刷適性試験法としてまとめられた本がないから異論が出る可能性があるが，紙の物性に関する試験法のなかには印刷品質に関係している項目がいくつかある。

　1） JIS

P 8119 紙及び板紙―ベック平滑度試験機による平滑度試験方法：

　紙の平滑度は物性の中で最も印刷品質と相関性の強い項目である。印刷用紙の規格には必ず含まれる品質項目である。

P 8129 紙及び板紙―紙むけ試験方法（旧規格）：

　デニソンワックスによる測定法とIGT印刷適性試験機（現規格は電

気式）による測定法とが規定されている。紙の表面強度の平均値の表示にはなるが，測定面積が小さいのでL材パルプで製造した紙の導管取れのように，広い面積のなかで確率的に起きる現象の測定はできない。

P 8130 紙及び板紙の吸油度試験方法（1999廃止）：

粘度230 cPのポリブテンを使用しているが，印刷のインキ量（オフセット $1.5\,g/m^2$）に対して大過剰であるためコートした紙は結果が合わないことが多い。

P 8142 紙及び板紙の75度鏡面光沢度試験方法：

紙表面の平坦性を表現する測定項目として有効である。印刷後のインキ面の光沢は高すぎるので60度を用いている。

2） JAPAN TAPPI

No.5　空気マイクロメーター型試験器による紙及び板紙の平滑度，透気度試験方法：

JIS P 8119に規定されているベック平滑度の簡易試験法である。良く知られているように，印刷して良い画像の得られる紙は平滑度が500 s以上である。ベック試験器では一枚測るたびにこの時間を待たねばならないが，王研式では1 000 sの平滑度の測定が12 sで完了する。この測定器を使用したことで研究の速度が5倍くらいに促進された。

特殊な構造の紙を除けば，王研式の測定値は15-2 000 sの間は誤差1%以下でベックと一致する。

No.24　紙のグラビア印刷適性試験方法（印刷局式）：

後に詳しく述べる印刷試験器の一種である。

No.28　湿度の変化による紙及び板紙の伸縮率試験方法：

相対湿度を薬品の飽和溶液により作る方法で一回の測定に長い時間を要する。近年測定の効率が良く，精度の高い測定器が多く試作され発表されている。

No.45　新聞用紙の印刷後不透明度測定方法：

新聞印刷の裏抜けの程度を数値化したもので，肉眼の感覚とも良く一

2. 紙の印刷適性とその試験法

致し，新聞紙の坪量の軽量化改善に非常に役立った。

No.46　紙及び板紙の印刷インキ（K＆Nインキ）受理性試験方法：

インキ中のベヒクルの吸収性を反射率の変化で読み取る方法で単純なわりに検出力がある。

No.51　紙及び板紙の液体吸収性試験方法（ブリストー法）：

着色した水 40 μl をヘッドボックスに入れ，任意の速度で回転している紙の測定資料の上に下ろし，紙の上に水が付着した長さを測定する。回転速度と濡れた長さから吸収時間 T と液体の転移量 V を計算しグラフより吸収係数 K_a を読む。この測定法は論理的には優れているが，紙の片面の吸収係数を算出するのに 24 回の測定が必要で時間がかかる。

2.4.2　試験法の分類

アメリカで開催された最初の学会が印刷に使用される材料を生産している業界を集めたように，印刷適性という言葉は紙，インキ，機械，版材その他多くの材料相互の相性の問題である。言葉の内容が複雑で曖昧模糊としているために印刷適性の討論の会合で各自の頭の中のイメージが異なり，長時間の議論にも関わらず理解されずに終わった経験を数多く持っている。議論の混乱を避けるためにここで念を入れて試験法の分類にふれておく。

1)　版式による分類

印刷の版式には凸版，オフセット，グラビア，フレキソ，スクリーン等がある。版式によって紙もインキも変わるので，印刷を行うのに材料として備えているべき特性は全く異なる。たとえばオフセット多色印刷では紙の吸水性が不足すると，3色目以降のインキの転移が悪くなるが，グラビア印刷では吸水性は要求されない。

2)　被印刷材料による分類

被印刷材料である紙，板紙，合成樹脂フィルム，金属等により特性が異なる。印刷用紙では吸油性があるものとしてインキが発達してきたの

で，印刷速度の上昇と共に紙の吸油性の要求が強くなってきた。フィルムや金属では元来吸収性のない材料であるからインキは蒸発乾燥型であって吸油性の要求はない。

3) 印刷材料による分類

被印刷材料の特性に合わせて印刷インキが発達してきた。印刷機上のトラブルの大部分はインキの改質によって解決してきた。それだけに紙を生産する側と，インキの改質を考える側とは発想が異なる。極端にいえば紙の印刷適性とインキの印刷適性とは違うのである。

4) 印刷用紙による分類

紙の方も版式に合わせて品質を改良してきたので新聞用紙とコート紙では要求項目が異なっている。細かいことだが，多色オフ輪用新聞用紙の印刷適性とか，枚葉4色オフセット印刷用コート紙の印刷適性と断って説明すれば容易に理解され，議論は短時間で結論に達する筈である。

5) 試験目的による分類

工場で毎日生産している製品の出荷管理のための試験法と研究用の試験法とでは自ずと要求が異なる。JISに規定されている試験法は製品の規格に関する項目が多い。

2.4.3 品質管理用印刷機と試験法

印刷の品質は紙の上にインキを乗せてみなければわからないのが現状であろう。紙の平滑度や吸油度等を測定しても，印刷面光沢度やトーンリプロダクションを正確に予測することは不可能である。再現性良く均一にインキを乗せることから紙の評価が始まる。

1) オフセット印刷試験

＊目的：毎日生産している印刷用紙の品質の確認を主目的とし，トラブル発生時の対策とその効果，さらには現製品の改良品の品質の確認を目的とする。

＊印刷機：印刷会社で使用される条件に近くて信頼性の高い必要がある

2. 紙の印刷適性とその試験法

ので，印刷機は高級なものを選ぶ。実際にはローランド，三菱重工等の枚葉2色オフセット輪転印刷機等を使用している会社が多い。

*版材：製版に使用するフィルムはグラデーションスケールや各種網線数の画像等を組み合わせた，印刷適性試験用の標準の市販品を購入するのが早いし安全である。刷版はアルミPS版に自分で露光，現像して製作する。陽極酸化したロングラン用のPS版であれば，長い間同一の版が使用できる。

*インキ：インキ製造会社に依頼すれば標準品を提供してくれる。空気に触れた部分のインキをヘラで掻き取って下のインキを使えば，ほぼ同じ品質の印刷物が得られる。インキは4色のプロセスのセットを用意しておいた方が良い。

*用紙：測定用の紙は一品種につき最低200枚以上用意した方が良い。さらに印刷条件が安定するまでに必要な紙200枚以上を測定用の紙の上に乗せておく。印刷の図柄を換えたときには幅方向のインキ量のバランスが崩れるので，ベタ濃度のプロファイルを同じになるまで調整するのにさらに数百枚の紙が必要である。

*試験室：毎日の製品の出荷管理用に印刷機を使っている会社では，工場内の紙質試験室に隣接して設置している例がある。一般には印刷会社で発生した苦情の解決に，または現製品の品質改善の確認に使用する例の方が多く，この場合には工場付属の研究所の建物内に設置する。

*環境：紙質試験と同様に20℃，RH 65%に調節する必要がある。インキの流動性は温度の影響が大きく，温度が5℃変動しては印刷物の品質が変わってしまうからである。3直交替制で24時間使用している部屋の場合は良いが，昼間のみ使用する研究所で夜間コントローラーのスイッチを切る部屋では好ましくない。印刷機は熱容量が大きくて夜間に温度が下がると元に戻るのに時間が掛かる。スイッチを入れれば空気の温度は10分後には安定するであろうが，印刷機の温度が

20°C に戻るには3時間を要し午前中は使えない。筆者は小型のM-3型印刷適性試験機で実験を行っていた際に，午前中はインキ転移率と印刷面光沢度データが低く出て信用できなかった経験を持っている。

＊試験法：印刷会社で行われる実機印刷の条件を再現するのが目的で，ストリップのベタ濃度が同一の条件で全量印刷する。版上のインキ量は測定しない。幅方向のベタ濃度の調節はインキ出しロールの爪を手動で動かして合わせるが，熟練を要し時間も掛かるので図柄はいつも一定の版を用いることを勧める。

　紙の質が悪くゴムブランケットから紙へのインキの転移が低いか，あるいは印刷濃度の出にくい場合には，インキを多く出して版上のインキ量を多くする。この時印刷物の画質は明らかに低下する。

＊品質判定

(1) 肉眼判定：同じ版で刷った標準紙の印刷物と並べて肉眼で比較し優位順列を決める。人間の目の判別能力は非常に高く，並べて比較する条件であれば測定器のデータよりも優れていることが多い。

　判定項目は後に述べる印刷品質測定項目をすべて含むが，慣れた目には優劣は一目見て直ちに分かるものである。

(2) 測定：肉眼による順位判定と重複して測定器によるデータを残すべきである。製品によって測定項目も変わるべきだが，印刷濃度，印刷面光沢，網点面積，見当狂い等はぜひ共通して測りたい項目である。紙質試験と同様に各項目ごとに管理規格値を設け，合格か否かを確認して出荷する。

＊効果：高価な印刷機の購入を社内で申請する時に誰でも返答に苦しむのが"この印刷機を買ってどのような効果が見込まれるのか"という質問である。そのために次の返答を用意しておく。

(1)　生産ラインの作業者に自分達が製造している製品に要求される品質が認識され，長い年数の内にクレームが減少する。紙製品のクレームは金額が大きいのであるが，品質管理を仮に行わなかったらどれ

2. 紙の印刷適性とその試験法

だけクレームの件数が増加するかは証明できない。従ってその効果も金額に換算はできないが，製品の信用度が向上することは間違いない。

(2)　1998年秋の紙の生産統計を調べると軽量コート紙と微塗工印刷紙の合計がコート紙の生産量を上回っている。さらに10月以降は微塗工印刷紙の生産量が軽量コート紙のそれを抜いている。印刷機を購入すれば新製品が出せるとはいいきれない。社内で完成しても，ユーザーのニーズに合わなければ売れないからである。ユーザーのニーズが明らかである場合新製品の品質を確かめ，営業を説得して社内の意見を統一する目的には印刷機は大いに役に立つ。後から生産を開始した微塗工紙が最も成長が大きい事実が，印刷実機を工場に設置した効果を証明しているのではなかろうか。

2)　グラビアその他の印刷試験

ヨーロッパではいまだにグラビア印刷が人気を保っているそうだが，日本では包装印刷を除き商業印刷の分野ではほとんどオフセット印刷になってしまった。従って製紙工場でオフセット以外の実機印刷機を置いて管理しているのを見たことがない。

2.4.4　研究用印刷試験機

以下に述べる試験機は工場で品質管理にも使用できるのだが，使い方が同じであるので研究用としてまとめて説明する。

1)　FOGRA MZ-II型印刷適性試験機

FOGRAとはDeutsche Gesellschaft fur Forschung im Grafischen Gewerbeの頭文字でドイツ印刷研究所とでも訳せばよいであろうか。

この研究所は南ドイツのミュンヘン市内にあった。研究所調査で1970年にヨーロッパの各市を回った時に立ち寄ったのだが，地上2階，地下1階の普通の民家を改造して使っていた。印刷適性試験機ばかりでなく紙の試験機も含め数多くの試験機が地下の3室に別けておいてあった。

—122—

2.4 紙の印刷適性試験法

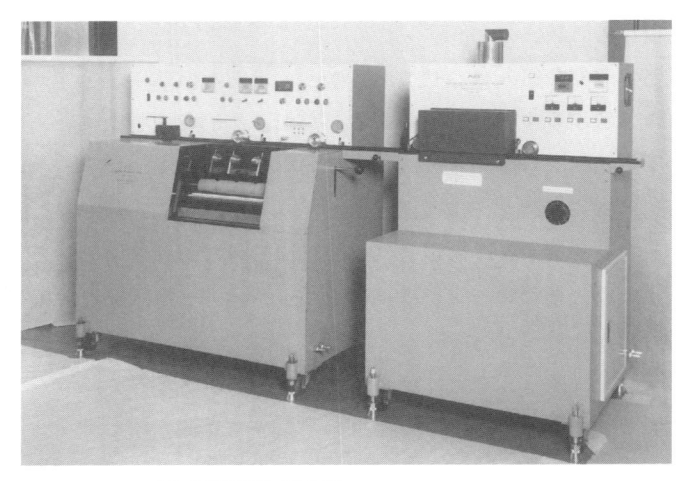

図 2.4.1 KRK 万能印刷適性試験機

研究所として有名なわりには組織も設備も小さいのが意外に感じたのが記憶に残っている。この試験機はドイツ人らしく理詰めにできていて信頼度が高く，世界中の研究所に納入されている。日本では輸入品は少なく，MZ-II 型の改良品である熊谷理機工業の KRK 万能印刷適性試験機，(株)SMT の印刷適性試験機が普及している。

＊構造：研究室の中におく試験機で，印刷の条件のほとんどが設定できる（図 2.4.1）。

速度：0.5-10 m/s。等速，加速。

圧力：20-160 kg

ユニット：2-4 コ

面積：40×200 mm

版式：凸版，オフセット，フレキソ（金属板印刷）。

インターバル：0.01 s-100 h

湿水：可。

温度：15-40°C

インキング：4色の練ロール。

2. 紙の印刷適性とその試験法

＊試験項目と試験法

　以上各条件の組み合わせであるから，可能な試験項目をすべて列記するのは数が多すぎて無理である。ただ基本的な項目をまとめると

a)　単色印刷：濃度，光沢，彩度等印刷の最も基本的なデータが得られる。インキ練りロール上に 0.2 cc 程度のインキを載せ約 30 s 間練る。オフセットインキの場合には酸化するので，長い時間練ると変質する。印刷の前後にディスクの重量を 0.1 mg まで秤量し，紙の上に転移したインキ量を横軸にして濃度，光沢を縦軸にグラフに記入する。印刷を一回行うごとにディスクを綺麗に拭き取り，練ロール上に載せてインキを着けるとロール上のインキ量が僅かずつ減少する。これを 6 回以上連続して行うとグラフが得られる。紙への転移インキ量 1.5 g/m^2 の線上の濃度を読み取れば紙の優劣が明確に評価できる。この実験法で気になるのはグラフ上で測定値にバラツキがあることである。印刷の面積が小さく，従ってインキ量を 0.1 mg まで測定しなければならないところに誤差が生じる原因があるのではないかと考える。

b)　重ね刷り：多色セットインキの内から 2 色を選んでインキ練りロール上に別々に載せて練った後にディスクにインキを着けて 2 色同時に刷る。インキの付着する位置をずらすことにより 1 色の部分と 2 色重ねの部分ができ，濃度の測定値よりトラッピング率を計算する。最近印刷速度が高くなるにつれて，紙にインキが転移してくる時間間隔が短くなり，紙がインキ中のベヒクルを吸収する余裕が少ないために 2 色目のトラッピングが低下している。この試験機には重ね刷りの時間間隔を自由に変えるインターバル機構が着いているのでその実験が可能である。

c)　湿し水の影響：オフセット印刷では湿し水を使う。この水の影響は 2 種類ある。1 番目は非画像部に版に着いた水が，ブランケットを通じて紙に付着するもので，紙の吸収が悪いと 3 色目あたりからイン

キの着きが悪くなる。2番目はインキ中の水である。長く連続運転するとインキの中に湿し水が乳化してはいる。その量は一般に15%くらいといわれている。インキのベヒクルだけでなく，湿し水も紙が吸収しないとインキの転移が悪くなる。この試験機では高速多色印刷で3-4色目に現れる水の影響が測定できる。

d) 表面強度：水の影響も含め紙の表面強度が定量的に測定される。

e) 裏移り：インターバルを利用して印刷後のインキのセット速度を裏移りの濃度で測定する。

＊品質評価

品質評価法については次にまとめて詳しく説明するので，ここでは簡単に紹介するに止める。

a) 印刷濃度：印刷後24時間以上経過してから濃度計で測る。紙としては高い濃度が出せる紙を優れていると判断する。コート紙であれば

$D = 2.0$–2.4 くらいの濃度になる筈である。

b) 印刷面光沢度：光沢度の高い紙は印刷濃度が高く，色の彩度も高くなる。インキの表面で反射した光沢光は着色していないので光沢光が色々の角度に乱反射的に反射すると絵の具に白色絵の具を混ぜるのと同じになる。印刷面光沢度はコーティング技術の優劣を判断する有力な手段である。

c) トラッピング：印刷速度が早くなるにつれて重要視されて来た。

d) 表面強度：原紙の強度，コーティングカラーの影響が分離して測定でき，トラブルの解決に役に立つ。

2) IGT印刷適性試験機（ユニバーサル型）

頭文字のIGTはオランダの印刷技術研究所 Instituut voor Grafische Techniek から取ったもので，1軸型とユニバーサル型とがある。日本国内に広く普及している試験機でその実績があって，"JIS P 8129 紙及び板紙―紙むけ試験方法―"の測定器として指定されている。ユニバー

2. 紙の印刷適性とその試験法

図 2.4.2 IGT 印刷適性試験機

サル型は先に述べた万能印刷適性試験機の簡易型として測定項目はほぼ同じで，紙の基本データを測定する目的は十分達せる試験機である（図 2.4.2）。

3) M-3 型印刷適性試験機

実験室用の小型枚葉輪転印刷機で速度，圧力等が設定できる。印刷面積が大きくて転移インキ量が正確に定量できるのが特徴である。インキ転移率による紙表面の形状を比較するには最も適した試験機である。

4) RI テスター

インキの展色機としてインキ会社で研究と生産管理に多く使用されていた試験機である。紙の品質評価には台紙の上に幅 15 mm に切った数種類の紙をセロテープで貼り付け，同じ条件で印刷し，標準紙に対する優劣で定性的に評価する。

5) グラビア印刷適性試験機

2.4 紙の印刷適性試験法

図 2.4.3 グラビア印刷適性試験機

a) 印刷用紙用試験機：印刷局型を改良した単色刷型とさらに複雑なトラブル解析用としての2色刷型とがある。グラビア印刷が求める紙の表面性はオフセットとは異なるので，以上述べてきた4種類の試験機では評価できない（**図 2.4.3**）。
b) フィルム，金属箔用試験機：急激に成長した軟包装材料のグラビア印刷適性評価用に新たに開発された試験機である。なおこの機械はグラビアコーティングのテストにも使用可能である。

6) フレキソ印刷適性試験機

板紙，ライナー，プラスティックフィルム等のフレキソ印刷適性を測定できるように改良された試験機である。アニロックスロールの圧力微調整に工夫がされている。

なお，フレキソ印刷とグラビア印刷の両方の試験ができる複合型の試

2. 紙の印刷適性とその試験法

験機もある。

2.5 平滑度の測定

　印刷試験機が精密になり，紙にインキを乗せた場合の品質測定値が正確に測れるようになって，紙質試験値との関係が明確になって来た。最近の論文を読んでいると，印刷適性の研究は紙質試験の新しい試験法の開発に重点が移ってきているように見える。

　研究の発想は正しかったのだが測定器で検出されず証明できなかった問題点が沢山残されている。ここでは飛躍に繋がりそうな新しい測定器をいくつか紹介しよう。

　紙の印刷適性の研究の場合には，紙質試験で最も重要視しなければならないのは紙の平滑度である。試験機の発達の歴史の説明に入る前に，紙を構成する素材の寸法についての話から始める。

2.5.1 紙を構成する素材の寸法

　紙の表面の粗さは紙を構成している素材の寸法によって決まる。素材の直径が大きければ表面の凹凸も大きくなる。

　大量生産の紙の原料を木材パルプに頼っている日本では木材の品種と繊維の寸法の関係を調べる必要がある。木材の幹を切ると同心円の年輪が見られる。白い部分は春に成長したところで，茶色の部分は夏から秋にかけて成長した部分である。これを顕微鏡で拡大して見ると図 2.5.1 のようになる。繊維は中空で薄い膜の形をしている[9]。

　春材は繊維の直径が大きくて膜が薄く，秋材は繊維が細くて膜が厚い。

　製紙会社の蒸解工程では薬品によって繊維の間の接着材の役をしているリグニンを溶かすので，繊維は木材中にあった形のままでパルプになる。日本の国内に成長している木材の繊維の寸法を表 2.5.1 に示す。

2.5 平滑度の測定

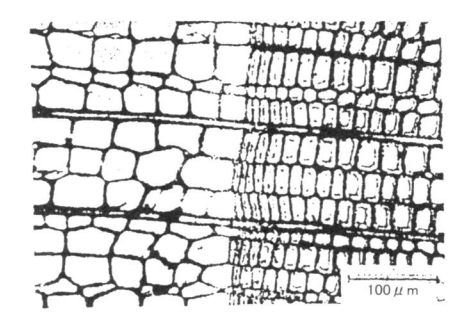

図 2.5.1 エゾマツ材の横断面[9]

表を見てまず感じることは非常に分布の幅が大きいことである。たとえばモミで見ると,繊維の長さは 1.5 mm~6.0 mm と 4 倍もある。印刷用紙を製造するには広葉樹が良いのであるが,強度を補うために針葉樹を混合する。このときは繊維長の分布は最大モミの 6.0 mm から,最小ブナの 0.5 mm と 12 倍の分布になる。繊維の幅についても同様にブナの 13 μm からカラマツの 60 μm まである。人工的に生産する物質,たとえばラテックスなどでは,粒子径を狭い範囲に揃えることが可能であるが,天然の素材を扱う場合には広い分布を持った混合物であるのが前提である。それ故にその性質を測定したときに平均値のみで表すのでは不十分で,必ず分布も付記するべきである。さて,表中の数字で紙の表面粗さに影響を与えるのは,繊維の幅と膜の厚さである。この後の議論を単純化するために平均値で表現すれば,繊維の幅は針葉樹で 40 μm,広葉樹で 20 μm,これがプレスで潰されると針葉樹で 70 μm,広葉樹で 30 μm となる。また,乾燥したセルロース繊維は非常に固いので,マシンカレンダーで圧力を掛けても縁が裂けて二つに折れるということはなく,R がついて曲がるのみである。膜厚の平均は針葉樹の 2.5 μm に対して広葉樹は 4.0 μm と大きいから,繊維が一本乗ることにより繊維の両端に最小で針葉樹で 7.0 μm,広葉樹で 10 μm の段差が生じ,カレンダーの圧力を下げれば段差はさらに大きくなる。従って LBKP のみで

2. 紙の印刷適性とその試験法

表 2.5.1 本邦産木材の繊維の寸法
祖父江寛, 右田伸彦編　セルロースハンドブック, 朝倉書店 (1958)

樹　種	長さ (mm) 最小	平均	最大	幅 (μm) 遠心方向	接線方向	膜壁の厚さ(μm) 春　材	秋　材
〈針葉樹〉							
モ　　　ミ	1.5	3.5	6.0	10～70	30～35	2～3	4～8
トドマツ	1.5	3.8	5.5	6～60	20～45	1.5～3	4～6
カラマツ	1.2	3.5	6.7	7～90	30～60	1.5～3	2.5～6
エゾマツ	2.0	4.2	5.5	4～45	20～35	1～2	2～4.7
アカマツ	1.5	4.0	6.0	8～60	30～55	2.5～3	3～8
クロマツ	1.1	3.5	5.0	8～60	20～50	2～3	4～8
ヒメコマツ	2.0	3.5	5.0	5～60	20～45	1.5～3	3～5
ツ　　　ガ	1.5	3.1	5.3	6～55	15～45	1.5～3	3～6
ス　　　ギ	1.0	3.0	6.0	10～50	30～45	1～3	3～7
ヒノキ	2.0	3.5	6.0	5～50	25～35	2	3～4
ヒ　　　バ	1.5	2.7	4.1	6～40	20～40	1.5～3	3～4
〈広葉樹〉							
ドロノキ	0.5	1.3	2.0	20～30		1.5～2	
マカンバ	0.8	1.5	2.3	15～35		3～4	
ブ　　　ナ	0.5	1.1	1.8	13～25		2.5～6	
ミズナラ	0.5	1.1	1.6	15～25		3.5～5	
アカガシ	0.8	1.2	1.5	15～20		5～7	
シイノキ	0.7	1.2	1.6	10～25		3～5	
ケ　ヤ　キ	0.8	1.2	2.0	10～20		3～5	
カツラ	0.6	1.5	2.2	15～25		2.5～4	
シナノキ	0.6	1.5	2.2	20～30		2～3	
ハリギリ	0.6	1.1	1.6	15～20		2～4	
ヤチダモ	0.5	1.3	1.8	15～30		3～5	
キ　　　リ	0.4	0.8	1.2	25～45		1.5～2.5	

作った上質印刷用紙の表面は 30 μm ごとに 10-15 μm の段差が生じていると考えて良い。

　紙に内添または表面塗工に使用するピグメントの代表的なものの物性を文献より集め**表 2.5.2** にまとめた。内添の填料は直径が大きいが，表面塗工用は 1 μm 以下である。最も多く使用されているカオリンは 6 角の薄い板状の形をしていて，直径は 1 μm 以下である。このカオリンを塗工し乾燥した表面を，走査電子顕微鏡で 10 000 倍くらいに拡大して見ると，瓦で葺いた屋根のように板が重なっている状態が分かる。板

2.5 平滑度の測定

表 2.5.2 製紙用ピグメント一覧表

種類	会社名	商品名	粒径 (μm)	白色度 (%)	密度 (g/cm³)	比表面積 (m²/g)	吸油量 (ml/100g)	屈折率
クレー	大春化学工業	#44-L	7以下	88	2.20	—	—	—
カオリン	菱三商事	ULTRA WHITE	2以下	90	2.58	—	—	1.56
タルク	浅田精粉	Sw-B	11〜46	85	—	—	—	—
炭酸カルシウム	白石カルシウム	ソフトン2200	1以下	93〜95	2.70	2.2	38	1.49〜1.66
〃	〃	Brilliant-15	0.15	98	2.65	11.5	43.5	1.57
酸化チタン	石原産業	タイペーク W-10	0.15	95〜97	3.9	8〜10	24〜27	2.52
微粉ケイ酸	水沢化学工業	p-526	3.0	95	2.10	125	235	1.44
有機填料	三井東圧化学	ユーパール c-122	5	97	1.45	10〜30	150〜280	1.65
炭酸マグネシウム	神島化学工業	金星	0.2〜1	98	2.16	28	140	1.50〜1.53
サチンホワイト	白石工業	SW-BL	針状1.0	98	液1.17	19.0	—	—

の厚み分の段差があるのみで表面は平らであり隙間は少ない。

　紙の表面粗さに影響するのは粒子径の大きさであるが，微粉ケイ酸と有機填料の直径が大きい値を示しているのは2次凝集粒子で，吸油量から推理すると1次粒子径は 0.1 μm 以下の大きさと考えられる。塗工面の粗さは，1次粒子の直径だけでなく塗工時の諸条件に左右されている点も注意が必要である。

2.5.2 空気漏洩型測定器

1) Bekk 平滑度計

JIS P 8119

TAPPI Standard T 479 om-86

ISO 5627-1984

　アメリカの紙パルプ技術協会（TAPPI）は製紙に関する標準試験法を 1931-1933 年に最初に制定している。その後新しい試験法を追加しているが，現存している TAPPI STANDARD T シリーズの当初の試験法はそのままで変更されていない。

　日本の JIS P シリーズは American TAPPI Standard T シリーズを参考にして制定したもので，"JIS P 8119 紙及び板紙―ベック平滑度試験機による平滑度試験方法"の本文は TAPPI T 479 om-86 Smoothness of Paper（Bekk Method）と内容は同一である。

　この平滑度計は 1928 年に Bekk 氏によって開発され，広く使用されている試験機である。平滑性の測定原理は研磨して平滑に仕上げた 10 cm^2 のガラスの面と紙の表面との隙間を 10 ml の空気が通過するに要する時間をもって平滑度と表示する（図 2.5.2）。

　紙の表面が平滑になると空気の流れが遅くなり時間が掛かるので数字は大きくなる。ガラス板は直径 37.4 mm の円形で中央には水銀柱で 370 mm の減圧で空気を引くための直径 11.2 mm の穴があいている。従って空気の流れはガラス板の外周より中央に向かって動き，その距離は直

2.5 平滑度の測定

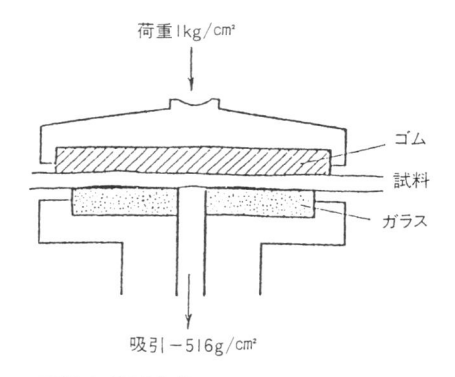

図 2.5.2 ベック平滑度計測定端

線にして 13.1 mm の長さになる。空気の流れる速度は途中の最も抵抗の大きい部分で規制されてしまうので，途中に比較的大きい穴があっても測定値には表れて来ない。10 cm^2 の測定面積の中に 1 mm 角の穴を開けても測定値にはほとんど差は生じないし，逆に幅 1 mm のリング状のプラスティックの柔らかいフィルムを紙の上に張り付ければ，空気は紙の内層を流れるのみになるから平滑度は 1 000 s 以上になるであろう。これがベック試験機の構造から来る特徴である。幸いなことに大量生産している紙は材料が均質で大きな欠点がほとんどないので，平滑度の平均値で製造現場の操業条件を管理するには十分である。

ベック平滑度は 10-200 s の範囲の非塗工紙の表面状態を良く表しており，測定器も普及しているので，民間会社の社内製品規格ばかりでなく，紙の商取引にも広く使われている。この測定器の最大の欠点は測定に時間が掛り過ぎるので，塗工紙など平滑度の高い紙の測定には別の測定器を使う傾向がある。

2) Bendtsen 平滑度計
ISO 8791-2：1990（E）
ISO 8791-1-1986（E）
General method には各種の空気漏洩型の平滑度計の使用を認めると

2. 紙の印刷適性とその試験法

記述している。それでいて ISO 8791-2 には Bendtsen 測定器を別に規定している。この試験機は 1940 年に Dr.Bendtsen によって開発された。

測定端は金属製のリングで，内径 31.5 mm，幅 0.150 mm，加重 267 g と規定されている。またこの測定器で測り得る紙の平滑度の範囲は，50-1 200 ml/min が適当とされている。ベック平滑度との関係のグラフがないので正確なことは分からないが，空気の流量から概算するとベックとほぼ同じ範囲の非塗工紙を対象にしていると思われる。リングの幅が狭いので紙のワイヤーマークが検出されるし，測定時間の短いのは利点であるが，裏当てがフラットなガラス板であって測定される紙の両面を硬い材料で挟んでいるので，紙の地合いの影響がベックより大きく現れるものと予想される。この測定器は日本国内では普及していない。

3) Sheffield 平滑度計

ISO 8791-3：1990(E)

TAPPI Standard T 538 om-88

ISO の文章を読むと Sheffield は Bendtsen に類似している点が多いので，あるいは改良型かとも考えられる。測定端は金属製の二重リングで，面積 97 mm^2，加重 1 640 g，空気の流速をマノメーターで測定し ml/min の単位で表示する。Bendtsen と同様日本国内では普及していない。

4) スムースター

JAPAN TAPPI No.5-74

昭和 33 年に日本国内で発表された平滑度透気度測定器である。ベック平滑度計が 1/2 気圧の減圧で紙の平滑度を測定するのに対して，真空を用いて空気の流量を多くし，さらに測定端が Bendtsen の一重リングであるのに対し，幅 0.4 mm の 6 重リングにするなど種々工夫された測定器である。測定時間は非常に短い。スムースター平滑度として報告する。

5) 王研式平滑度計

JAPAN TAPPI No.5-74

2.5 平滑度の測定

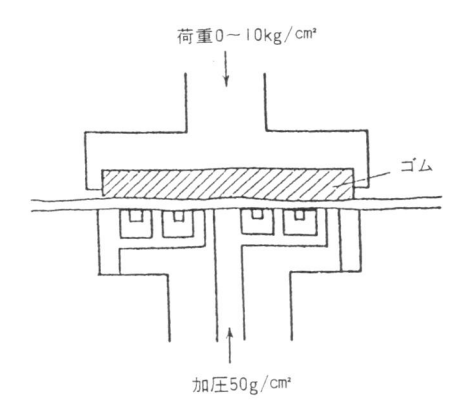

図2.5.3 王研式平滑度計測定端

　スムースターに遅れて開発された加圧空気型の平滑度計である。先に述べたように日本ではベック平滑度が最も普及しているが，印刷効果の良い紙がいずれも測定時間が長いので研究の能率を上げるため改良が望まれていた。測定端を9重リングにして空気の流量を多くし，弱い加圧空気（水柱50 cm）で紙を変形させることなく短時間に平滑度の測定を可能にした（図2.5.3）。この測定器の特徴は

(1) ゴム板で紙の裏側から測定端に掛ける圧力が1 kg/cm^{2}の場合に平滑度測定値はベック平滑度にほぼ一致する。測定に要する時間は上質紙で5 s，アート紙，コート紙で13 s程度で短いので，特に高平滑の紙の測定には作業の効率が良くなる。
(2) 空気の通過距離が1 mmとベック平滑度計に比べて短いので，紙の部分的な欠陥も測定値に良く表れる。
(3) 加圧装置により10 kg/cm^{2}の圧力下の平滑度が測定できる。印圧に近い圧力下の平滑度は印刷適性の測定値との相関性が高い。

6) Print-Surf 平滑度計
ISO 8791-4：1992 E
Bowater社の研究者Dr. John Parkerが1965年に開発した測定器であ

2. 紙の印刷適性とその試験法

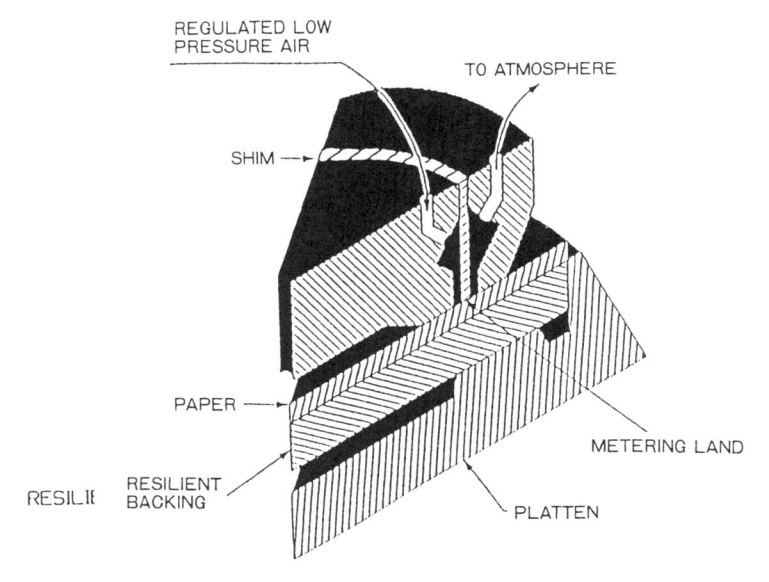

図 2.5.4 プリントサーフ平滑度計測定端

る。彼は網点印刷で版が印刷圧力下で紙表面と接触する度合いを計測しようと考えて設計した。凸版とオフセット印刷を考慮して，裏当て材にコルクと軟質のゴムの2種類，測定端に掛る圧力は 5, 10, 20 kg/cm² を選び印刷の条件が再現できるようにした（**図 2.5.4**）。また網点の形の再現性が予測可能なように，金属製のリング状の測定端の幅を 51 μm と非常に細くしてある。以上の条件の組み合わせで紙表面と円周 98 mm の測定端との隙間を流れる空気の量から次式によって紙の表面の平滑度として表示される[9]。

$G_3 = (12\, ubq/w\Delta p)^{1/3}$ ………(1)

u：室温での空気の粘度（Pa・s）

b：測定端の幅（m）

q：単位時間の空気流量（m³/s）

w：測定端の有効長さ（m）

2.5 平滑度の測定

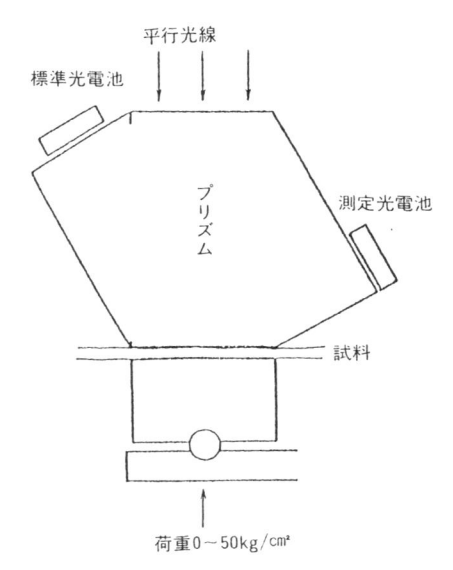

図 2.5.5 チャップマン平滑度計

Δp：測定端での圧力差（Pa）

上記の式から理解されるように，測定器に表示される紙の表面粗さ μm はリング状の測定端の平均値であって，個々の凹凸の大きさを表示しているのではないので，誤解のないよう注意する必要がある。

プリントサーフは，その性能の優秀さから同一構造の測定器が数社から発売されているが，Messmer 社のパーカープリントサーフは空気流量型の平滑度計としては最も優れた性能を持った測定器であるといえる。1992 年には ISO に登録され，1995 年以後日本に 12 台輸入されている実績から見ても今後広く普及し信頼される測定器となるであろう。

2.5.3 光学型測定器

1) Chappman 平滑度計

ガラスプリズムの全反射の性質を応用した測定器である。**図 2.5.5** に示すように変形 6 角形のプリズムの上から照射すると，紙の全面積の

2. 紙の印刷適性とその試験法

反射光が標準光電池に到達するが，測定光電池の位置は臨界角より低い位置にあるので繊維がガラスに接触した（0.25 μm 以下に近接した）部分のみの光が到達する。測定試料の紙を挟んで裏から金属ブロックで圧力を掛けると面積率数％の測定値が得られる。試料と金属ブロックの間にゴムシートを挟むと測定値は数十％と大きくなる。しかしインキが紙の全面を覆うのが当然の印刷の常識からすればまだ掛け離れた数字である。この測定法はガラスが剛体であるから凸版の条件であり，厚さ 4 μm のインキに相当する柔軟な物質がないためである。

2) マイクロトポグラフ

試料を照射する光の波長の 1/2 の距離までは接触していると見なされるので，照射光の波長を色々と変えて面積率を測定する。チャップマン平滑度計の照明部を交換して赤外線まで測定できる。インキ被覆抵抗を測定する。

2.5.4 触針型測定器

1) SURFCOEDER

JIS B 0601（1994）JIS B 0610（1987）他

ISO 4287（1997）他

プレイヤーの針がレコードの溝をたどって音を再現するのと同じように，先端の尖ったダイヤモンドの針が物体の表面をたどり，垂直方向の粗さを拡大して記録するのが触針型表面粗さ計である（図 2.5.6）。印刷適性研究の初期の頃，紙のベック平滑度とインキ転移率との高い相関は証明されたのだが，単位が時間と％とでは物性のイメージが今一つ明確にならなかった。それが触針型測定器により紙の表面の凹凸が μm 単位で測定され，紙の粗さが凸版印刷の版上インキ量の 3 倍以上の大きさである事実を知って頭の中がいっぺんにスッキリした経験を持っている。版の上のインキの膜厚より大きい凹凸であればインキが付かなくて印刷面に白い斑点ができるのは当然な結果である。それが理解できた意

2.5 平滑度の測定

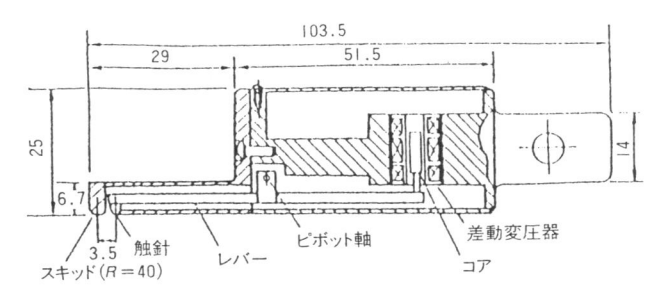

図2.5.6 触針型表面粗さ計

味でこの測定器の価値は大きかった。初期の頃の測定器には問題点もあった。長さ5mm程度の一本の直線状のトレースで，この紙を代表しているかと質問されると答えようがないのである。またチャートから測定値を読みとり，計算器で平均粗さを計算するのに時間が掛かった。今回，改めて測定器のカタログを取り寄せて詳しく読み直してみて，能力が非常に拡大進歩しているのに一驚した。以前に不便と感じた点がすべて解決されていた。

　第一に2次元，3次元の測定が自動的に行えるようになった。図2.5.7はコート紙の表面を測定した記録であるが，サンプルの2.5mm角の面積が測定されており，客観性が大きくなっている。

　第二に測定が終わると直ちに計算処理されプリントアウトされる。物体の表面形状は複雑なので一種類のパラメーターだけでは性状を表現しきれない。そこで11種類のパラメーターが打ち出されることになる（表2.5.3）。

　中心線平均粗さ　R_a，自乗平均粗さ　RMS，最大高さ　R_{max}，十点平均粗さ　R_z，平均線高さ　R_p，平均線深さ　R_v等が記録される。3次元のデータも同様に計算されるが，この場合は記号の頭にSを付けて，SRaと表示して区別する。

　さて今回好意的に測定してくれたサンプルは，いまだ印刷していない保存状態の良いA2コート紙である。その測定値

2. 紙の印刷適性とその試験法

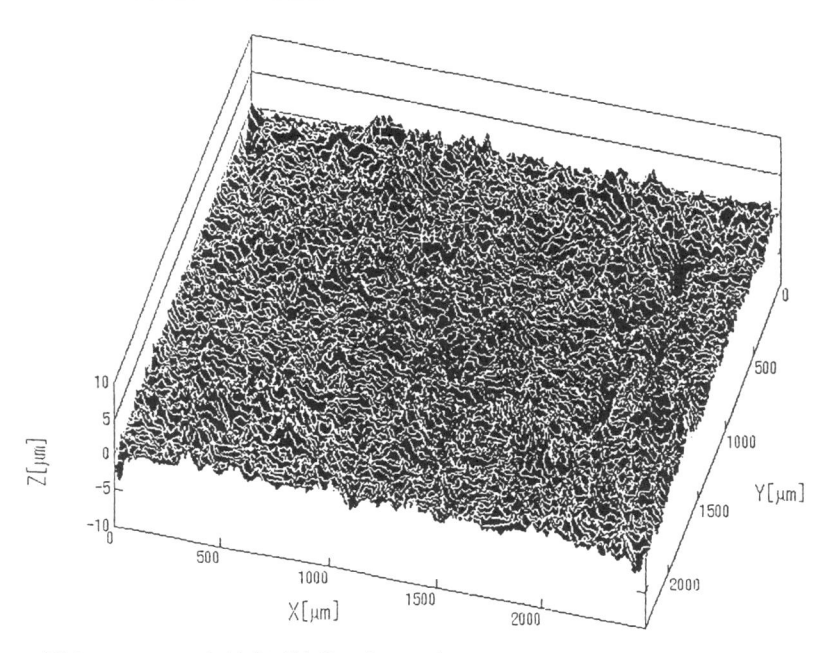

図 2.5.7　コート紙表面触針 3 次元測定図

表 2.5.3　各種粗さの表示

SRp	5.37608 μm
SRv	6.20124 μm
SRmax	11.57732 μm
SRa	0.77237 μm
SGr	7160.87 μm^2
SSr	49.86 %
SRz	7.47816 μm
SRq	0.97825 μm
SRsk	0.07805
Sdelta_a	0.04689 radian
Slamda_a	103.5 μm

$$SR_{max} = 11.5\ \mu m$$

はどのように解釈すべきか。コート紙だから片面 10 g/m^2 以上塗工され，繊維は完全に覆われている筈である。チャートを見ると山の部分と

深い谷の部分とが別れて存在している。谷の長さは 1 mm くらいあるからワイヤーマークと解釈できる。山の部分は繊維の塊であろうか。ベック平滑度で 500 s もある紙が 11 μm の粗さを持っているとは貴重な知見である。

　測定に使った針の先端は半径 5 μm の球の形をしているので，コーティングカラーに使用している直径 1 μm 以下の小さいピグメントの個々の凹凸は測定されない。

2.5.5　新しい表面粗さ測定器

　製紙業界ですでに広く使用されている平滑度，表面粗さ計について測定原理と機能を説明したが，どの測定器にも共通していえることは比較的表面粗さの大きい非塗工印刷用紙，ベック平滑度で 100 s 以下の紙については，表面粗さの優劣は十分に判別能力があると考える。しかし塗工した表面状態を数字化できているとは考えにくい。

　ベック平滑度でいえば，確かに塗工によって数値は 40 s から 400 s に一桁大きくなっている。またカラーの塗工量を多くし，スーパーカレンダーのニップ圧を高くすれば平滑度の数値はさらに大きくなることは良く知られている事実である。しかしコーティングカラーに使用したピグメントの粒子直径を小さくしても平滑度の数字には変化は表れない。A2コート紙の例で仮に塗工量が 15 g/m² であったとすると塗工層の平均の膜の厚さは，粒子の真比重を 2.5 とし，空隙率を 40% とすると

$$15 \div 2.5 \div 0.6 = 10 \text{ μm}$$

　コート原紙の平滑度を 40 s とすると表面粗さ R_{max} は 15 μm であるからカラーの量は凹部を埋めるには不足気味である。感覚的な表現だがコート紙の塗工層の状態は図 2.5.8 のようになっているのではないか。紙の表面粗さには 2 種類の要素が混在しており，"うねり"に相当する波長の長い粗さは，繊維の塊によって生じた山と，ワイヤーマークによって生じた谷を表し，波長の短い粗さは繊維の重なりによって生じたも

2. 紙の印刷適性とその試験法

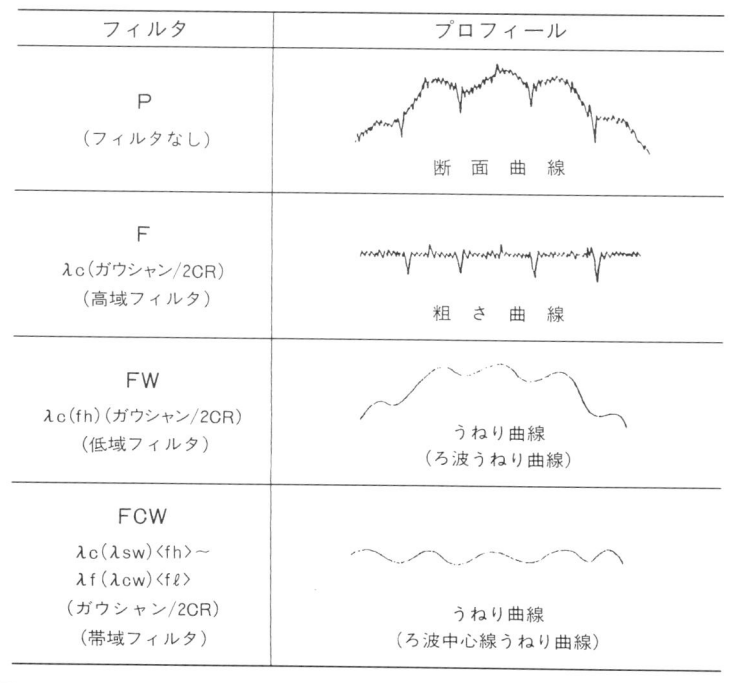

フィルタ	プロフィール
P （フィルタなし）	断面曲線
F λc(ガウシャン/2CR) （高域フィルタ）	粗さ曲線
FW λc(fh)(ガウシャン/2CR) （低域フィルタ）	うねり曲線 （ろ波うねり曲線）
FCW λc(λsw)〈fh〉〜 λf(λcw)〈fℓ〉 （ガウシャン/2CR） （帯域フィルタ）	うねり曲線 （ろ波中心線うねり曲線）

図 2.5.8 粗さとうねりの混合曲線

のである。

　ブレードコーターによる塗工は単繊維による凹みは埋めるが地合いという言葉で表現されている 0.5 mm 以上の長さの波長を持つ凹凸は平にするのは不可能なのではなかろうか。触針型表面粗さ試験機による塗工面の測定では塗工後もなお R_{max} = 11 μm もあり，3 次元チャートを見ると R_{max} は独立峰ではなく直径 1 mm 以上の山脈の一部と，長い谷との高さの差であることが読み取れる。そしてスーパーカレンダーを掛けると繊維のかたまっている山の部分は平滑になり，ワイヤーマークにより生じた谷の部分は圧力が掛からず低光沢のまま残って，光沢ムラの原因になりベタ刷りによりモットリングの原因になる。平滑度計が表示しているコート紙の平滑度とは"うねり"に相当する粗さを表しているので

2.5 平滑度の測定

はないか。これはコート原紙の地合いが原因であるから地合いそのものを測定して数値化し，他の物性との相関性を解析するのが正当な解決法である。

カラーの塗工によって紙の表面にピグメントによって新たに発生した長さ 2 μm 以下の非常に短い波長の凹凸が生じているが，この凹凸は空気漏洩型の平滑度計も，触針型粗さ計も測定できていない。

印刷適性の研究でコーティングの効果を見るのに，実験の水準としてピグメントの種類，平均直径，バインダーを取り上げ，直ちに印刷品質の測定値との関係グラフを書いて因果関係と論じているのが一般である。厳密に考えればこの思考は論理が飛躍している。

ペーパーマシンのフローボックスのパルプの濃度を一定に保てば巻取の坪量はすべて同じであるとの発想に似ている。ピグメントの 2 次凝集の状態，ブレードとカラーの流動性とのマッチング等多くのファクターによって塗工表面の形状は変わるが，その状態を知るには現在では走査電子顕微鏡で 10 000 倍くらいに拡大して肉眼で眺めるしか手段がない。コート紙の表面物性と印刷品質との因果関係はいまだに研究されていない。印刷業界がより高級な印刷の研究にとり掛かってから 10 年近くなり，既に量産化の段階にきている時に，印刷用紙の表面状態がいまだに正確に測定できていないのは理由を質問されても返答に窮することである。ここに精密な表面粗さ計の必要性がある。

1) 光触針式表面粗さ計

レーザー光を用いた非接触型表面粗さ計である。ダイヤモンド針を使用している接触型粗さ計を製造している会社が非接触型も製造しているので，粗さの検出部分のみが別になっていてデータの計算処理部分は共通している。レーザー光で測定する長所は

(1) 垂直方向の倍率が大きく表面粗さを nm の単位まで検出できる[12]。

レーザー光で高さの変化を読み取るセンサー部分の構造は**図 2.**

2. 紙の印刷適性とその試験法

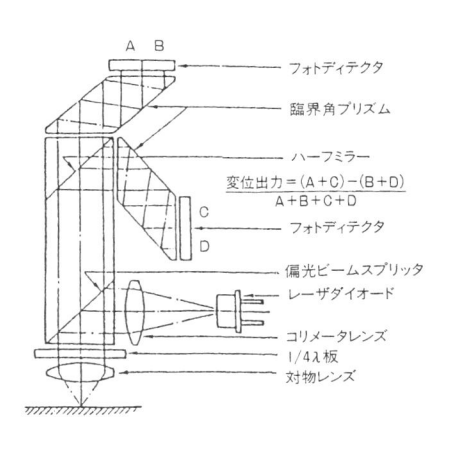

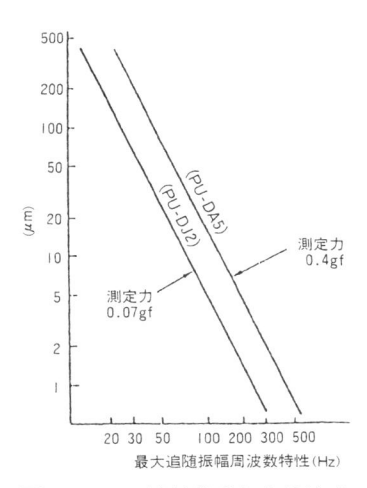

図 2.5.9　光触針式表面粗さ計検出部　　図 2.5.10　触針荷重と応答速度

5.9 に示したように，対物レンズによるレーザー光の焦点の位置と物体の表面の位置のずれを光量差で検出する。

$$変位出力 = |(A+C)-(B+D)|/(A+B+C+D)$$

Z 方向の倍率は触針型に比べて 10 倍になり nm の単位まで変位を検出し記録する。

(2) 柔らかい物質の表面形状が測定できる。

物体の形状をたどるために触針型では針の先にどうしても重さがかかる（図 2.5.10）。

最近のモデルの検出部に差動トランスを使用しているタイプで，先端の曲率が半径 5 μm のダイヤモンド針を使う場合に 0.4 g である。針の先端に掛かる圧力を計算して単位を変えると 5 kg/mm^2 になる。これでは柔らかい材料では針で切れるのは止むをえない。紙の表面も測定後顕微鏡で観察すると切れているのが見える。レーザー光による非接触型ではこれらの心配は全くない。

この性能を見て大いに期待し，コート紙表面の形状の測定を会社に依頼したが，結果は否定的であった。原因はレーザー光のスポッ

2.5 平滑度の測定

図 2.5.11　原子間力　引力と斥力

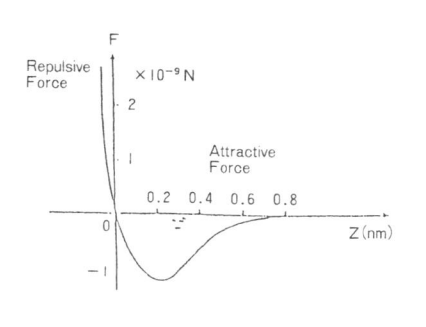

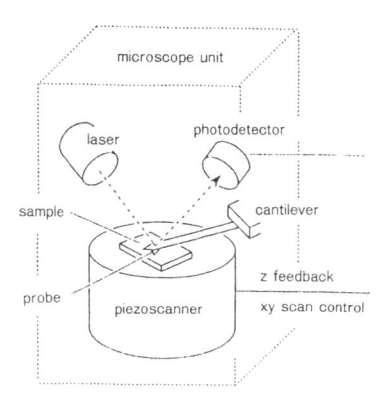

図 2.5.12　AFM の粗さ検出法

トの直径が 1.6 μm あってカラーのピグメントの直径より大きいからである。たとえば直径 0.5 μm の球が密集している表面を測ると，レーザーのスポットの中に同時に 10 個の球が入り測定値は 10 個の球の平均高さを表示し，個々の凹凸は検出できない。ピグメントは測定できなかったが，原紙の地合いに起因するコート紙のうねりの大きさの非常に正確な 3 次元像と解析値を短時間で提供できるので，この測定器は今後の研究に寄与するであろうと期待する。

2) 　原子間力顕微鏡，Atomic Forse Microscope（AFM）

調査は根気よく行うものだと実感した。遂にピグメントの形を正確に測る測定器を見つけたと思った。

原子間力顕微鏡 AFM は IBM，Zurich 研究所の G.Binnig と H.Rohrer により開発された走査型トンネル顕微鏡（1986 年ノーベル物理学賞）の技術を基に開発された顕微鏡である。測定の原理は原子間に生じる引力と斥力を厚さ 0.5 μm の窒化珪素のマイクロカンチレバーの撓みで検出し（図 2.5.11，図 2.5.12），その変形量をレーザー光で増幅し，サーボシステムによりサンプルを Z 軸方向に動かし，針先との距離が元の大きさに戻ったときの移動量が粗さになる。カンチレバーのバネ定数

2. 紙の印刷適性とその試験法

図 2.5.13 検出端の針　$r = 10$ nm

を選べば Z 方向の粗さ検出力は 1 nm 以下も可能である。針先の半径は 20 nm 以下と記録されているので，紙の塗工に使用するピグメントはすべて測定できる筈である（**図 2.5.13**）。

　この顕微鏡は同じ測定原理を利用して多くの応用ができる。磁気を測定する磁気力顕微鏡（MFM）摩擦力顕微鏡（FFM）液中コンタクト AFM，等十数種類の測定が可能である[11,12]。これらを総称して走査型プローブ顕微鏡システムと呼んでいる。システムの価格はほぼ電子顕微鏡と同等と聞いている。走査電子顕微鏡も購入したときは高価なものだと思ったが，利用法が分かってくると頻繁に写真を取って研究には随分役に立った。走査型プローブ顕微鏡も高価ではあるが，いずれ普及して研究の新しい発展に役立つのではないか。測定器メーカーの好意に甘えて，素性のはっきりしている塗工紙を送り，測定してもらった。その結果が図 **2.5.14**，図 **2.5.15** である。

　写真の左半分はピグメント塗工面，右半分はインキが被覆している表面の状態を示している。

　写真の拡大率は 17 000 倍，xy 軸の一目盛りは 1 μm を示している。写真面に垂直の z 軸は濃度差でトーンを表している範囲が 500 nm でこの範囲外は表現できず黒くなっている。この写真から判明した点は，

(1) 特アート紙の表面は想像以上に粗い状態である。塗工面には直径 1 μm 近い大きさの穴が無数に開いていて，穴の深さも 0.5 μm 以上

2.5 平滑度の測定

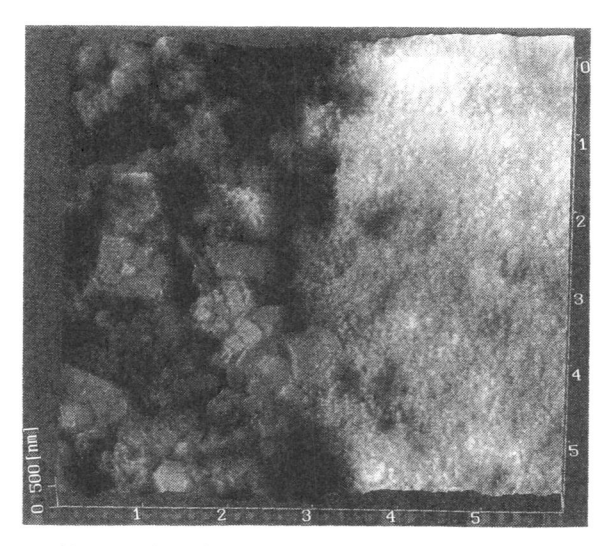

図 2.5.14 特アート紙の表面拡大写真

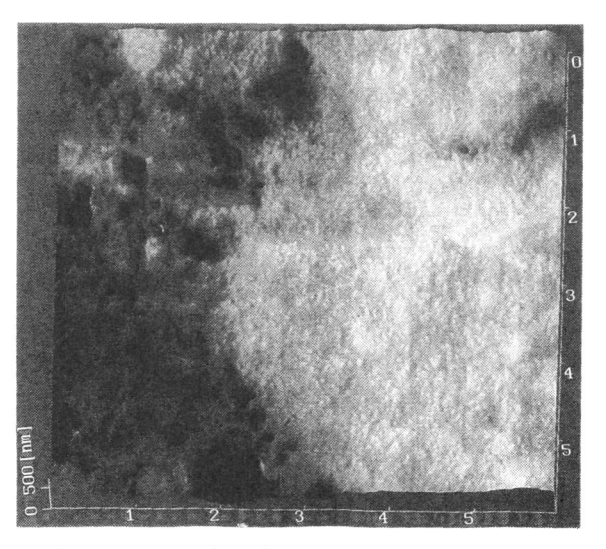

図 2.5.15 キャストコート紙の表面拡大写真

2. 紙の印刷適性とその試験法

ある。キャストコート紙の方は小さい穴が均一に開いていて，両者の光沢の差が理解できる。
(2) インキの表面は平坦であるが，インキの着色顔料による細かい凹凸が見られる。顔料の直径は 0.1 μm 程度であるので印刷面の光沢には影響しない。インキは塗工面を覆っているが，塗工面の凹凸に起因する高低差が表れている。

インキの表面を完全に平坦にするには紙の表面粗さは 1.0 μm 以下でなければならない。これが正確に測定できるとなると印刷濃度，印刷面光沢，発色性等の物性値とコート紙の表面粗さとの関係が次々に解明されて来ると期待している。

ここでは一般に使用されている紙の平滑度，表面粗さ計が，紙の表面の何を測定しているのか，測定可能な範囲は何かをまとめてみた。

2.5.6 コート紙の表面粗さ

紙の平滑度の測定の一つに，ダイヤモンドの針で表面をトレースして形を記録する触針型表面粗さ計があるが，最近針のかわりにレーザー光を使用して形状を記録する非接触型表面粗さ計が発表になっている。この測定器ならばあるいはコート紙表面のピグメントの配列状態を定量化できるのではないかと期待して，好意に甘えて測定してもらった。

測定条件を列記すると，
測定器　：サーフコーダー SE 3500 K　三次元粗さ形状記録と解析
センサー：PU-OS 100　レーザー光スポット直径 2 μm
資料　　：A 2 両面コート紙　良好な保存状態の塗工面
測定面積：2.5 mm×2.5 mm　走査間隔 25 μm，走査線数 100 本
データ解析：11 種類（表 2.5.3）。

上記の条件と解析の結果から次のことが推理される。
1)　資料は A 2 コート紙であるから塗工量は片面 10 g/m^2 以上あり，原紙表面の単繊維により生じた凹凸はほぼ埋められた筈である。従来の

2.5 平滑度の測定

平滑度計で表示すれば，ベック平滑度計で 35 s，触針型粗さ計で 12 μm の粗さをもった原紙が，塗工によりベック 500 s，粗さ 3 μm になる。しかし今回の測定では塗工後もなお $R_{max} = 11.6$ μm と大きい。

2） レーザー光のスポット直径が 2 μm であるのでこれより直径の小さい粒子，具体的には塗工に用いたピグメントによって生じた塗工面の凹凸は測定されない。この点については測定器の重要な機能と判断して，メーカーの技術者と直接連絡をとり確認した。

図 2.5.8 に示すように表面の形状が粗さとうねりの混合であると考えると，ピグメントによる粗さ F の成分が測定できずに，うねり FW のみが測定値として記録されたことになる。紙面に垂直の Z 方向の高さは色分けして記録されているので全体の形が見やすい。記録された粗さの平面図は 3 μm 程度の細かい凹凸を持った高原状の高い部分の中に直線状の深い谷が走っている。谷の長さはほぼ 1 mm，幅は 0.4 mm 近くあり，深さは 3 μm 以上ある。この谷の原因はワイヤーマークであろうと推測する。

3） 今回の測定面積は 2.5×2.5 mm である。両面塗工したコート紙を測定台の上に置いたときに，重力によって紙が曲がるとは考えにくい。従って測定値は紙の片面の山の高さを表していることになる。またマシンの構造から推測して紙の片面は平で反対面のみ凹凸が生じるとも考えにくいし，平行して紙がうねっているとも考えられない。そこで紙の厚み方向の中心線に対称に反転して単純に紙の厚みの形状と仮定すると，厚みの R_{max} は 23 μm になってしまう。この数字は何を意味しているのであろうか。"繊維の塊による紙の厚みの差である"と結論付けるのは無謀と思うが，ほかに推論できる原因が見出だせない。

4） 非接触型表面粗さ計で紙の厚みの分布の形状が記録できるとなると話は面白くなる。印刷適性研究の初期のころ，紙の平滑度とインキ転移率の関係を証明したが，グラフに書くと横軸が s で縦軸は％であって，あまりに抽象的であり，いまひとつ実感がなかった。触針型表面粗

2. 紙の印刷適性とその試験法

さ計を使用して粗さ μm と平滑度 s との関係が明確になり，版上インキ量 μm と同じ長さの単位でグラフを書くようになって，初めて理論的に解釈できた記憶がある。

後に説明する透過光による地合い測定器による単位は出現頻度の分散％であるが，それと印刷品質との関係を直接求めるよりも，紙の厚さむら μm を加えることにより，現象のイメージがより明確になるのではないか。

2.6 地合いの測定

2.6.1 地合いの定義

紙の営業関係の人は紙のサンプルを手にするとほとんどといってよいくらい紙をひろげ，窓に向かって透過光で地合いを見，指でパチパチと弾いて音を聞いてしばし考える。これで工場名とマシンの番号まで当てることが可能であるという。繊維の長さが長いと雲型の地合いの直径が大きく，叩解を進めると雲の境がボヤケるといわれていた。経験から来た名人芸である。

さて，あらためて"地合い"がどのように定義されているか調べてみた。

紙パルプ辞典では紙の繊維の分散状態とある。

また紙の試験法に地合いの測定が規定されているかを調べた。ISO 規格，TAPPI 試験方法，JIS，JAPAN TAPPI 紙パルプ試験方法のいずれにも試験法が記載されていない。

TAPPI 主催の 1989 Wet End Operations Seminar の論文集が翻訳され"紙の地合い形成"の標題で出版されているが，マシンの構造と操業法の記述のみで，地合いについての議論は見当たらない。2 冊目の終りにグラフに Formation Index が書かれているが，その内容の説明はない。

紙パルプ技術協会発行の紙パルプ技術便覧には地合いの項目があり，

2.6 地合いの測定

印刷用紙としては良好な地合いが必要であるとしたうえに，紙を透過光で見て繊維の分布状態の均一性を主観的に評価するとしている。

地合いという言葉が感覚的には良く理解され，イメージとしては頭の中にはっきり持っているが，規定された試験法がないために，測定値として正確に他人に伝える手段がないのが現状と感じる。

2.6.2 地合いの肉眼判定

紙の地合いの優劣の判断がどの程度客観性を持っているかについて，日本紙パルプ研究所が組織した物性研究会が計画した非常に貴重な実験があり報告が出されている。その実験のポイントを要約すると

1) 実験計画
*評価サンプル：坪量 $64 g/m^2$ 市販上質紙 8 種類。PPC 用紙 9 種類。
*パネリスト ：紙パルプ，印刷，コピー機メーカー，代理店等より選出された 183 名。
*地合い評価法：評価項目は地合いと指定。1 対 1 比較法で順位を付けシェッフェ法で解析した。

2) 評価結果
*職種，業種，経験，性別に関係なく地合いの優劣の判断には矛盾が少ない。
*183 名のパネリストの判断は相互に一致していて，職種，業種による差がない。

以上の実験で特に注目したいのは，評価項目に単純に"地合い"とのみ指定していることである。パネリストは多くの業種から選ばれているから，紙の製造条件の細かいところまで知らない人が多いと予想される。具体的にはワイヤー上で発生する繊維の塊（これが地合いの主原因であるが）その他ワイヤーマーク，フェルトマーク，シャドーマーク等も透過光の不均一を作り出す。パネリストには異業種の人が多く，これらの発生原因を原因別に分離せずにすべてを総合して"地合い"と判断

2. 紙の印刷適性とその試験法

したと想像する。多くの人の判定順位が一致するとの実験結果は貴重で議論の発展に役に立つ。

2.6.3 紙の断層写真

カプセルの中に重合開始剤を混ぜたアクリルモノマーを入れ，加温するとアクリル樹脂の塊ができる。この反応の前に数ミリ角に切った紙を入れると紙を内包した樹脂になる。これをミクロトームで紙面に直角に薄く切る。紙の種類によるが切片の厚さは40μmくらいが写真の写りがよい。有機溶剤でアクリル樹脂を溶かすと繊維のみが残る。この方法で種々の紙について数十枚の拡大写真をとり，分類してファイルを作った。この作業の結果判明した点を要約すると，

1) 紙の厚み方向の繊維の本数

＊坪量 80 g/m^2 の上質紙の例では LBKP の本数は多い部分で平均12本，少ない部分で7本であった。この比率は坪量の低い紙でもあまり変わらなかった。

＊新聞紙では繊維数は多いところで平均10本，少ない部分では5本であった。新聞紙では破壊された繊維が多いので意味が異なるしファインは数えていない。

2) ワイヤーマーク

＊繊維数の少ない部分は周期性をもっておりその間隔は抄造時に使用したワイヤーの線間隔またはその2倍に近似していた。

3) 網点印刷のカスレ

＊新聞の写真印刷で網点の形の再現が悪く，印刷濃度のムラの度合いがワイヤーマークの強さに比例し，厚み方向の繊維数の最大最小の比率と傾向が一致していた。

4) 紙の厚さと比重

＊断層写真で数えた繊維数の最大の部分の紙の厚さは紙の厚さ測定器で表示された値とほぼ一致した。従ってこの値より計算した紙の緊度は

紙の実際の比重より低い値を示すことになる。
  5）　圧力の伝達
＊繊維数の多い部分はマシンカレンダーの強い圧力を受けて潰され，繊維間の隙間がほとんど存在しない。乾燥したセルロース繊維は硬度が高く圧縮性が少ないので，印圧が掛かったときの圧力は平均値より高くなる。
＊逆にワイヤーマークの部分は凹んでいるので圧力は掛かりにくく，また繊維間の隙間が多いので圧力は高くなりえない。
＊ノーカーボン紙ではマイクロカプセルを破壊するための筆圧がワイヤーマークの部分で伝わらないので，多数枚複写のためにワイヤーマークの全くない紙を生産するのに非常に苦労した記憶がある。
  6）　平滑度の不均一性
＊上質紙の表面を低い角度で見ながら電灯の方に向くと，紙の表面の光沢のムラがはっきりと見える。この現象は紙の表面に平滑度のムラがあることを示している。しかし現在常用されている平滑度計は 10 cm^2 位の面積の平均値を測定しているので，光沢ムラのような小面積の平滑のムラについては測定する手段がない。
＊電灯の方を向いたまま紙を回転させて透過光で見ると，光沢の高い部分と繊維の塊である少し黒い不透明な部分とが一致することが分かる。しかし繊維の塊と光沢との位置が一致しない例も多く存在するので何か別の要因が介在していると予想される。

2.6.4　地合い計による測定

　先に紹介した物性研究会はパネリストによる地合いの評価だけでなく，肉眼による判定と市販の地合い測定器の測定順位との比較も行っている。選ばれた測定器は透過光による地合い測定が 6 種類，β 線による測定 1 機種の計 7 種類である。研究会という中立の立場から測定器のメーカー，機種名は記載されていないが構造上の分類がされている。

2. 紙の印刷適性とその試験法

1) 画像解析型地合い計

紙の透過光像をレンズでCCDの上に作りCCDの出力を光の明るさ別に分類し，出現頻度のヒストグラムの分散の度合いで地合いの程度を表にする。この実験ではABC 3種の測定器について評価している。

2) 波形解析型地合い計

光源は固定し紙を移動させて透過光を連続記録し，その出力を解析する。またレーザービームを走査させて透過光量を解析する。の分類にDEFの3種類がある。

3) β線地合い計

可視光線を使わずにβ線の透過量を測定し紙の質量の分布を数値化する。

結論を急ぐと物性研究会の発表では183名のパネリストがつけた地合いの順位と，地合い測定器が表示した地合い測定値とはどの測定器とも非常に良く一致している（図2.6.1-図2.6.4）。両者の相関係数を調べると，画像解析型のほうが高くて，たとえば上質紙でC1は0.955，PPC用紙でB1は0.979と非常に良い一致を証明している（**表2.6.1，表2.6.2**）。

表2.6.1　感応試験と地合い計の相関係数[15]　上質紙

Sample：Woodfree printing paper

Variables	A	B1	C1	D	E	F
r	0.913*	0.894*	-0.955*	-0.846*	-0.518	-0.895*
F₀	30.04	23.96	62.21	15.05	2.2	20

F (1, 6, 0.05) = 5.99

2.6 地合いの測定

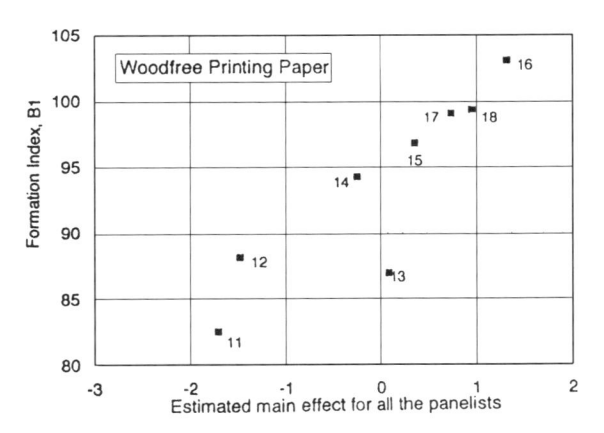

図 2.6.1 感応試験と測定器 B 1 の相関性[15]　上質紙

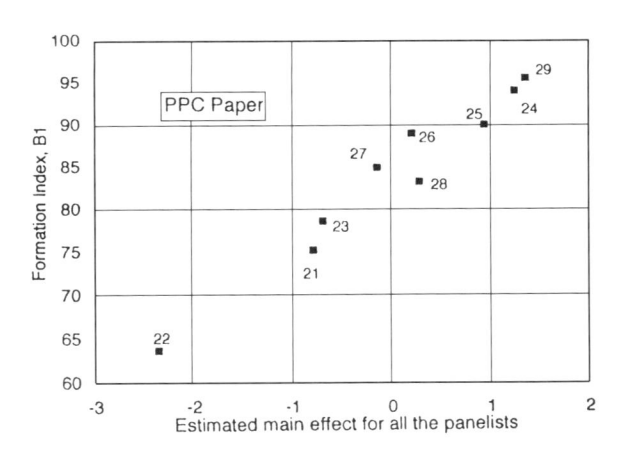

図 2.6.2 感応試験と測定器 B 1 の相関性[15]　PPC

表 2.6.2 感応試験と地合い計の相関係数[15]　PPC

Sample：PPC（Xerography）paper

Variables	A	B 1	C 1	D	E	F
r	0.856*	0.979*	-0.672*	-0.840*	-0.716*	—
F_0	19.17	164.9	5.76	16.7	7.38	—

F (1, 7, 0.05) = 5.99

2. 紙の印刷適性とその試験法

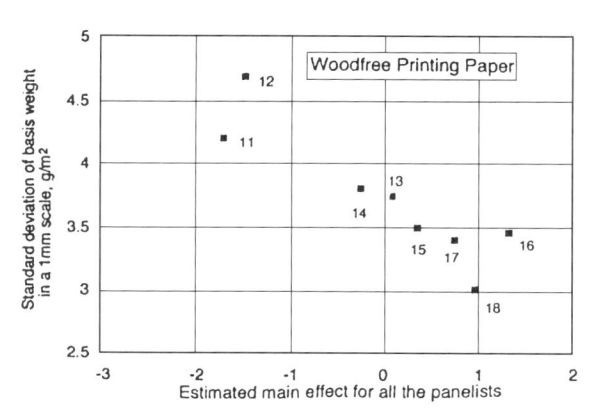

図 2.6.3　感応試験と β 線地合い計の相関性[15]　　上質紙

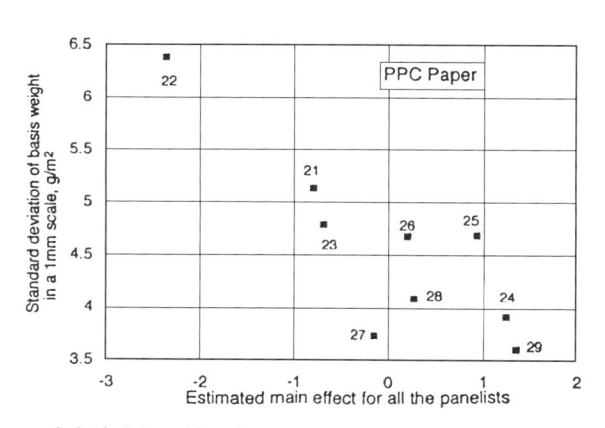

図 2.6.4　感応試験と β 線地合い計の相関性[15]　　PPC

2.6.5 地合い計の構造と測定値

上述 7 種類の地合い計の内代表的な 2 種の構造と測定値の表示法を紹介する。

1) 透過光による地合い測定

肉眼による透過光量のムラを定量的に数値化する地合い計の例として，M/K SYSTEMS 社製 3-D SHEET ANALYSER では，**図 2.6.5** に示すように測定する紙はパイレックスガラスの円筒の外に巻き付けて固定する。光源はガラス円筒の中にあり透過光量をレンズで集め，フォトディテクターで検出し電気信号に変換し記録する。紙の像はレンズによっ

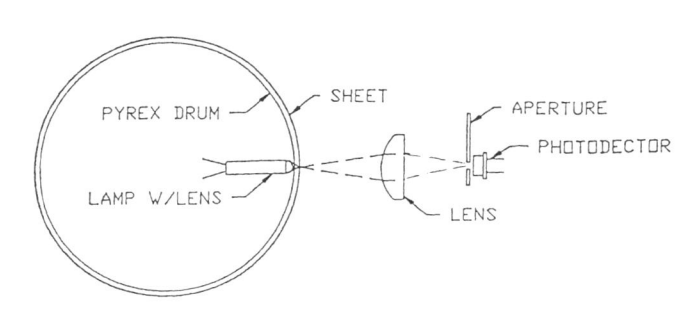

図 2.6.5 3-D SHEET ANALYSER の光学系[15]

てディテクターの前に入れた絞りの上に作られるので，絞りを変えることにより紙の測定面積が変えられる。一番小さい絞りでは測定される紙の面積は直径 0.75 mm の円形で 0.47 mm^2 の面積である。ガラスシリンダーの一回転ごとに光源の位置は 0.8 mm シリンダーの軸方向に移動する。シリンダーの回転方向は 0.4 mm ごとに透過光量のデータをとる。このようにして 160×200 mm の紙の面積から 100 000 個のデータが得られる。光量のデータは 64 階級に分類され，32 階級を中心にして各階級に入ったデータの数を棒グラフにして**図 2.6.6** の形のヒストグラム

2. 紙の印刷適性とその試験法

図 2.6.6 透過光量のヒストグラム[16]

を作る。一階級に 100 以上のデータの入っている階級数を数えて次の式により地合いを表示する。

$$\text{地合い指数} = (\text{ピーク値/階級数}) \div 100$$
$$= (23\ 272/12.7) \div 100$$
$$= 18.3$$

指数は大きい程良い地合いの紙であることを示す。この測定器は測定に若干時間を要するが、データ数が多く、光源の光量変化が含まれていないので信頼性が高く、研究用として適している。ただ、欲をいえばワイヤーマークのみを数値化する機能がないのが残念である。またこの測定器の機能として 4 色のプリンターを使い、繊維のフロックの位置、紙の坪量の大きい部分と坪量の少ない部分とが**図 2.6.7** のように色分けして表示される。この機能は後述するように印刷品質との関連性を解明する上でぜひ有効に利用して欲しい。

2) β 線による地合い測定

β 線の吸収は物質の質量に比例するので、透過した β 線の量を測定することによって質量の分布を測定できる。古くは X 線用銀塩フィルムを使い、露光、現像して透過 β 線量の分布を測定したことがあるが、非常に手数がかかる上に現像条件の変動等が加わり信頼性が今一つであった。

紹介する測定器はフィンランドの AMBERTEC 社が製造している

2.6 地合いの測定

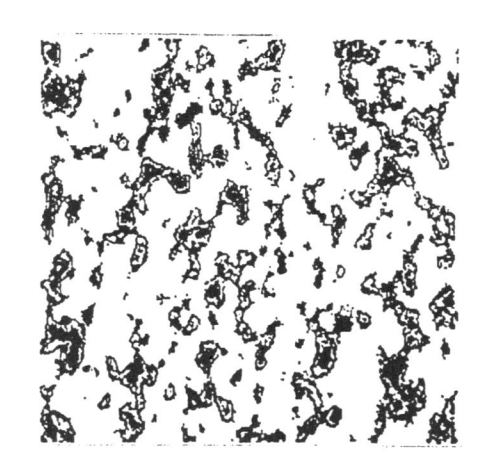

図 2.6.7　3-D SHEET ANALYSER によるフロックイメージ[16]

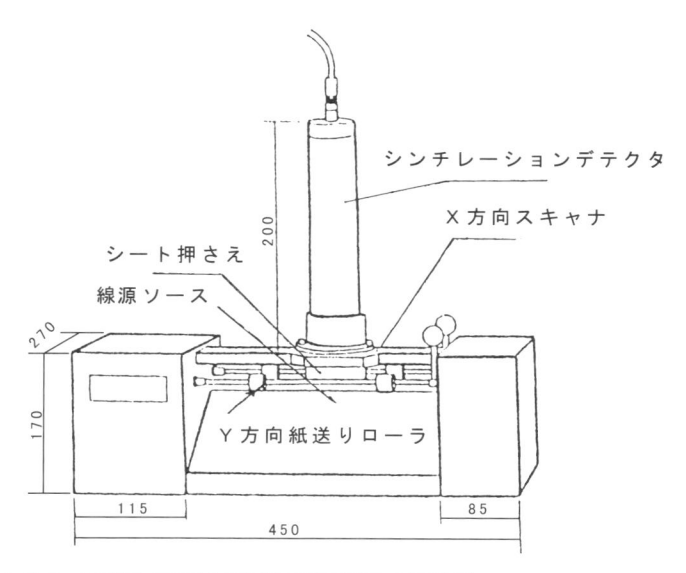

図 2.6.8　BETA FORMATION TESTER の構造[16]

BETA FORMATION TESTER である（図 2.6.8）。構造と測定条件は
＊紙の幅　：最大 210 mm, 長さは延長可

2. 紙の印刷適性とその試験法

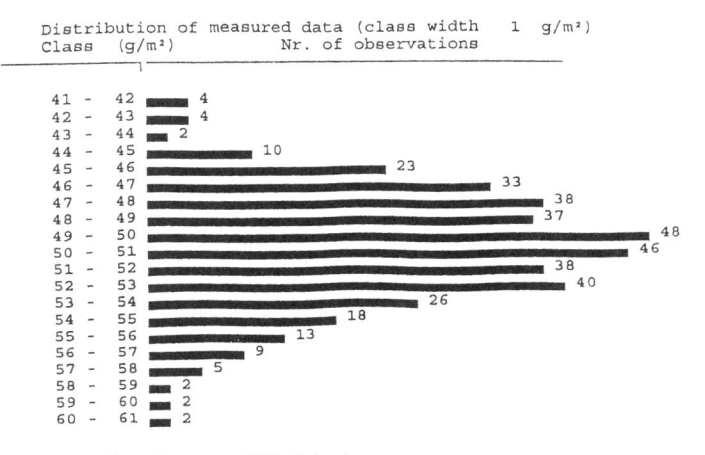

```
Distribution of measured data (class width   1 g/m²)
Class  (g/m²)           Nr. of observations
41 - 42    4
42 - 43    4
43 - 44    2
44 - 45   10
45 - 46   23
46 - 47   33
47 - 48   38
48 - 49   37
49 - 50   48
50 - 51   46
51 - 52   38
52 - 53   40
53 - 54   26
54 - 55   18
55 - 56   13
56 - 57    9
57 - 58    5
58 - 59    2
59 - 60    2
60 - 61    2
```

図 2.6.9 β 線測定による質量分布[17]

＊測定面積：70×70 mm
＊坪量範囲：20–300 g/m^2
＊測定スポット：直径 1 mm，オプションで 0.5 mm 径も可
＊β 線源　　：プロメチウム−147
＊検出器　　：シンチレーションカウンター
＊測定点間隔：XY 方向共に 3.5 mm
＊測定点数：400 個
＊測定時間：10–40 min
＊メモリー：フロッピーディスク
＊プリントアウト：ヒストグラム，トポグラフ，標準偏差

地合いの指数としては，標準偏差では紙の坪量が大きくなるに従い偏差値が大きくなる傾向があるので，アンバーテック社では標準偏差値 S を坪量の平方根で割った値 $S/M^{1/2}$ を normalized standard deviation として表示することを推奨している。

物性研究会が調査した結果では，図 2.6.9，図 2.6.10 に示すようにパネリストが付けた地合いの順位とベータフォーメーションテスターの

2.6 地合いの測定

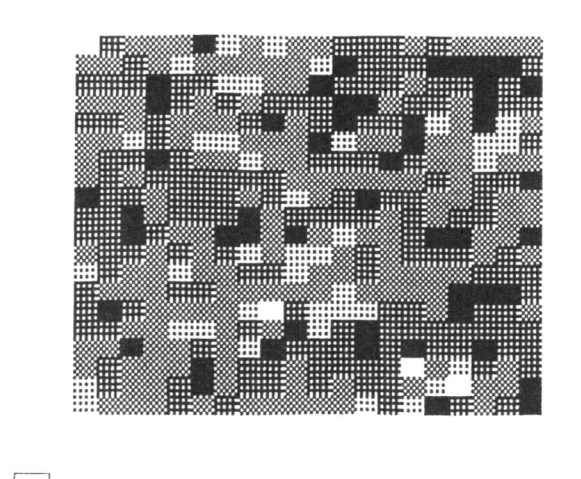

図 2.6.10 β線測定によるトポグラフ[17]

測定した質量の標準偏差とは良い相関を示していた。上質紙あるいはPPCのように同一種類の紙ではパルプのフリーネスや添料の配合率，ペーパーマシンの構造，紙質等が類似しているので肉眼判定との相関性が良かったのだともいえる。β線は質量の絶対値を測定する。スーパーカレンダーを掛けると透過光で見る地合いは一見改良されたように見えるが，β線の測定には変化は生じない。このように透過光の地合いとβ線の質量分布とは異なるので両方の測定器を併用してデータをとり地合いを解析すると面白いであろう。

2.6.6 印刷適性と地合いの関係

製紙会社の営業マンは紙のサンプルを見ると必ずといって良いほどサンプルを広げて地合いを見る。何故見るかは質問しても答えてくれる人はいなかった。紙の解説書を見ると地合いは紙質の重要な項目であると書いてある。しかし何故重要かは記述されていない。

2. 紙の印刷適性とその試験法

　紙の印刷適性の研究では平滑度と印刷品質との関係が最も解明されていて、ベック平滑度で10-200 sの範囲ではグラフにより相関性が証明されている。しかし今になって考えれば一枚の紙はどこも同じであるとの前提で平滑度の平均値でのみ考えていた。

　PPC用紙の表面を低い角度で透かして見ると数ミリの大きさの光沢のムラが見える。光沢の高い部分は平滑度が高い筈である。しかしJISに規定されている空気漏洩型平滑度計はいずれも測定面積が大きいので平均値は出せるが細かい部分の平滑度は測定できない。測定値がないから推測で議論することになるが、光沢の高い部分は平滑度で200 s以上になっていると推測する。平均で30 sの紙であれば、平滑の低い部分は10 s以下であろう。

　紙の平滑度は印刷に以下のように影響する。
＊紙の平滑度が高くなるとインキ転移率が向上する。紙の表面とインキとの接触面積が増えるので転移インキ量が多くなる。
＊インキとの接触が良くなり、インキに被覆されない白点面積が減少すれば印刷濃度は向上する。
＊平滑度が高いとインキ表面で反射する着色していない光の散乱が減少し、濃度測定値は高くなる。
＊網点印刷では平滑度の高い部分でメカニカルドットゲインが多く起き、平滑な処が濃度が高くなる。

　ベタ刷りにしろ、網点印刷にしろ紙の光沢の高い部分は印刷濃度が高くなり、濃度ムラが生じるということである。これはモットリングではないであろうか。

　JISやJAPAN TAPPI等の試験法を見直すといずれも平均値で表示すると書いてあって測定値の分散の度合いについての記述はない。地合いは紙の坪量の分散そのものである。紙質試験法としては分散という全く新しい概念になる。早く試験法を確立することが望ましい。1種類の試験機に絞るのが困難であれば、複数の測定器を規定すれば良い。平滑度

2.6 地合いの測定

の試験器も何種類も規定しているではないか。

　試験法ができて多くの人が紙の地合いについて研究を開始することが望ましい。測定器は研究者の希望によってさらに改良されるであろうし，優れた測定器が普及し残っていくであろう。地合い計は基本的に2種類必要と思う。1つは生産管理と規格のための測定用で簡便なものがよい。もう1つは研究用で信頼度が重要視される。BETA FORMATION TESTER は後者の候補にあげたいがさらにいくつかのオプションが加わると理想的である。最後に印刷品質と地合いの関係を明確にする研究の方法について私見を述べる。

　1）　紙の表面を直径 0.1 mm くらいの小面積の平滑度を計れる測定器を試作し，紙の平滑度の分布を求める。測定値を階級別に分類し出現頻度のヒストグラムを書き，地合い指数との関連を調べる。また平滑度分布の平面図を作成し，地図の等高線に相当する等平滑度線を使い，平滑度分布の図面を作る。これを前述の 3-D SHEET ANALYZER，あるいは BETA FORMATION TESTER の平面図と比較し地合いと平滑度の関係を明確にする。これが地合いと印刷適性の研究の第1ステップの基礎データになる。

　2）　しかし微小面積の平滑度を測定する機械の試作はその原理すら分かっていないので何時完成するか予測がつかない。そこで代わりのデータとして表面光沢を用いる。

　レーザー光を用いれば微小面積光沢度計は比較的簡単に完成するのではないか。あるいはより簡便にするために CCD を用いるのも良い手段かも知れない。そして光沢の分布の平面図を作成し，他の測定器の平面図のデータと比較する。

　3）　次に平滑度と光沢度との関係グラフを作る。この段階では平均値同士で良い。

　先に述べたように平滑度計は 200 s 以下では表面状態を良く表現しているが，1 000 s 以上では能力が不十分なのでより高度な非接触型表面

粗さ計のような測定器の活用が必要となるであろう。

4) 印刷品質は墨インキのベタ刷り面の濃度で代表させる。印刷条件としては転移インキ量が1.5 g/m^{2}が適当である。マイクロデンシトメーターで印刷面を走査して濃度測定値を解析する。濃度計の拡大倍率を高くし紙面の測定面積を小さくし過ぎると，濃度測定値のバラツキが大きくなり過ぎて処理に困るので，紙面で0.1 mm角くらいが適当ではなかろうか。コート紙の印刷面であれば濃度は3.0以上の測定値が頻繁に出現する筈である。印刷面を実体顕微鏡で低倍率で観察すると夜空の金星のように強く輝いている部分が散在しているのが見られる。インキ表面の傾斜面に写っている光源の像である。この光は輝度が高いので濃度測定値に大きく影響する。輝点の数が多い程印刷濃度は低くなる。地合い測定値と輝点の数とが関係しているのではなかろうかと予想している。

5) 網点印刷を行いイメージアナライザーでフィルム上と印刷面の網点の面積の差をメカニカルドットゲインとして検出し，ゲインの平面図を作り，地合いの平面図と比較する方法もある。

2.7 ま と め

印刷適性研究委員会の討論で委員の合意を得た測定項目について書いてきたが，この項目については委員会として成文化したものではなく，著者の委員会討論記録から内容をまとめたものである。従って内容が紙の測定に偏っているのは仕方のないことと了解願いたい。

印刷作業適性と印刷品質適性の両方を合わせて17項目の測定方法を書いたが，これは印刷の経験を持っている人を対象に書いたので，印刷の経験のない人には，まだ多くの知っておかなければならない項目がある。

紙は抄造した機械ごとに特有の癖を持っている。抄紙機の幅方向の水

2.7 まとめ

分ムラ，過乾燥による紙の内部歪み，吸湿によるオチョコ，湿度の高い日に発生する波打ちなど印刷作業を順調に行うには多くの知識が必要なのだが紙面の都合上割愛させて戴く。

　印刷品質の測定値は互いに関連があるので，一項目でも良い値がでると他の項目でも良い値がでる例が多い。それで急ぐ場合には一項目の測定で後は省略することもできる。その代表として測定する項目は印刷濃度である。インキの種類を決め，インキ量を変えて10枚程度試験印刷を行い，横軸に転移インキ量，縦軸に印刷濃度のグラフを作る。オフセット印刷の条件である転移インキ量 1.5 g/m^2 の近くではグラフは濃度の変化量が少なく測定誤差が小さい。コート紙とプロセスインキの組み合わせなら濃度は 2.1 以上が出てフルカラーの印刷に耐える筈であるし，アート紙やキャストコート紙であれば濃度 2.4 以上となって彩度の高い優れた印刷物が得られる。濃度が高い印刷物は演色域が大きくて彩度が高く，シャープネスが良くて画面の表現力が優れている。

　現在市場に出回っている印刷用紙では2色刷りで濃度 2.9 が精一杯であるが，技術的改善を加えて何とかして濃度 3.3 以上の印刷物を実現したいと考えている。そのとき初めて印刷が写真と競合関係に入れると思う。

　ついで重要視したい測定法は紙の平滑度の測定である。表現力の大きい印刷物がつくれるアート紙やコート紙は紙の表面に白色の微粉末を塗工している。微粉末の大きさは 1 μm 以下が多いから，塗工面の表面粗さは 0.5 μm 以下になっている筈である。しかし近年までアート紙の表面の形状を測れる測定器は存在しなかった。研究者はコーティングカラーの条件とコーター条件を因子とし，印刷品質を結果としてその因果関係を解析した。因子と結果の中間に存在する紙の表面形状と印刷したインキの表面形状は測定器がなかったので測りたくても測れなかった。

　近年表面形状を nm の大きさまで測定できる光触針式表面粗さ計と，原子間力顕微鏡が発売になった。この測定器を使えばコーティング条件

2. 紙の印刷適性とその試験法

と塗工面形状，塗工面形状とインキ面形状，インキ面形状と印刷品質等と関係の解析ができるようになる。得心のゆく内容の研究報文が読めるであろうと今から楽しみにしている。

2.8 引用文献

1) 高分子学会印刷適性研究委員会編："印刷適性"印刷学会出版部（1970）
2) 深沢博之，日吉公男："インキトラッピングの評価方法について"静岡県富士工業技術センター報告 第7号
3) 相原次郎，一見敏男，根本雄平："印刷インキ技術"シーエムシー（1984）
4) Bernt Bostrom : "Paper surface response during printing and surface treatment"（1992）
5) 市川家康："わかりやすい紙・インキ・印刷の科学"大蔵省印刷局朝陽会（1981）
6) 門屋卓，角祐一郎，吉野勇："新・紙の科学"中外産業調査会（1977）
7) Henk w.Louman : "Mottling and Wett ability"
8) JISハンドブック：日本規格協会
9) 江島顕訳："パーカープリントサーフ・紙平滑度試験器について"Messmer Instruments. Ltd.
10) 関口守，他："紙・フィルムなどの表面粗さ測定"コンバーテック, 1988.3.
11) T.Ushiki, 他 : "Atomic Force Microscopy in Histology and Cytology" Arch. Histol. Cytol., Vol 59 No.5（1996）
12) 繁野雅次："液晶配向膜とAFM観察"特別研究会「液晶の配向」1994.5.26.
13) 大沢純二，内藤勉："紙の透かし地合いの評価（第1報）市販地合い計による評価"紙パ技協誌 **46**（7）78（1992）
14) 内藤勉，大沢純二："紙の透かし地合いの評価（第2報）一対比較法による官能検査"紙パ技協誌 **47**（9）70（1993）
15) 内藤勉，大沢純二： "紙の透かし地合いの評価（第3報）官能検査結果と物性値との比較"紙パ技協誌 **48**（3）72（1994）
16) 内藤勉："紙の地合い評価の新たな展開"紙パルプ技術タイムス **37**（8）（1994）
17) "印刷と用紙"紙業タイムス社（1996）

3. 紙の品質改良

3.1 印刷濃度

　印刷の製版技術に関する本に，原稿のカラーフィルムの濃度 $D=3.0$ に対して印刷の濃度は $D=1.5$ までしか出ないから，網点分解の段階で階調を圧縮しなければならないと記述されている。階調を圧縮すれば印刷物はねぼけた調子になり魅力が大幅に低下する。フィルムでは $D=3.0$ が出せるのに，印刷では $D=1.5$ しか出せない理由は何か，それが知りたくて多くの人に質問したが，理由を正確に説明してくれる人は一人もいなかった。"印刷では濃度はそこまでしか出ないんだ"というのが共通の返事であった。

　その後自分で実験して，濃度 $D=1.5$ は上質紙の場合で，コート紙の印刷では $D=2.4$ まで出ていることが判明したが，カラーフィルムの濃度がさらに高くなったので，階調の圧縮は現在でも行われている筈である。コート紙の最高の印刷濃度をさらに改善する目的で，濃度の上昇を抑制している要因を明確にする議論が主題である。

3.1.1 印刷濃度の意味

　墨印刷や色印刷で肉眼が感じる濃さを数値化したのが印刷濃度で，一般的には濃度計で測定した値をそのまま表示する。濃度計の表示は入力された光量を処理して10を底とする対数で表示している。対数で表す理由は，人間の目が感じる強さが等比級数になっているからで，光量のそのままの数値より対数のほうが目の感覚に良く一致するからである。ついでながら人間の感覚は目ばかりでなく耳で感じる音量や，鼻で感じる臭いも等比級数の性質を持っており，対数表示の方が感覚に良く一致

3. 紙の品質改良

する。

　目の感覚と良く一致させる目的からいえば，10を底とする対数を使うことには異論がある。昔アラビヤ半島の砂漠に住んでいた遊牧民は夜の星空を眺めて星座を考え，星の明るさに等級を付けた。砂漠の乾燥した空気で見える最低の明るさを6等星とし，一番明るい星を1等星として6段階にグループ分けをした。これが人間の目の感覚で素直に分けた明るさの差であると考える。近年になり光度計が発達して定量的に測定できるようになってから，明るさの標準を1燭光のランプから1kmの距離に到達した光量を1等星とし，1等星と6等星の光量の比率を100倍と決めた。従って1等級の明るさの比率は

$$X^5 = 100$$
$$X = 2.512$$

　人間の目は，明るさが2.512倍の比率を1段階の差と感じている。従って印刷物の濃度を数値化するにも

$$D = \log_{10}(I_O/I_P)$$

で表すよりも$\log_{2.512}$にした方が，人間の感覚により近い数字になると考える。しかし，既に$D = \log_{10}$が一般化してしまった現在では変更することは困難であろう。

　1）　銀塩フィルムの濃度

　印刷ではフィルム上の画像を，インキを使い紙の上に再現し印刷物とするために，フィルム上の画像の濃度範囲を測定する。フィルムの場合は透過光で測定するので図 **3.1.1** のようになる[1]。

　光源の光量をI_O，フィルムを透過した光量をI_Pとすると

$$濃度\ D = \log_{10}(I_O/I_P)$$

　光源の光量を100とし，透過光量を10とすると濃度$D = 1.0$である。同様に透過光量が1であれば濃度2.0，光量0.1であれば$D = 3.0$である。色分解に使用するモノクロの銀塩のフィルムの濃度は3.0程度であるが，特殊な製品としては，網点の縁のシャープカット用の返しフィル

3.1 印刷濃度

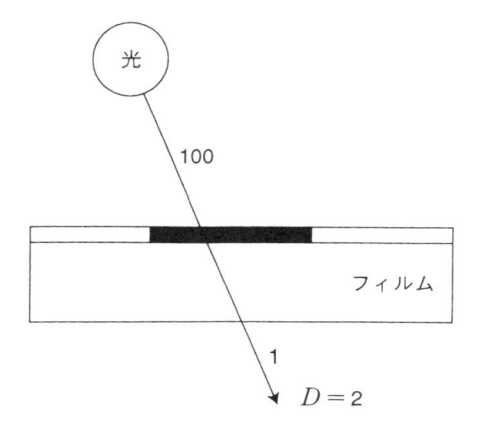

図 3.1.1 フィルムの透過光濃度[1]

ムでは濃度は 5.0 の製品がある。

　カラーフィルムの色の濃度は測定用のフィルターを掛けて透過光量を測定し，銀塩フィルムと同様に数値化する。一般に使用されているカラーフィルムの最大濃度は $D_{max}=3.8$ くらいである。

　フィルムの濃度を測定する場合は透過光量の比率のみを測り，フィルムの表面反射の影響が測定値に混入して来ないので，内容は単純であり理解しやすい。

2）印刷物の濃度

　フィルムが透過光で測定するのに対して，印刷物の濃度は反射光で測定するので現象は複雑であり，内容を分解して理解する必要がある。まず**図 3.1.2** を見て戴きたい。

　第 1 に注意すべき点は印刷の場合は光量の比率の計算のもとになる I_0 は紙の反射率であって，光源の光量ではない。

　第 2 にインキが乗っている部分の濃度は，インキフィルムを通過した光が紙層中で散乱し，ふたたびインキフィルムを通過した光である。2 度インキ層を通過するので墨インキでは濃度が出やすい筈であるし，色印刷では濃い色が出せる筈である。

3. 紙の品質改良

図3.1.2 印刷面濃度[1]

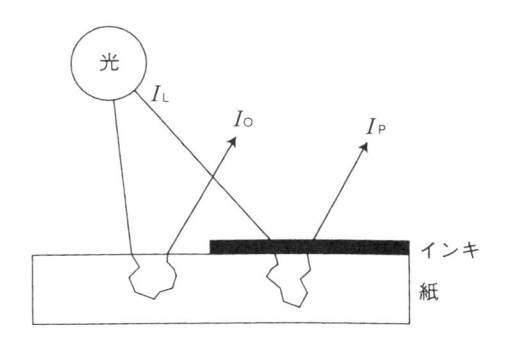

$$D = \log_{10} I_O / I_P$$

3番目には，これが重要で今回の議論の主題であるが，紙の表面にできたインキフィルムの表面反射光である。インキフィルムの層を通過していないので，光は着色しておらず光源と同じスペクトル分布をしている。昼間であれば D_{50} に近い5 000 Kの光であるし，夜間であれば蛍光灯の3 500 K，または100 Wタングステンランプの A 光源 2 856 K のスペクトルの光である。

光源の光は目には白色光と感じるので，インキで濃く着色した光と混合すると，印刷物は色が白く濁ったものになる。暗い部屋で強い光源の下で見る場合は，本の角度を変えれば光沢光の混入を避けることが可能であるが，事務室のように天井が白く蛍光灯が数多く並んでついているような部屋では，表面光沢の混合は避けることが困難である。文字印刷はまだ良いが，多色印刷では色は濁った状態になる。

3) 表面反射と光沢

さらに重要なのは表面反射光の強さである。表面反射光は狭い面積で考えれば表面光沢と同じである。

紙の光沢の測定法には，光沢の標準板として屈折率1.567の黒色ガラス板の表面を研磨して使用する。この標準板の表面反射光量は，光源の光量を100とすると，ガラスに対する入射角が20°のときは4.91%，45°

のときは5.97%，入射角が60°のときは10.01%である。紙の光沢度の表示は，この反射光量を100%としてその比率で表す。測定角60°で光沢度60%のコート紙の場合，受光器に到達する光量は印刷物を照射する光量の6.0%であるという意味である。一方インキの乗っていない白紙の部分の表面反射光はあらゆる方向に散乱するので，資料紙からの開き角が5°の受光器に到達する光量は紙を照射する光の0.3%である。白色度85%のコート紙の反射光の方が，インキ表面の光沢光より1桁少ないことを示している。何となくおかしいぞと思われる方は，自分で実験をして戴きたい。明るいランプの近くのテーブルの上に，コート紙に多色印刷した印刷物を置き，インキの表面が金属のように光っている位置に目をもって行く。輝いているインキ面の光沢光量と白紙面の散乱光量とを良く比較観察して戴きたい。インキ面の輝きに対して紙は灰色に見える。星の明るさにたとえるならば，インキ面が金星の輝きとすれば白紙面は北極星程度の明るさで，3等級以上の光量の差であることを実感して理解されると思う。

4) 表面粗さと光沢

インキ材料の樹脂の屈折率が，光沢測定用標準ガラスより若干低いから正確な話ではないが，印刷面光沢度が80%ということは，入射角と等しい正反射の光量がガラスに対して80%であり，残りの20%は別の角度に反射したことになる。この20%のうちごく僅かでも濃度計の受光器に入射すれば濃度の測定値は低くなる（図3.1.3）。

先に述べたように印刷物の濃度は，印刷していない白紙の反射光に対する比率で表す。インキ層の透過濃度を$D=2.5$と仮定すると，印刷物ではインキ層を2度透過するので，透過光の濃度は$D=5.0$になる筈である。この濃度は濃度計の光源の光量を$I_0=1.0$とすると

$$I_P = 3 \times 10^{-3} \times 10^{-5}$$
$$= 3 \times 10^{-8}$$

ハンター白色度計の構造と同じように，濃度計の形が紙に対して45°

3. 紙の品質改良

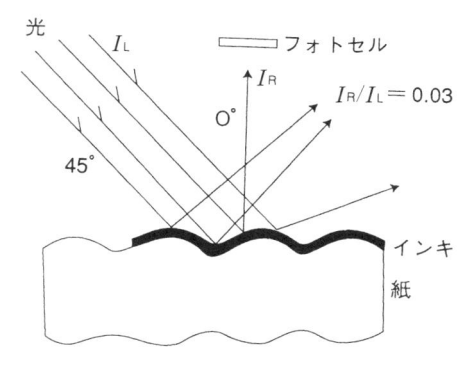

図 3.1.3 部分的光沢の濃度への影響[1]

の入射，0°方向の反射光量を測定する構造であると，印刷した表面に$22.5 \pm 2.5°$の傾きを持った面が存在すると，この面の表面光沢光は濃度計の受光器に入射する。この表面反射光の強さは光源の光量を

$$I_O = 1.0 とすると$$
$$I_R = 3 \times 10^{-2} である。$$

$22.5 \pm 2.5°$の傾斜を持った面積が濃度を測定する面積に対して0.1%であったとすると，その面から反射した光量は

$$I_R = 3 \times 10^{-2} \times 10^{-3}$$
$$= 3 \times 10^{-5}$$

この光量を紙の反射率に対する比率＝濃度で表すと

$$I_R = (3 \times 10^{-5}) / (3 \times 10^{-3})$$
$$= 1.0 \times 10^{-2}$$

以上の計算で理解されたように，濃度計の測定値はインキ層を通過した光量（I_P）を示しているのではなくて，インキ表面にある傾斜した面の存在する確率を示しているように思える。傾斜面積率が大きければ濃度表示値は低くなり，表面の粗さが小さくなるに従い高い濃度を示すことになる。仮に印刷面が研磨したガラスのように完全に平滑な面が作れたとしたら，濃度の測定値は$D = 5.0$の近くになるであろうと推測す

3.1.2 紙の表面粗さと印刷濃度

1) 粗さの大きさ

以上，インキ表面の光沢光量の影響の議論を一気に進めてきたが，他の要素を考慮に入れないで良いのであろうか。

上質紙の平滑度は 30-80 s 程度である。紙を構成している木材繊維の寸法の概略は，長さ 1-2 mm，太さ 20-40 μm，中空で膜の厚みは 3-5 μm である。紙は乾燥してからカレンダーで厚みをコントロールするので，セルロース繊維は堅くなっていて潰れにくい。紙をミクロトームで切り顕微鏡で高倍率にして観察すると，中空の繊維の断面は輪ゴムを引っ張ったような形をしていて，膜が平行になっている部分は長く，端は半円形をしている。従って一本の繊維の端の高さは膜の厚みの 2 倍より大きく，上質紙では 8-12 μm くらいである。この値にさらにワイヤーマークや地合いむらが加わるので，触針型表面粗さ計で測った R_{max} は 12-15 μm になる。凸版印刷では版上のインキ量は 4 μm であるから，繊維による凹凸のほうが大きくて，強い圧力を掛けてもインキが付着しない部分が生じる。新聞紙では R_{max} が 20 μm あり，オフセット印刷では版上インキ量は 3 μm である。光学顕微鏡で印刷された文字を拡大して注意して見ると，新聞紙では文字の中にインキの着いていない白点が見え，文字の縁にギザギザが存在する。上質紙の印刷では文字の中の白斑点は探してもほとんど見当たらないで，ベタ刷りの黒さの中に繊維状に僅かに黒さの薄い形がみえる。繊維の塊で表面に出っ張っている繊維の上のインキが高い圧力で横に逃げて，インキ層の厚みが薄くなって生じた濃度差が原因ではないかと想像している。

顕微鏡での観察では，感覚的ではあるが白斑点の面積やインキの濃度差はごく僅かで，印刷濃度の測定値にはさして寄与するとは思えない。

使用しているインキが異なる要素はあるが，代表的な紙の印刷濃度を

3. 紙の品質改良

比較すると

　　　新聞用紙　　　$D = 1.1$–1.3
　　　上質紙　　　　$D = 1.4$–1.6
　　　コート紙　　　$D = 2.0$–2.4

　印刷濃度の測定値は紙の表面粗さと関係していることが明らかである。印刷面のインキフィルムの表面反射光が濃度計の受光器に入るような $22.5 \pm 2.5°$ の傾斜の面積率が，表面粗さの大きい紙ほど大きく，結果として濃度測定値が低くなるのではないだろうか。

　2）　コート紙の表面粗さ

　紙の平滑度計は多くの種類の測定器が普及しており，表面粗さの優劣の比較はいずれの測定器を使用しても可能である。しかし紙の表面形状を記録できる測定器となると触針型表面粗さ計のみに絞られる。触針型粗さ計の測定端に使われているダイヤモンドの針の先端は半球の形をしており $r = 2.5\,\mu m$ の半径を持っている。従って紙の表面形状に近い形の記録ができるのは，粗さの大きい非塗工紙に限られる。

　コート紙の表面に塗工されるカオリンは平均直径が $1\,\mu m$ 前後で，塗工後スーパーカレンダーをかけた表面の粗さは $1\,\mu m$ 以下である。このように細かい凹凸の面では，半径の大きいダイヤモンド針では形状は記録できない。仕方なしに走査電子顕微鏡の拡大写真で観察するのみで，定量的に形状の測定は不可能であった。

　近年になって原子間力顕微鏡 AFM（atomic force microscope）が開発されて，さらに細かい粗さが定量的に測定可能になった。測定の原理は原子間に生じる引力と斥力を利用して，非接触で $1\,nm$ までの凹凸を記録する。測定に使用する針の先端の半径は $20\,nm$ 以下とカタログに印刷されているので，コート紙に使用する平均 $1.0\,\mu m$ のピグメントの表面形状を測定するには十分な解像力である。

　この顕微鏡で各種のコート紙を測定して判明したことは，従来の常識に反して塗工表面に大きな穴が数多く存在する事実である。日本では塗

3.1 印刷濃度

工用のカオリンはアメリカから多量に輸入されている。このカオリンは6角の板状の形をしており，このカオリンの長所として塗工すると屋根の瓦のようにカオリンが水平に積み重なり，非常に高い平滑と光沢の表面が得られると説明されていた。この説明が正しければコート紙表面には穴がほとんど存在しない筈である。AFM で測定した高級アート紙やキャストコート紙の表面には 0.5 μm 以上の大きさの穴が無数に存在している。1 200 m/min の高速塗工，急速乾燥の水蒸気の逃口と考えたら良いのであろうか。本題に戻ると，塗工層表面の穴は平均すると直径も深さも 0.5 μm 程度であるから，定常のオフセット印刷のインキ量，版上 3.0 μm，紙への転移量 1.5 μm では十分に表面の凹凸をカバーできる筈である。実際に市販されている印刷物の表面を顕微鏡で観察しても，インキの乗っていない白斑点は見つからない。

塗工層の表面がすべてインキで覆われているとなると，印刷濃度を支配しているのは表面光沢であることになるのだが，塗工によって十分に平滑な面を作っているのに，22.5°の傾斜を持った面が生じる理由は何であろうか。

3) キャストコートの印刷

アート紙よりさらに平滑な面を持つキャストコート紙ならば，解像力も発色性もアート紙より良いであろうと考えるのが常識というものだろう。初期の頃のキャストコート紙は予期に反して印刷面の光沢は低く，色はくすんでいた。紙の光沢より印刷面の光沢の方が低いのは商品としては具合の悪いものである。当時はまだ現在のような良い測定器がなかったのでそのような現象が何故起きるのかを追及するのが不可能であった。感覚的に理解していたのはインキの表面が紙の面より粗く，インキ量を増やせばますます光沢が下がり，面が粗くなるという事実である。アート紙の印刷より光沢が低くなる事実は，紙の面の材質とインキの間に相互作用があることを示唆している。

3. 紙の品質改良

3.1.3 コート紙の印刷実験

コート紙の表面状態を知るには，古くは走査電子顕微鏡で5000倍以上の拡大写真を作り比較観察する方法しかなかった。現在では水銀圧入法による毛細管の測定，DAT吸液計による吸収速度の測定等定量的な測定が可能になり，民間会社では研究が進んでいるのであろうが，公表された論文はあまりお目にかからない。

優れた測定器の出現によって研究が飛躍的に進歩する事例を多数経験しているので，測定器の開発を促進する意味でも論文の発表は望ましいとつねづね思っていた。

静岡県富士工業技術センターが1998年に発行した報告書に，山本里恵氏の研究"塗工紙の塗工層構造と印刷適性について"が記載されており，光沢と印刷濃度の関係について実験しているので，その概要をご紹介しついでに私見を述べたいと思う[2]。

コーティングカラーの処方は**表3.1.1**に示す。

表3.1.1 塗工カラーの配合と塗工量[2]

	A	B	C	D	E	F	G
立方体 d = 0.30 （μm）	100						
d = 0.35					100	100	100
d = 0.85		100					
紡錘形 （d = 0.35, I = 1.0）			100				
（d = 0.45, I = 1.5）				100			
SBRラテックス	12	12	12	12	12	18	24
デンプン	5						
塗工量（g/m²）	14	18	18	18	13	14	14

1) 白紙光沢と表面粗さ

A) 触針型表面粗さ計

結論から先にいうと触針型で測定した粗さの値 R_a と白紙光沢とは相関性はない。先に述べたように針の先端の半径 r = 2.5 μm であるから，それより細かい粒子の表面状態は測定できない。上質紙の表面粗さの記録が激しい上下動を示しているのに対して，コート紙の記録は緩い傾斜

3.1 印刷濃度

図 3.1.4 表面粗さと白紙光沢[2] 触針型

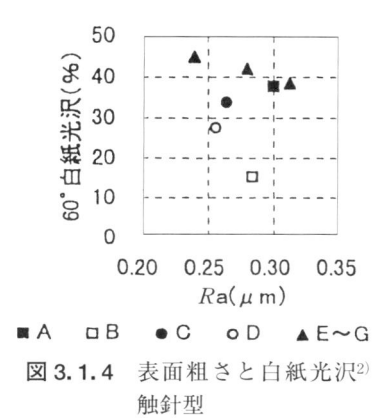

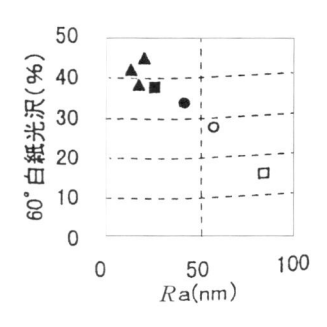

図 3.1.6 表面粗さと白紙光沢[2] AFM

をもった滑らかな線である。この線形は原紙の厚み変化を表している。長い距離測った線に生じる 0.32 mm の周期を持つ凹凸は，80 mesh のワイヤーを使って抄造した原紙のワイヤーマークを測定したのである。地合いのむらは数 mm の周期になる。こうしてコート紙の表面粗さの測定値 R_{max} は，粗さ測定の距離が短いと 0 に近く，距離を長くするに従い大きくなり，ついには原紙の粗さ 10 μm くらいになる。

実験では塗工した粒子の平均直径が 0.30 μm と 0.85 μm と差のあるものを使用したにも関わらず，表面粗さの測定値は同じ原紙を使用したので変わらず，白紙光沢との相関性も得られない（図 3.1.4）。

B) 原子間力顕微鏡

塗工粒子の直径に対して原子間力顕微鏡 AFM の検出力は 3 桁も大きいので，塗工面の表面形状は実に正確に記録される。測定表面の形状の 3 次元記録が図 3.1.5 で，A が 0.30 μm，B が 0.85 μm の直径の粒子を使用した塗工面である。記録は水平方向の拡大率に対して垂直方向は拡大率が 10 倍近く大きいので誇張されているが，両者の粗さの差は一目瞭然である。

図 3.1.6 に示すように AFM で測定した平均粗さ R_a と白紙光沢との相関性は非常に高く，測定値が面の状態を良くとらえていると考えられ

3. 紙の品質改良

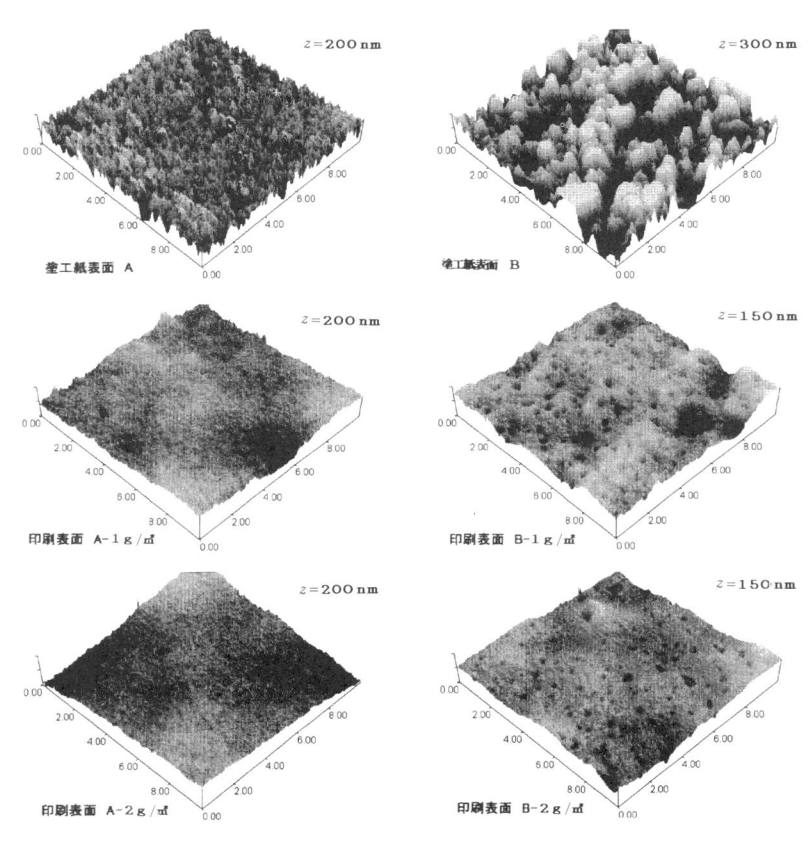

図 3.1.5　AFM による 3 次元形状[2]

3.1 印刷濃度

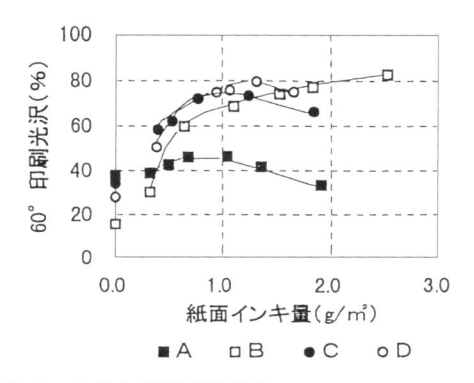

図3.1.7 転移インキ量と印刷面光沢[2]

る。ただ気をつけねばならないことは，サンプルAのR_a=25 nmを示している点で，図3.1.5に記録されている150 nm以上と比較すると8倍近い差である。R_aは平均値であって実際の粗さではない。実際の粗さの寸法をインキ量と比較するために，粗さの表示にはR_{max}も併記した方が良いと思う。

3.1.4 印刷面光沢と表面粗さ

1) 印刷条件

試験印刷機　：KRK万能印刷適性試験機

圧力　　　　：20 kg/cm

速度　　　　：2.0 m/s

インキ　　　：東洋インキ製TKハイエコーM，墨

2) 印刷面光沢

インキ量を変えて印刷試験を行い，インキ面の60°正反射光沢を測定したのが図3.1.7である。白紙光沢に対して印刷すると光沢が高くなる傾向は同じであり，転移インキ量が1.3-1.5 g/m^{2}で最高の光沢75-80％に到達する。紡錘形の軽質炭酸カルシウムを使用したサンプルC，Dは，さらにインキ量が多くなると表面光沢が僅かながら低下する傾向が

3. 紙の品質改良

みられる。

　立方体形の炭酸カルシウムを使ったBは表面粗さが大きいせいか，紙への転移インキ量が 2.5 g/m² で光沢が 80% 以上になっても，なお光沢が増大する傾向を示している。

　特異な傾向を示したのは白紙で最も光沢の高かったサンプルAで，印刷しても 46% までしか上昇していない。この原因については後の項目で検討する。

3）　印刷面粗さ

A）　AFM による測定

　白紙面および印刷面の AFM 測定記録を図 3.1.5 に示す。測定面積は 10×10 µm，垂直方向は最大 200 nm を濃度で表し，低い部分は濃く，高いほど白く記録してある。拡大率は垂直方向が水平方向の約 10 倍になっているので，表面の粗さは誇張して見えるが実際はなだらかな凹凸である。

　サンプルAについて見れば，白紙面では粒子が緻密に並んで大きな穴は見られない。穴の深さは 10 µm 平方のなかに最大 200 nm の穴が一個見られるが，大部分は 100 nm 以下の滑らかな面で表面光沢の高い理由が理解できる。

　印刷すると 1 g/m² インキ量で綺麗に表面がカバーされ，インキ中の顔料と思われる 0.1 µm 以下の細かい凹凸が一面にみられる。インキ量を 2 倍に増やした 2 g/m² でも状態は変わりはないが，注目すべきは測定面積全体に渡って大きなうねりが生じ，その深さが 200 nm にも達していることである。この現象については後の項で詳しく検討する。サンプルBではAと比べて粒子の大きさによる表面の粗さの差が一目で読み取れる。深さが 300 nm の穴が多く見られ，これが白紙光沢の 15.2% と低い値になっている原因である。印刷するとインキ量 1 g/m² でも十分に覆われていないのか，直径 1 µm 以下の小さい穴が一面に見られる。単純にインキの質量を 1 g/cm³ とするとインキ量 1 g/m² は厚みで

3.1 印刷濃度

1 μm になり，白紙の表面粗さを埋めるには十分な量である筈である。不思議なことにインキ量を 2.5 g/m² と増やして行くと穴が大きくなる。この現象も新しい知見で原因については不明である。

B) 触針型表面粗さ計

同じく印刷したインキ面を触針型表面粗さ計で測定している。記録の拡大率は一目盛りが，水平方向 50 μm，垂直方向 2 μm と 25:1 の比率である。水平方向の測定長さは 0.8 mm で短いのでこの測定範囲ではワイヤーマークの周期性は明確ではない。

サンプル A ではワイヤーマークらしい深さ 3 μm の凹みが 1 個見られる。興味があるのは印刷すると表面粗さが大きくなることである。インキ量 2 g/m² では明らかに周期性を持ったうねりが生じている。うねりの水平方向の周期は，40–50 μm で，この長さは原紙の繊維の幅に等しいのだが，その因果関係が理解できない。うねりの高さは 3-4 μm でこの大きな粗さのために表面光沢が低下したと解釈する。

サンプル B では白紙光沢が低いのに記録には A との差が明確でない。印刷してインキで表面を被覆しても，記録のチャートには目立った変化は見られない。AFM の記録でインキ面に生じていた穴は，直径が小さいので触針計では計測されていない。

4) 印刷面光沢

紙への転移インキ量が増えるに従い，印刷面光沢も上昇していくのが多くの経験であるが，サンプル A は特異的な曲線でほんの僅かしか光沢は上昇していない。インキ量が多くなると光沢は低下傾向を示し，過去にキャストコート紙で経験した現象と同様である。

サンプル B はコート紙と同様にインキ量が多くなると光沢は上昇し 82.6% にまで到達した。一般にはインキ量が多過ぎると光沢は低下するものであるが，B では転移インキ量が 2.53 g/m² になってもなお上昇を続けているのは粒子間のポケットが大きいからであろう。

他の実験のデータでは炭酸カルシウムの粒子が細かいほうが白紙光沢

3. 紙の品質改良

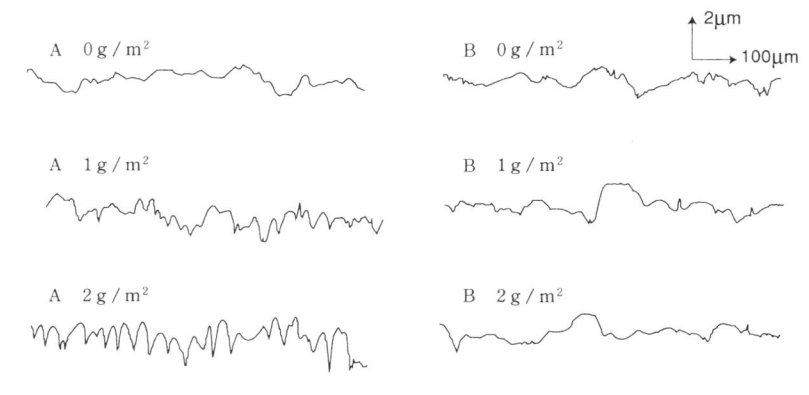

A 0g/m²　　　　　　　　　　B 0g/m²　　　　　↑2μm
　　　　　　　　　　　　　　　　　　　　　　→100μm

A 1g/m²　　　　　　　　　　B 1g/m²

A 2g/m²　　　　　　　　　　B 2g/m²

図3.1.8　印刷表面の2次元形状[2]　触針型

が高く，印刷面光沢も高いから，今回のA，Bについては何か気が付いていない要因があるかも知れない。

5) 印刷面光沢と表面粗さ

白紙光沢の測定でも，触針型による表面粗さと光沢には相関性はなかった。印刷した場合サンプルBでは，インキ量を変えても印刷面粗さの測定値はほとんど変化しないので光沢との関係は得られない。より細かい粗さが測定可能な測定器が必要と考える（**図3.1.8**）。

サンプルAではインキ量が増えるに従い触針型の表面粗さが大きくなり，インキ量2g/m²では40μmの周期を持った波が現れた。インキ量が増えるに従い表面粗さが大きくなり，印刷面光沢が低下した（**図3.1.9**）。

6) 印刷光沢と印刷濃度

実験の測定値を整理して光沢と濃度の関係グラフを作ってみたのが図3.1.10である。どの紙も転移インキ量が1.2g/m²をピークにして光沢が下がり始めるので曲線になるが，濃度はなお若干上昇を続ける。図中のA2は市販されているA2コート紙の測定値で比較のために記入しておいた[3]。

3.1 印刷濃度

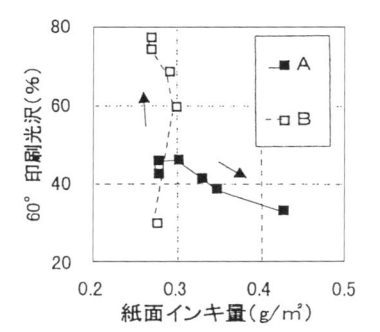

図 3.1.9　印刷面光沢と表面粗さ[2]

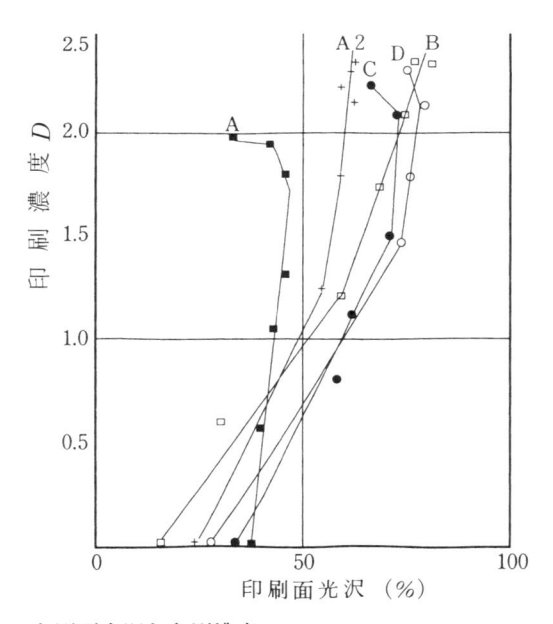

図 3.1.10　印刷面光沢と印刷濃度

　60°の正反射光沢が高くなり 80% にもなれば，乱反射成分が減少し濃度測定値が高くなるであろうとの仮説は，このグラフからは証明されなかった。塗工面の粗さにもよるから一概にはいえないが，転移インキ量が 1 g/m² までは光沢と濃度はほぼ比例している。1.5 g/m² を越すと光

—183—

3. 紙の品質改良

沢は下がり始めるが，これは印刷後インキが版と紙の間で分離する時の糸曳きのために生じたと解釈している。この現象を証明するには，一つには印刷直後の瞬間的な光沢の変化を追跡することと，さらにはゴニオフォトメーターにより 60°正反射光沢と 0°反射光量の比率を追跡することが要求されるであろう。

山本氏の論文は，さらにインキセッティングの実験を含んでいるが，今回の主題からはずれるので，ここまでで後は割愛する。

3.1.5 サンプル A について

一般に印刷すると白紙光沢に対してインキ表面の光沢は高くなるものなのに，サンプル A はごく僅かしか上昇しなかった。そのようになった原因を少し追及してみたい。

1) バインダー比率

この実験では，ピグメントに対するバインダーの配合比率が SBR ラテックス 12 パーツ，変性スターチ 5 パーツになっている。この配合比率は高速ブレードコーターで塗工し，カオリン主体のカラーの標準的な処方で，商品として表面強度に十分配慮したものである。

最も多用されているカオリンは 6 角板状で，直径が平均 1 μm 程度である。サンプル A のカラーに使っている炭酸カルシウムは立方体で平均 0.30 μm である。結果としてピグメントの表面積は約 10 倍になっているのに，バインダーの配合比率は同じにしたので，バインダーに被覆されていないで露出している表面フリーエナジーの大きいピグメントの面積が大きいことと，バインダー不足によるピグメント間接着力の低下が起こったと考えられる。

炭酸カルシウムの結晶の表面フリーエナジーの大きさは文献がないので不明だが，他の金属のデータより類推して 100 以上であろうと想像している。するとインキ中の油成分の表面張力の 30 前後とは差が大きいので，油成分の吸着は速いと予想する。

3.1 印刷濃度

またバインダー不足が極端なので，表面強度不足による塗工層破壊も予想される。

2) 印刷条件

今回の印刷実験で速度を 2.0 m/s とした理由は高速輪転オフセットの速度に合わせたからである。ここに考え落としが 2 点あった。

KRK 万能印刷試験機の印刷ディスクの直径が小さいので，印刷速度を同じにすると回転速度が 3 倍近くになり，版と紙の離れる速度が速くなったので，1 つはインキの糸曳きが増大したであろうし，2 つ目には紙の表面強度の負荷も大きくなったと予想する。

3) インキ面粗さの増加

初めて経験する現象である。紙の上のインキ量が増加するに従い，表面粗さが大きくなる。転移インキ量 2.0 g/m^2 の粗さの記録チャートは明らかに 40 μm の周期を持ち，高さ 3 μm の波の形をしている。初めはインキの糸曳きの跡かと想像したが，記録の上下関係を確認したら山の上が平らで谷の部分が急に深くなっていることが判明したので，糸曳きのために生じた凹凸とは考えにくくなった。

4) 顕微鏡による観察

インキ面に生じた小さい正反射光沢の輝点の量を数えるのが目的で，実体顕微鏡でインキ面を 50 倍に拡大して注意深く観察したところ，心配していた塗工層の破壊による白斑点は一個も見当たらなかった。故にインキ面の光沢が低いのは，塗工層の破壊が原因ではない。

代わりに，転移インキ量 1.9 g/m^2 の印刷面では，一面に原紙の繊維の形が黒いベタ刷りの中に少し白く見えた。これは何を意味するのであろうか。今回の実験では塗工，印刷，光沢，粗さ，濃度の測定まですべて原紙のマシン方向に注意して揃えた。それにも関らず顕微鏡で観察したときに光源の向きを MD に揃えたら，CD 方向に平行な繊維が多数見えた。紙を直角に回して光源の向きを CD にしてみたら，MD に平行の先に見えた繊維とは別の繊維が少量見えた。

3. 紙の品質改良

ピグメント塗工しているのであるから，繊維の形にインキの付着量が少なくなるとは考えられない。

繊維の縁に傾斜面が存在し，光源からの光による光沢光が繊維の形をしていて，繊維を見たと認識したのではないか。それでは塗工後平滑であった表面が，印刷によって傾斜面が生じた原因は何か。スーパーカレンダーの圧力で潰されていた繊維が，印刷時のインキ皮膜のスプリットによる強い吸引力によって膨らんだと考えてみると，触針型粗さ計による測定記録の繊維幅の周期性と急な谷の落ち込みが見事に説明がつく。さらに傾斜面が多いから光沢度が低く，従って印刷濃度の低いことも説明がつくのだが，Ａのみに起きて他のサンプルには起きない理由が説明できない。

5） インキ吸収性

サンプルＡは特にベヒクルの吸収が良好で，インキセッティングタイムが僅か9sという異常な速さである。昔からいわれている言葉に"ベヒクルの吸収が良いと光沢が低くなる"というが，AFMによるサンプルＡの表面状態の記録は，インキの顔料による100 nm以下の凹凸があるのみで，これが光沢度を大幅に下げるとは考えにくい。

6） 印刷濃度について

印刷濃度が高くまで出し得るということは，カラー印刷でコントラストが高くなり，トーンの表現範囲が広がるので階調が豊富になる。暗い調子の中になお階調が出せるので，オフセット印刷でもグラビヤに近い重厚な感じの印刷が可能になる。また色印刷では彩度の高い色が可能になるので，色の表現範囲が広くなりアトラクテイブな印刷で広告効果が高くなる。

今回の実験では光沢度80％，印刷濃度は$D = 2.4$が最大値であったが，別の実験では光沢度90％，印刷濃度$D = 2.7$までを得ている。塗工技術とインキの改善によって$D = 3.0$以上の高い濃度が得られるものと期待している。

3.2 塗工実験

製紙業界には古くからの言い伝えがあって"インキセットの速い紙は印刷の艶が出ない"といわれていた。その現象の説明として紙がベヒクルを吸い過ぎると,インキフィルム表面のベヒクルの量が不足するからといわれていた。昔はレーキ顔料が多く使われていて,染料で着色する無機顔料の炭酸カルシウムや,水酸化アルミニウムの結晶の大きさが1-2μmくらいであったので,ベヒクルが紙に吸われてインキ中に不足すると,顔料が頭を出してインキフィルムの表面の粗さが光の波長より大きくなり,光沢が減少するということは事実であった。このように因果関係が明確な例ではなるほどと率直に納得できるが,現在では原因となる条件が変わった。インキの品質が改良されてレーキ顔料は減少し,良質の有機顔料に代わった。多色印刷で要求されるインキの透明性と濃度を出すために,インキ中の有機顔料の平均直径は可視光の波長より小さくしている。従ってインキ中のベヒクルが減少した場合に,顔料の粒子が粗くて光沢が減少するとは考え難い。その証明に前節で記述した文章に"図3.1.5 AFMによる三次元形状"としてコート紙表面の拡大写真を掲載しておいた。

最もインキセットの速かったサンプルAでは,$1 g/m^2$のインキ量でコート層表面は完全にインキによって覆われ,ベヒクル不足によって生じた顔料の粒子による凹凸が表面にみえる。その表面粗さは0.05μm以下の大きさであって,インキ表面光沢の低下に影響するとは考え難い。

今回の論文を書くために,最近公表された論文を集めて読み直してみたが,大変驚いたことにインキセットと印刷光沢は因果関係があるとグラフ付で発表している研究報告を見掛けた。印刷面光沢が減少する原因までは追及していないが,実験条件によっては実際に起こり得るデータなのであろうが,言葉だけが一人歩きしてすべての条件に当てはまる一

3. 紙の品質改良

般論として信用される状態は避けねばならない。前節に引き続き静岡県富士工業技術センターの山本里恵氏の研究報告の中より，実験条件と測定データを引用し，あわせて私見を述べたいと考える。

3.2.1 実験の概要
1) 塗工条件

顔料として軽質炭酸カルシウムを用い，その形状，平均粒子径，ラテックス添加率が印刷品質に及ぼす影響を測定する目的で，コーティングカラーの処方を決めた（表3.1.1）。

市販の上質紙の上にロッドバーで塗工し，105°Cで3分間乾燥し，スーパーカレンダーを掛けて仕上げた。

2) 印　刷

20°C，RH 65%の恒温恒湿室内で，KRK万能印刷適性試験機を用いて凸版形式の印刷試験を行った。印刷の条件は圧力20 kg/cm^2，速度2.0 m/s，紙への転移インキ量は0.4-2.5 g/m^{2}である。インキは東洋インキ（株）が商業的に大量生産しているグロスタイプの製品TKハイエコームを用いた。

3) 印刷光沢測定

各インキ量で印刷した資料の60°正反射光沢を(株)村上色彩技術研究所製GM-26Dを用いて測定した。

4) インキセット性

転移インキ量が1.2 g/m^{2}の印刷資料を選び，印刷直後にユポOYコート105を重ねて，所定時間ごとに圧力を掛けてユポにインキを転写し，転写面の濃度をMacbeth RD 918を用いて測定した。転写面の濃度が高い方がインキセットが遅いと解釈した。

5) 細孔分布

水銀圧入法のMicromeritics Pore Sizer 9310を用いて塗工紙の細孔分布を測定した。塗工紙の細孔径分布測定値より原紙の細孔径分布を差し

3.2 塗工実験

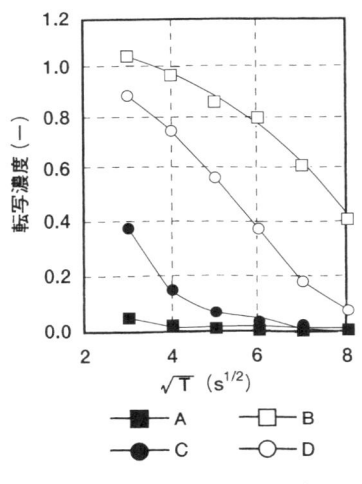

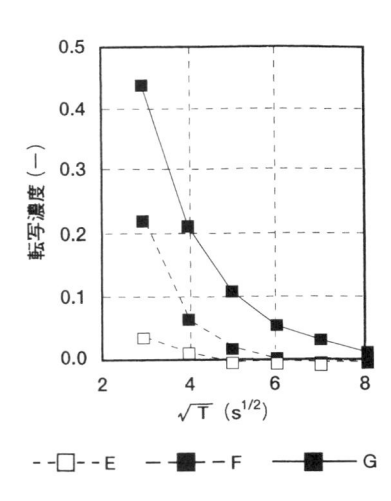

図 3.2.1 インキセット性[2]

引いて，塗工層の細孔径分布のみを読み取った。また細孔容積についても原紙の細孔容積を引いて塗工層のみの容積を積算した。

6) 接触角

インキに使用されている溶剤と塗工層との接触角，蒸留水と塗工層との接触角，それぞれの接触面直径の時間変化を FIBRO DAT 1100 を用いて測定した。

3.2.2 実験結果

1) インキセット

転移インキ量が 1.2 g/m^2 の印刷面から圧力を掛けて，合成紙ユポに転写させた濃度をグラフにしたのが図 3.2.1 である。

ラテックス添加率の等しいサンプル A–D では粒子は細かいほどセット時間が短かった。また同一粒子径ではラテックス添加率の多いほどセット時間が長かった。

2) 印刷面光沢

3. 紙の品質改良

図3.2.2 印刷光沢と転移インキ量[2]（A–D）

図3.2.3 印刷光沢と転移インキ量[2]（E-G）

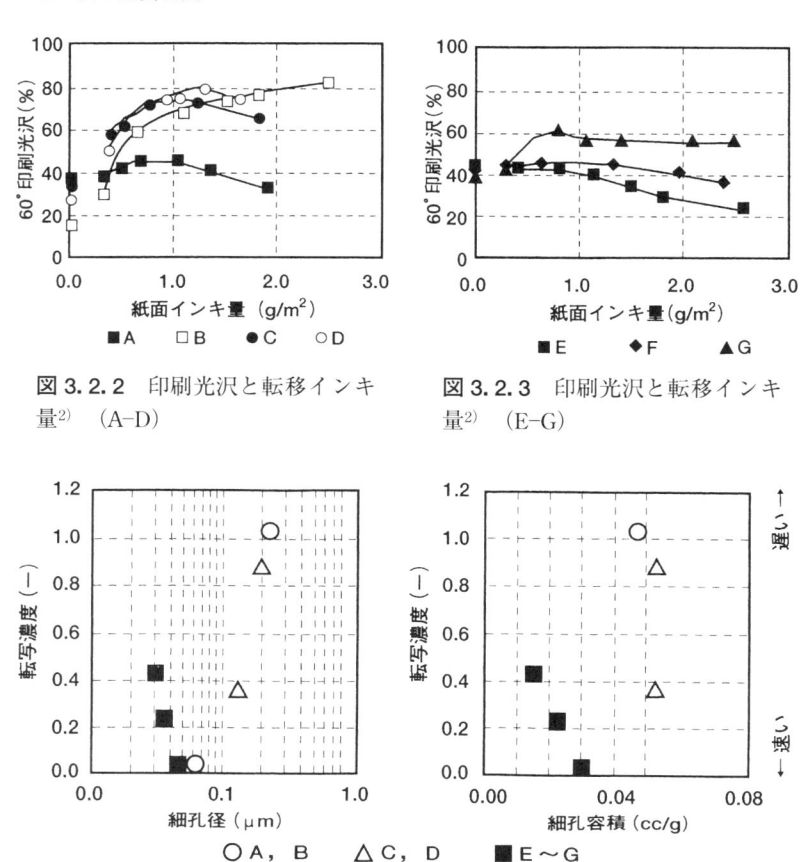

図3.2.4 インキセット性と塗工層細孔構造[2]

転移インキ量 0.3–2.5 g/m^2 の範囲で印刷面光沢を測定した結果が図3.2.2, 図3.2.3 である。サンプルBを除けば転移インキ量が増えるに従い印刷面光沢は上昇し，1 g/m^2 を越すと光沢は減少する。

3) 細孔径と細孔容積

インキセット性と塗工層の細孔径と細孔容積の関係をまとめたのが図3.2.4である。サンプルA–Dは細孔径が小さいとセットが速くなり，サンプルE–Gは逆に細孔径が小さくなるとセットは遅くなる。細

3.2 塗工実験

表3.2.1 塗工層へのインキ溶剤と水の濡れ性[5]

試料	インキ溶剤 0.05 s θ'(°)(mm)	0.1 s θ'(°)(mm)	1 s θ'(°)(mm)	水 1 s θ'(°)(mm)
A	31(4.3)	22(4.7)	9(5.8)	77(2.9)
B	32(4.4)	22(4.9)	9(6.0)	93(2.6)
C	32(4.2)	23(4.6)	11(5.2)	
D	32(4.2)	22(4.7)	9(5.6)	
E	33(4.2)	25(4.6)	12(5.3)	65(3.3)
F	33(4.1)	24(4.4)	11(5.3)	69(3.1)
G	32(4.1)	23(4.4)	9(5.5)	71(3.0)

θ'(°);接触角,(mm);接触面直径φ

孔容積についても類似した傾向である。

4) DATによる接触角と接触面積

塗工面にインキ溶剤と水を滴下した時の接触角と接触面の大きさの時間変化をDATで測定した結果が**表3.2.1**である。

この測定値の大きい特徴はサンプル全体で見れば，塗工層には0.03-0.2 μmと細孔直径に大きな差があるのにインキ溶剤の吸収速度にほとんど差がなく，接触角も接触面積径もすべての資料が同じような曲線をたどっている。このデータについては後に詳しく述べるが，溶剤の吸収が非常に早くて厚さ10 μmの塗工層を10 ms程度で通過し，後は塗工原紙の吸収速度を計測しているからである。

3.2.3 インキセットについての考察

1) 考察を始めるに当たってまず事実を再確認しておく。図3.2.1に示すようにユポへの転写濃度は印刷後の時間経過と共に低下して行く。山本氏はセット性の優劣を比較するのに印刷後9s経過した時の転写濃度で比較しているが，インキセットの本来の現象から考えれば，転写濃度が0に近づくまでの時間の長さで優劣を比較する方が当たっていると思われる。転写濃度0.3近くになる時間を図3.2.1から読み取ると

3. 紙の品質改良

表3.2.2 各試料のセッティングタイム[5]

試 料	セット時間 $s^{1/2}$
A	3.0
B	11.0
C	5.8
D	8.4
E	3.8
F	6.2
G	7.8

表3.2.2になる。表から読み取れるのはピグメントの平均粒子径の細かい塗工層ほど，インキセットが速いという事実である[4]。

2) インキセットはインキ中のベヒクルを塗工層が吸収することによっておこる現象なので，その論理的な説明に多くの研究報文が毛細管の液体の吸収に関するWashburnの式を引用している。

Washburnの式は

$$h = (r\gamma \cos\theta \, t/2\eta)^{1/2}$$

で液体の吸収量は毛細管の半径の平方根に比例する。従ってピグメントの平均直径が大きく細管径が大きい方が，ベヒクルの吸収が速くなりインキセットが速いことになるが，これは実験の結果と逆である。

3) Elftonsonは酸化アルミニウムの多孔質板（厚さ不明）が水溶液を吸収する速度をDATを用いて測定し，Washburnの式が粘度の低い水溶液の2次浸透の測定値と良く一致することを証明した。この結果は良く分析して考える必要がある。液体の表面張力が多孔質物体の表面自由エナージーより十分に低いとき，60 msまでの初期吸収で物体面に滴下した水溶液の約50%が吸収されている。Elftonsonの実験では測定のための水溶液の滴下量は2.8 μlであるから，平均水膜厚に換算すると143 μmになる。その50%の水量が空隙率40%の多孔質の物体に吸収されると浸透した深さは，

$$h = 143 \times 0.5 \div 0.4 = 180 \, \mu m$$

—192—

初期浸透で 180 μm も物体の中に水溶液が浸透しており，その後の液体の流動特性が初めて Washburn の式に合致した流動になるといっている。実験に用いた酸化アルミニウムの板の細孔径は 0.1 μm であるから，毛細管の直径に対して長さが 1 000 倍以上になってから初めて理論式が当てはめられるのである。一方，山本氏のインキセットの実験のコート紙のオフセット印刷の条件を数字化すると

*塗工層の寸法
   塗工量   ：16 g/m^2
   ピグメント比重：2.7
   コート層空隙率：40%
   塗工層平均厚さ：10 μm

*印刷インキ
   転移インキ量 ：1.2 g/m^2
   吸収する溶剤量：0.3 g/m^2
   コート層空隙率：40%
   溶剤浸透深さ ：0.75 μm

資料 A の細孔径が 0.06 μm であるから，溶剤の浸透深さは毛細管の直径の 10 倍程度に過ぎず，DAT の測定の初期浸透の状態である 2 次浸透とは条件が異なる（図 3.2.5）。故にインキセットの現象の説明に Washburn の式を適用するのは間違いである。

4）　液体の吸収に関する DAT の測定で，最初の 60 ms で完了する初期浸透の現象については TAPPI STANDARD T 558 は試験法の表題に surface wetability（表面濡れ性）の言葉で表現している。ここには毛細管の概念はなく，物体と液体の親和性を数字化したものである。

Elftonson は液体の表面張力が，多孔質物体の表面フリーエナージーより小さく，その差が大きいほど滴下した水滴の体積減少が速いことを証明した。表面フリーエナージーが 54.7 mJ/m^2 の面に 2.8 μl の水溶液を滴下した場合に，表面張力 58.3 mJ/m^2 の液では 60 ms に 3％しか吸

3. 紙の品質改良

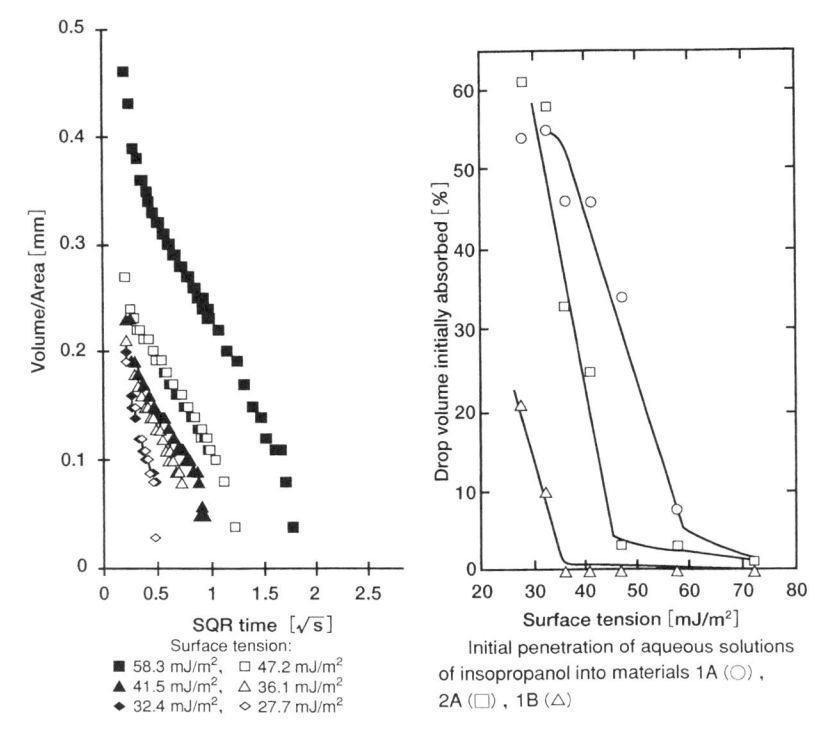

図3.2.5 2次浸透量と時間の関係
Surface tension:
■ 58.3 mJ/m², □ 47.2 mJ/m²
▲ 41.5 mJ/m², △ 36.1 mJ/m²
◆ 32.4 mJ/m², ◇ 27.7 mJ/m²

図3.2.6 水の表面張力と初期吸収体積
Initial penetration of aqueous solutions of insopropanol into materials 1A (○), 2A (□), 1B (△)

収しないが，41.5 mJ の液では25%，32.4 mJ の液では59%の体積の水溶液が吸収されている。初期吸収に関しては表面張力が支配的である（図3.2.6）。

5) 細孔径とインキセットの関係のグラフの図3.2.4を見ると測定値が2つのグループに分かれているのが読み取れる。ピグメントに対してラテックスの添加率の一定な A–D は細孔径が小さいほどセットが速く，ラテックスの添加率を変えた E–G は細孔径が小さい方がセットが遅い。

この両方のグループに共通している点は顔料表面をラテックスで被覆

—194—

している率が少ないほどセットが早いことである。

6) DAT による液体の吸収速度の測定は，インキの製造に用いられる石油系の溶剤の表面張力が 28 mJ/m² と低過ぎるせいか，コート層の吸収が非常に速く，初期浸透も 2 次浸透も資料の差が明確に出なかった。

水を滴下した場合は水の表面張力が 72 mJ と大きいので資料間の表面フリーエナージーの差がはっきりと測定値に現れている。

資料 A, B の比較では粒子径の小さい A の方が接触角が小さく濡れ性が良い。

資料 E-G ではラテックス添加率の少ない E が接触角が小さい。これらの結果もラテックスによる被覆率が低い方が濡れが良いことを示している。

7) いずれの測定値もラテックスの顔料面の被覆率で説明できそうである。明確な結論を出す目的で検討を進めてみた。

資料 A, B については顔料の形を立方体として，一辺 a の立方体の体積を a^3, 表面積を $6a^2$ として総面積を計算した。また資料 C, D は紡錘形だが体積を回転楕円体の式

$$V = 4/3 \times \pi ab^2$$

で計算した。表面積は円錐形を 2 個，互いに底面を向かい合わせた形で近似するとして

$$A = 1/2 \times \pi c (b^2 + c^2)^{1/2}$$

の式を用いて微粒子の総面積を算出した。計算の結果を**表 3.2.3** に示す。

炭酸カルシウムの比重が 2.70 であるために 2.7 g の重量の顔料の面積を計算した。

8) 次にラテックスの表面積を計算した。ラテックスの平均粒子径を 0.1 μm の球形と仮定し，比重を 0.95 とした。乾燥後ラテックスは一重に並んでいるものと仮定している。現実には顔料間の距離が近いところではラテックスも凝集していることも予想されるが，これらはすべて無

3. 紙の品質改良

表 3.2.3 ピグメントの平均直径と表面積[5]

(CaCO$_3$: 2.7 g/cm^3)

サンプル番号	粒子の一辺の長さ (μm)	表面積 粒子1個 (μm^2)	体積 粒子1個 (μm^3)	粒子数 2.7g中	総面積 2.7g (m^2)
	1.00	6.0	1.0	1.0 × 10^{12}	6.0
B	0.85	4.3	6.14	1.63 × 10^{14}	7.01
E	0.35	0.74	4.29	2.34 × 〃	17.3
F	0.35	0.74	4.29	2.34 × 〃	17.3
G	0.35	0.74	4.29	2.34 × 〃	17.3
A	0.30	0.54	2.70	3.79 × 〃	19.9
C	0.35 × 1.0	0.58	5.15	1.94 × 〃	11.3
D	0.45 × 1.5	0.11	1.27	7.87 × 〃	8.66
	0.10	0.06	1.0	1.0 × 10^{15}	60.0

表 3.2.4 ラテックスによる表面被覆率[5]

サンプル番号	ピグメント総面積 (m^2)	ラテックス表面積 (m^2)	ラテックス被覆率 (％)
―	6.0	3.41	56.8
B	7.0	3.41	48.6
E	17.3	3.41	19.4
F	17.3	5.12	29.6
G	17.3	6.82	39.4
A	19.9	3.41	17.1
C	11.3	3.41	30.2
D	8.7	3.41	39.4
―	60.0	3.41	5.7

視して計算した。

ラテックスの表面積を顔料の総面積で割った値を被覆率とした。結果を**表3.2.4**に示す[5]。

ラテックス被覆率の最も低いのがAの17.1％で，最大はBの48.4％である。

9) 印刷後の経過時間と転写濃度との関係グラフ（図3.2.1）から転写濃度0.3になるまでのセッティングタイムを読取り（表3.2.3）項で算出したラテックス被覆率との関係グラフを作った。

3.2 塗工実験

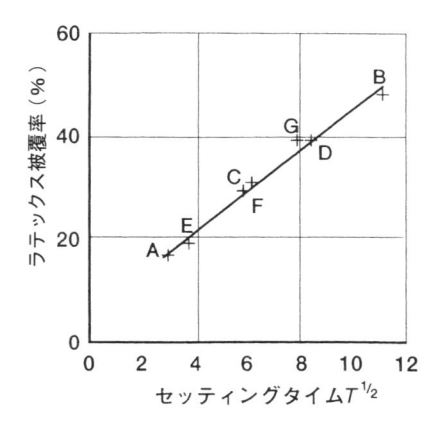

図 3.2.7 インキセット性とラテックス被覆率

　それが**図 3.2.7**である。顔料の形状や表面積等，多くの仮定を入れた計算であるが，両者の関係は予想を越えて綺麗に直線に乗っている。ここで筆者は結論として
　"他の条件が同一であれば，インキセッティングタイムはラテックスによる顔料表面被覆率に正比例する"
と提案したい。
　ただ恐れることはこの結論が拡大解釈されて一人歩きを始めることである。特に注意して欲しいのは同一の条件と限定している点で，条件とは顔料，ラテックス，インキ等の種類，転移インキ量等を指している。
　東洋インキの営業の話では，セッティングタイムは印刷面に指で軽く触れてインキが指に付着しなくなる時間としており，実験に使用したインキでは一般に市販されているＡ２コート紙のセッティングタイムは３ min である。$\sqrt{180}=13.4$ で，カオリンの平均直径を 1 μm として被覆率を計算するとグラフの直線の延長に近い値になる。
　10）　正確な測定値は手元にないが，金属類の表面フリーエナジーから類推すれば，炭酸カルシウムの結晶は 100 mJ/m^2 以上であろうと想像する。一方，ラテックスはスチレンとブタジエンの共重合体で，い

3. 紙の品質改良

ずれにしても有機物では固体の表面フリーエナジーは 30 mJ 程度であろう。

100 mJ の固体の上に 30 mJ の球形の固体が点在している状態を頭の中にイメージして戴きたい。30 mJ の球体が増えるに従い，残りの 100 mJ の固体の面積率が減少してゆき，表面フリーエナジーの総合力は低下してゆく。結果として液体の濡れは遅くなり，細孔に吸収される液体の量は減少する。実験では炭酸カルシウムの分散にアクリル酸ナトリウムを添加しているし，バインダーとして変性スターチを溶液の形で 5%添加しているので，炭酸カルシウムの表面は有機物で全面覆われていて，表面フリーエナジーは 100 mJ 以下になっていると考えるべきである。その証拠が表 3.2.1 に記入されている水の接触角の測定値が，サンプル B の場合に 90°以上になっている。B ではラテックスの被覆率が約 50%であるから，炭酸カルシウムが 100 mJ とすると

$$(100+30) \div 2 = 65 \text{ mJ}$$

水の表面張力に近すぎて表面粗さの大きい面では，接触角が 90°にならないと考えるからである。

11) インキに使用されている石油系溶剤の DAT による初期吸収は，速すぎてサンプル間の差が検出できない。これは石油の表面張力が 28 mJ と小さく，顔料との差が非常に大きく初期吸収の間に 50%近い量が吸収されるからである。さらに塗工層の厚さに対して吸収した液量が過大である。塗工層の厚さは約 10 μm である。石油の初期吸収は 60 ms で 100 μm 以上である。塗工層は最初の 10 ms 以下で通過してしまい，後は塗工原紙の吸収速度を測定しているのである。

実験ではコート原紙は同じ紙を使っているので，同じ吸収速度になるのは当然である。コート層の差を検出するのに，表面張力が 72 mJ と大きい水を使って成功したように，粘度の高いベヒクルを使ってみてはどうか。たとえばロジン変性フェノール樹脂をアマニ油に溶解すれば 300 P の有機物の高粘度の液が容易に得られる。このような液を使って

DATで初期浸透を測定してみたらどのようなデータが得られるであろうか。樹脂と溶剤が強い親和力で結合しているので，外部から強力な吸着力が働かないと溶剤のみを分離吸収することが不可能であろう。これで塗工層の差が検出できるであろうと予想する。

3.2.4 印刷面光沢度について

1) 万能印刷適性試験機でインキ量を変えて印刷した紙面の光沢度とインキ量との関係をグラフにしたのが図3.2.2，図3.2.3である。インキセットの速い資料Aはインキを乗せても僅かしか光沢が上昇しないだけでなく，インキ量を多くすると印刷面の光沢度は低下する。

一方，インキセットの最も遅い資料Bの場合は白紙光沢は低いにも拘らず印刷面光沢度は80％と高く，転移インキ量が$2 g/m^2$を越えてもさらに光沢が上昇する傾向にある。

両者の光沢度特性は正反対で，これだけのデータでは"インキセットの速い紙は光沢が低い"の言い伝えの通りになってしまう。

2) インキ量を増やすと光沢が減少する原因は何かを探るために原子間力顕微鏡 AFM (atomic force microscope) を用いて印刷面の拡大像を観察した（図3.1.5）。

転移インキ量$2 g/m^2$印刷面では，資料Aは表面全体に高さ$0.05 \mu m$以下の凹凸が存在するのが見られる。これは粗さの程度からインキに含まれる顔料が頭を出していると解釈するのが適当と思われる。

資料Bについても全面に表面粗さ$0.05 \mu m$以下の凹凸が見え，さらに直径$0.3 \mu m$ぐらいの穴の散在しているのが見られる。

表面の凹凸が光の波長の1/10程度では，これが原因で光沢が低下したとはいえない。また資料AとBとの特性の違いも説明が付かない。

3) さらに光沢度低下の原因追及のために，触針型表面粗さ計を用いて大きな凹凸の形状を測定した。触針型表面粗さ計は針の先端の半径rが大きいので，コーティングカラーのピグメントによって生じた粗さは

3. 紙の品質改良

測定できず，主に原紙の表面粗さを計測している。

資料 A では白紙面の粗さは小さいが，インキの量が多くなるに従い大きくなり，インキ量 $2\,g/m^2$ では遂に全面に周期性をもった波が現れた。波の波長は 40–60 μm，波の高さは 2–3 μm である。波の高さが可視光の 4 倍もあるから，表面光沢に影響するのは当然で，むしろ光沢の低下の原因はこの波状の粗さであるといえる。

この大きな波が生じた原因は印刷後のインキの糸曳きではないかと疑い，糸曳きならば尖った線が上向きに出る筈であると考えて，記録紙の上下を確認したが誤りはない。波の形は上が平らで急な谷が落ち込んでいる。波長の大きさの 40–60 μm は原紙を構成している繊維の幅と一致している。

原紙を抄造するとき，マシンカレンダーの圧力で中空の繊維は潰されているが，印刷後ロールが離れインキが引き伸ばされる上向きの強い力で，いったん潰されていた繊維が膨らんだと考えると今回の現象がうまく説明がつく。実験に使用した原紙には上質紙を用いたので表面強度が不足していたことはあり得る。印刷面を顕微鏡で注意して観察したが塗工層の剥離による白点は見当たらないから，コーティングの欠陥ではなさそうである。

"インキセットの速い紙は印刷の艶が出にくい"との言い伝えについて，現在も成立するのかについての証明はできなかったが，いくつかの貴重な知見が得られたので以下に列記する。

1) オフセット印刷では，インキセッティングタイムは塗工層のピグメントのラテックスによる表面被覆率に正比例する。

2) ピグメントに対するラテックスの添加率が一定の場合，セッティングタイムは塗工層の細孔径が小さい方が速い。

3) 一般に塗工層への液体の浸透は，細孔を毛細管として捕らえ，Lucas–Washburn の式に従うといわれている。DAT での液体の浸透速度の測定では，2 次浸透が Washburn の式に合致する。オフセット印刷

の条件は DAT の初期浸透に相当するので，インキセッティングタイムと Washburn の式とは関係がない。

4) セットした後のインキの表面には，インキに含まれている顔料が原因と思われる凹凸があるが，可視光の波長より非常に小さいので，光沢の低下はこれが原因ではない。

世の中に性質が相反するものが多くあって，"あちら立てればこちら立たず"で困ることが多いのだが，インキセットが速ければ艶が出ないのも同じ範疇に入る。この問題を何とか解決するのが技術の発達であって，いずれ将来は両立するものと楽観的に予想している。

3.3 塗工実験2

自分の専門分野に関する研究論文を読むと，強い刺激を受け，次々とアイデアが浮かび出してくる。まず前提条件をおいてみる。過去の知識から推理して結論を導き出す。これを何回も繰り返すと，いろんな条件での結果が蓄積する。不思議なことに自分で考えた結論は何年たっても忘れることはない。次に研究報文を読んだときに自分のどの推論が正しかったかを思い出す。ちょうどクイズで遊ぶのに似ている。このようにして技術の変化を長い目で見ると，過去の生産活動の中で得た技術上の法則は次々と修正されて変化して来た。これが進歩なのであろう。

最近，紙の表面塗工と印刷品質に関する論文をいくつか読んだ。その中で実験条件が異なっているのに印刷面光沢度について共通の現象が起こっているのに気が付いたので，現象の内容について考察を試みる。

3.3.1 過去の経験
製紙会社の研究所での測定と別に，製紙会社の営業がクレーム処理のついでに印刷会社から聞き出して来た紙の品質と印刷仕上がりとに関係の情報を総合してみると

3. 紙の品質改良

1) インキセットの速い紙はインキの艶が出にくい

非常に多くの人が経験している事実でインキセットと印刷面光沢は両立しないものと思われている。従って高品質の印刷物を製作する場合は作業効率は低下するのは止むを得ないと思われていた。

2) 艶の良い紙は印刷物も良い艶が出せる

インキの乗っていない白地の紙の部分はマット調で，印刷したインキ面はピカッと艶が出ている印刷物が欲しいという企画は出版社からしばしば提出されていた。しかし満足するような艶を出せず，さらに版を作って艶出しインキを乗せて解決していた。強い光沢の印刷物を製作するには，光沢の高い紙を選ばねばならないのが常識となっていた。

3) 一方，製紙会社のコート紙製造上のコーティングカラー処方の経験では，カラーに配合するカオリンは粒子が細かい程，スーパーカレンダー後表面光沢が高くなり，印刷光沢も高くなる。しかしインキセットは遅くなる。

アメリカから大量に輸入している良質のカオリンは川で沈降した時に水篩されていて，粒径や形状が揃っているので上の経験が成立する。良質のカオリンの形は6角の板状をしているので，コート紙の表面を電子顕微鏡で高倍率で見ると屋根瓦を葺いたように見える。粒子が細かくなれば表面粗さも小さくなり，印刷の光沢も上がる。しかし粒子が小さければ，粒子間の隙間の毛細管も小さくなって，インキ中のベヒクルの吸収が低下し，インキセットが遅くなる欠点が大きくなる。

4) コーティングカラーに炭酸カルシウムを配合するとインキセットは改良するが，印刷面の光沢は減少する。

比較的近年の経験である。重質炭酸カルシウムの粉末はワイヤーやコーターブレードの摩耗が激しいので使えないが，軽質炭酸カルシウムの製造コストが大幅に低下し，大量の使用が可能になった。これでインキセットの要求には答えられるようになったが，逆に印刷面光沢に関しては不満が出ているところがある。

以上の生産上の経験に対して，研究報文では部分的に異なる結果が出ているものもある。

3.3.2 ある研究報文の概要

塗工層の構造に関する研究[3]である。コーティングカラーの顔料は製品に多量に使用されているカオリンのUV-90単独で100%とし，ラテックスの添加率を8-18%の範囲で4水準振っている。実験は塗工紙の製造条件と印刷品質との関係を追及しているが，その結果を要約して列記すると

1) 白紙光沢

＊スーパーカレンダーのニップ圧を高くすると白紙光沢は高くなる。

　　ニップ圧　　　光沢
　　　0 kg/m　　…　49.2%
　　 60 kg/m　　…　78.4%
　　100 kg/m　　…　83.1%

＊ラテックスの添加率は少ない方が白紙光沢が高い。

　　添加率　　　光沢
　　　 8 pph　　…　79.4%
　　　10 pph　　…　78.4%
　　　13 pph　　…　76.2%
　　　18 pph　　…　74.6%

2) 印刷面光沢

枚葉オフセット用シアンインキを使い，万能印刷適性試験機で単色印刷を行った。印刷面光沢度は動的印刷光沢測定装置DGMにより，印刷直後5-600sの光沢度変化を記録している。

＊印刷面光沢度は印刷直後は急激に増加するが，50s前後から緩やかになる。しかし印刷後600s経過してもなおわずかずつ光沢は上昇している。

3. 紙の品質改良

＊ラテックス添加率の多い紙は白紙光沢よりも印刷面光沢の方が高いが，添加率の低い紙は白紙光沢よりかなり低い光沢しか得られない。この辺りのデータは過去の経験と良く一致している。

ラテックス添加率%	白紙光沢%	印刷面光沢%
8	84.2	75.7
10	83.1	84.0
13	83.7	89.4
18	81.0	92.4

＊印刷時の版上インキ量が多いと印刷面光沢は低くなる。

印刷の瞬間に版と紙が離れる時にインキが糸状に伸びてから切れる。糸状の伸びはインキの量が多い方が激しくなる。切れた糸は表面張力でなだらかになるが，インキの粘度が高いので平らになり切れずに跡が残る。これが光沢を低下させていると解釈している。

インキ量 cc	印刷面光沢%
0.2	84.1
0.4	82.6
0.6	81.4

＊非吸収性のPETフィルムに印刷すると，20 s程度で光沢は安定し，その後は変化しない。吸収性のコート紙では光沢の急激な上昇が終了するのに約50 sと長く，その後も少しずつ光沢の上昇が続いているのとは現象が異なっている。

3) 印刷面形状

表面形状はレーザー共焦点顕微鏡を用いて1×1 mm角の平均粗さR_aを測定した。さらに，CCDカメラで表面を撮影し，白点の部分を2値化処理して面積率を算出している。

＊印刷面を垂直方向からCCDカメラで拡大撮影すると，画面に強く輝いた白点が数十個/mm^{2}存在する。

3.3 塗工実験2

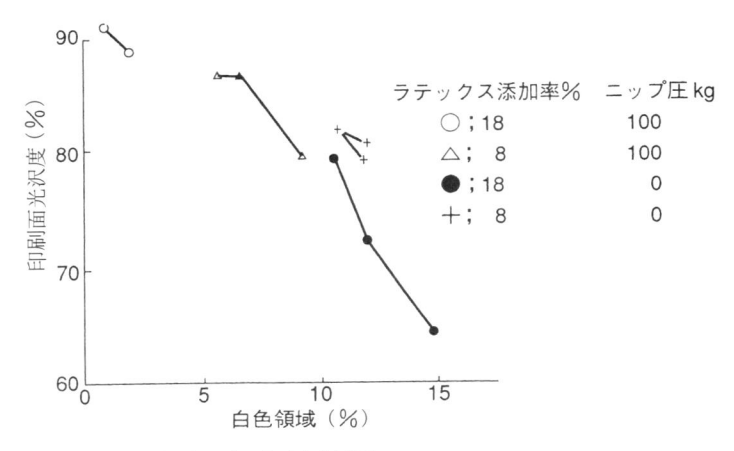

```
印刷面光沢度 (%)
90
  ラテックス添加率%   ニップ圧 kg
   ○ ; 18         100
   △ ;  8         100
   ● ; 18           0
   ＋ ;  8           0
60
 0    5    10    15
      白色領域（％）
```

図 3.3.1　白色領域と印刷面光沢度[3]

　図面によるとCCDカメラは光沢度計に組み込まれているので，印刷面を照射している光源からの光は法線に対して $75°$ の角度である．従ってカメラの方に表面反射光が返ってくるインキ面は $37.5° ±α$ の傾斜を持っている筈である．
＊インキ量を増すと白点は形を変えて線状になる．さらにインキ量を多くすると線の数が増えると共に幅も大きくなり，白色領域の面積率が増大する．カメラに写った白線の方向は，照明の入射光に対して直角である．またサンプルを作るのに，原紙のマシン方向，塗工方向，印刷方向をすべて揃えてあるので，画像中の白線の方向はマシンのクロス方向に一致している．
＊白点と白線は印刷後時間の経過と共に僅かながら面積が減少する．
＊白色領域が増えると印刷面光沢度が低下する．この傾向はインキ量，経過時間に限らず共通した現象である（図 3.3.1）．
＊白色部は印刷表面の凸部にあるのではなくて凹部に相当する．
　印刷の直後に版と紙が離れる瞬間にインキが引き伸ばされて糸状になり，遂には切れて凸部を作る．インキの流動性によって時間の経過と共

3. 紙の品質改良

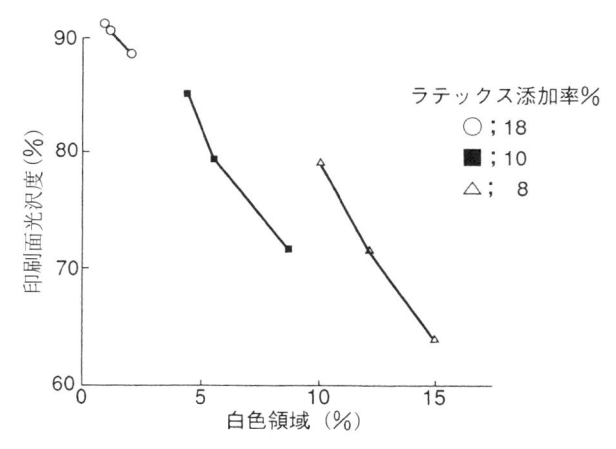

図 3.3.2 ラテックス添加量の効果[3]

に表面はなだらかになるが，充分に平滑にならず糸曳きの跡がインキ表面に残る。印刷面に生じた小さな山の急斜面が，表面反射によって輝点となって目に見える原因であると多くの人が解釈している。

この研究報文ではレーザー共焦点顕微鏡を使用してインキ面の凹凸の形状を測定し，白色領域がインキ面の凹部に相当することを確認している。これは重要な事実である。この実験を疑うことはできない。しかしこの事実を正しいと認めれば，多くの専門家が説明してきた現象を覆すことになる。

4) ラテックス添加量の効果
＊ピグメントに対してラテックスの添加量が少ないと，白紙光沢が高く，印刷面光沢は低くなる（**図 3.3.2**）。
＊ラテックス添加量が少ないとインキセットが速くなる。

3.3.3 白色領域について

印刷面の状態を画像として記録するため，紙面に垂直方向からCCDカメラで撮影し，その画像のうち輝度の高い部分を2値化処理をしてい

3.3 塗工実験 2

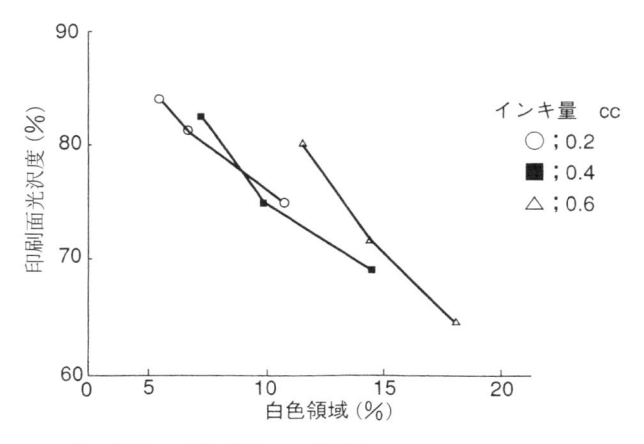

図 3.3.3　インキ量の白色領域への影響[3]

る。処理後の輝度の高い部分を白色領域と称している。この白色領域についてさらに詳しく考えて見たい。

1) 版上インキ量の影響

万能印刷適性試験機の凸版形式の金属の円筒の上のインキ量をピペットで 0.2，0.4，0.6 cc と増やして行くと，白色領域は大きくなる（**図 3.3.3**）。インキ量が 0.2 cc の時は白色領域の形はほとんど点状のものだが，0.4 cc になると線状の物が混じりはじめ，0.6 cc になると半数近くが線状になる。線の形は両端の閉じた平行線で，間隔は 30–40 μm くらいである。この幅は原紙の LBKP をカレンダーを掛けて潰した幅に近似している（**図 3.3.4**）。一般に，コマーシャルのオフセット印刷ではコート紙の場合，紙への転移インキ量は 1.4–1.5 g/m^2 で，単色インキで印刷濃度 D = 2.6，光沢度 90% になる。

この実験ではインキ量と転移インキ量との関係は以下のようになる。

ピペット インキ量 cc	転移インキ量 g/m^2	
	実験 1	実験 2
0.2	1.79	1.67

3. 紙の品質改良

インキ量の影響　　　　　ラテックス添加量の効果

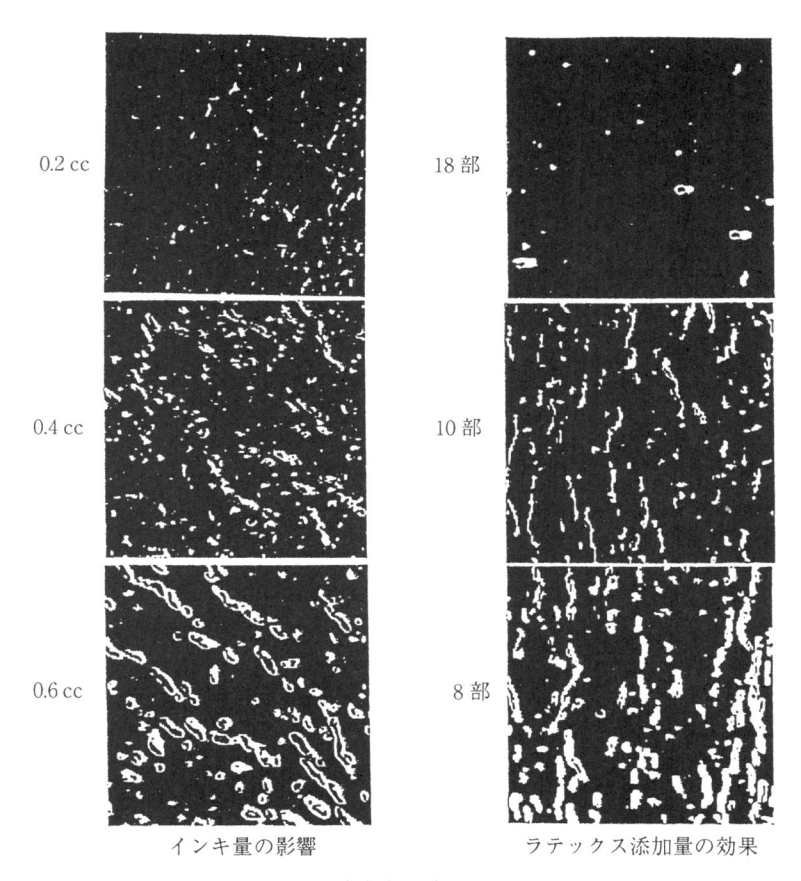

図 3.3.4　CCD カメラによる白色領域[3]

0.4	3.15	2.96
0.6	4.49	3.84

　従って通常の印刷条件より過剰のインキ量で印刷した場合のデータであるが，このデータは貴重な知見である。仮に通常のインキ量のみで実験を行っていたならば，白色領域の形はすべて点状で，しかもその面積率も5%以下という知見で終わってしまう。

　過剰なインキ量の条件で形が繊維状になってはじめて従来の考え方で

は説明できないことに気が付く。さらに光沢の部分が表面の凹部に相当しているとなると，凹部がインキの開裂によって生じたと説明をつけるのは無理であるのは明らかである。では何と説明したらよいのであろうか。

2） コート原紙の繊維の変形

塗工前の原紙の平滑度は，高くすると塗工量が出しにくいので 35-40 s くらいにする。そのときの紙の表面粗さは 15 μm 程度である。また塗工に使うカオリンの比重を 2.6，塗工層の空隙率 40%，ラテックスとスターチの比重を 1.0，添加率を 15 pph と仮定して原紙の上に 15 g/m^2 塗工したとすると，塗工層の平均厚さは 11.6 μm である。塗工前の原紙はマシンカレンダーを強く掛けていないから，パルプ繊維はあまり潰されていない。一本の繊維による紙の表面の高さの差が 10 μm 以上ある紙に，平均 11.6 μm の厚みの塗工を行うのであるから，凹部には 15 μm 以上塗れているであろうし，繊維の上の平らな部分にはあるいは 5 μm しかカラーが乗っていないかも知れない。カラーを不均一な厚みに塗工した後にスーパーカレンダーで強圧を掛けて塗工層を無理に変形させて表面を平らにする。ラテックス添加率の低いカラーの方が白紙光沢が高いのは，バインダーが少ないと接着力が弱いので塗工層が変形し易いからであろう[7]。

マシンカレンダーの圧力を上げて紙の平滑度を高くしても，紙の引張り強さは高くならない。繊維が潰されて繊維間の接触面積が増大しても，繊維が乾燥しているときは新たに接着力は生じないからである。

パルプ繊維は中空の形をしている。中空の内面のセルロース間の水素架橋結合は，水分の多いマシンのプレスパートで圧力を掛けられれば結合が生じるが，水分の少ないカレンダーで潰されても水素架橋結合は生じない。内部に結合がないならば，潰されていた繊維はインキの開裂時の垂直上方への強い力で膨らむのではないか。これが今回の新しい提案である。

3. 紙の品質改良

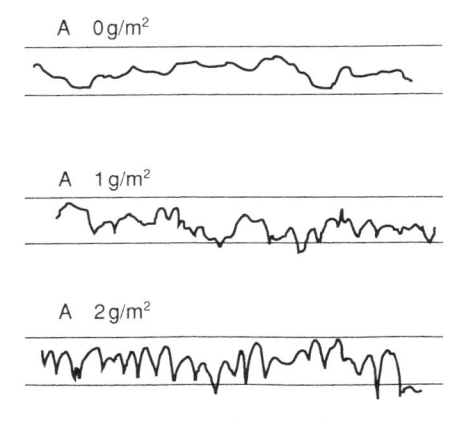

```
A  0 g/m²
```

```
A  1 g/m²
```

```
A  2 g/m²
```

図 3.3.5 触針型表面粗さ計による表面形状[3]

3) 表面形状の変化

コーティングカラーの塗工で，ピグメントによって生じた 3 μm 以下の非常に細かい凹凸を除外して，塗工層とインキ表面の粗さを測定するには触針型表面粗さ計を用いるのが最も適している。測定した例を**図 3.3.5** に示す。

この測定結果は別の研究報文[2]で，試料 A は平均直径 0.3 μm の軽質炭酸カルシウムを使い，非常にピグメントの表面積が大きいのに，バインダーはラテックス 12 pph，デンプン 5 pph と不足ぎみのカラーの例である。

測定記録によると，白紙の表面は平滑でスーパーカレンダーによって良く均されているのが分かる。中央右寄りにある凹みは原紙に残っていたワイヤーマークの跡と思われる。1 g/m² のインキ量で印刷すると印刷面の表面粗さは急激に大きくなる。インキの裂断時の上向きの力によって，コート層が変形しているのが読み取れる。

インキ量が 2 g/m² になると粗さはさらに大きくなるし，様子が変わって来る。明らかに周期性をもった波状である。このチャートは直線にして 0.8 mm の長さを記録してあるから，波の周期は 30-40 μm である。

3.3 塗工実験 2

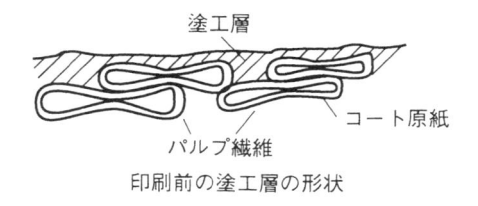

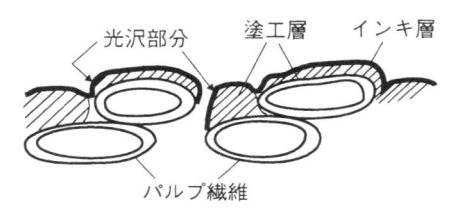

図 3.3.6 コート紙の繊維変形の想像図

　また，このチャートは粗さの拡大率が垂直方向が水平方向に対して 25 倍と大きいので，実際の形を再現するには水平方向を 25 倍にする必要がある。この形は何を意味するのであろうか。高い部分はごく緩い膨らみを持ったカーブが続き，ほぼ 35 μm 間隔で急斜面を持った谷がある。谷の深さは 2–3 μm である。想像であるが，実際の谷はチャートに記録されている深さより深いのではないか。触針粗さ計に使われている針の先端の r は 3 μm くらいあるので，これより狭い隙間には針が入れないからである。

　図 3.3.6 に印刷前後のコート紙の変形の状態を想像して少しオーバーに表現した。

　コート層は均一の厚みに塗られている訳ではない。紙層の上に繊維に乗っているところは薄く，繊維のないところは 15 μm 以上の厚みである。繊維は乾燥すると鉄のように堅く，スーパーカレンダーの圧力をもってしても繊維は割れて 2 つに折れることはない。中空の繊維は潰され，膜が曲げられている状態である。一本の繊維はカラー塗工後にスーパーで潰され，繊維の厚みは減少し，幅方向には増加している。印刷し

3. 紙の品質改良

てインキ膜が裂断した瞬間にこれとちょうど逆の変形が起きる。2層になっている繊維の上の層は引上げられて膨らみ，幅方向は減少してカラーとの間に割れ目が生じる。割れ目の深さは繊維の厚みの約半分と，塗工層の厚さであるから 10 μm 以上あると予想する。しかしこの割れ目は走査電子顕微鏡でも見ることはできない。何故ならば割れ目の隙間をインキが薄く覆っているからである。割れ目がどのような形をしているか，ぜひ自分の目で見てみたい。形を固定するために水や有機溶媒を使うと，セルロースが膨潤して変形するのでだめである。セルロースは透明であり，塗工層は顔料を含んだ白色であり，インキ層は着色している。この違いを高倍率で着色した画像に出す手段を知っている人はいないだろうか。

4） 白色領域の具体的意味

コート紙にベタ刷を行った面を実体顕微鏡で 50 倍に拡大して観察していた時に，インキの上にパルプ繊維の形をはっきり見たことがある。パルプ繊維を光学顕微鏡で透過光で観察すると，中は透明で明るく，繊維の輪郭だけが黒く見えて繊維の形態が分かる。印刷面に現れる繊維は透過光の像とちょうど逆で，繊維の輪郭のみが白く見える。白く見える繊維はすべて平行で実体顕微鏡の照明の入射光に対して直角に並んでいる。印刷物を注意しながら回転させると，今まで見えていた繊維は消え，入射光に直角に並んでいる新たな繊維が現れる。原紙のマシン方向と照明の入射方向とを合わせたときが繊維の数が最も少なく，クロス方向に合わせたときが繊維の数が最も多い。輪郭の線ははっきり見えるが非常に細いので注意しないと見落とす場合がある。

何故原紙の繊維が見えるのであろうか。普通に 15 g/m^2 も塗工すれば，スーパーカレンダーで余程高い圧力を掛けない限り，原紙の繊維の形は顕微鏡では見えないものである。さらにインキが 2 g/m^2 ベタ刷で乗っていたら原紙の繊維が見える筈がない。

また，白く見える繊維が照明の入射光に絶えず直角に，しかも平行に

3.3 塗工実験 2

並んでいる繊維のみが見える現象をどのように考えたら良いのか。前節で詳しく述べたように,印刷時にインキの開裂により生じた強い引力によってコート層が持ち上げられて,原紙中のパルプ繊維が変形し,インキ表面に新たに傾斜面が生じ,インキの傾斜面の表面光沢光が見えているのだと考えるとうまく説明ができる。インキ層を透過して繊維が見えたのではなく,繊維の変形によって一番上のインキ層に新たな傾斜面が生じて,そこが照明によって輝き,繊維の縁に沿って線状に連なり,この白い線を見て繊維が見えたと錯覚しているのであろう。インキの傾斜面は繊維の縁にできて,繊維と平行であり,繊維の外側に向かって傾斜が連続して急になっている。印刷物の濃度計の受光器が紙面に直角上にあり,紙面から受光器に対しての開き角が5°とし,照明光の入射角が法線に対して45°であるときは,傾斜したインキ面の角度は

$$表面光沢 = 22.5 \pm 2.5°$$

の角度の傾斜面に当たった光が光沢として受光器に入って来る。

　受光器側から見て, ±2.5°の角度の範囲は幅にしてせいぜい1 μm 程度しかないのではないか。実体顕微鏡で見た感じでは非常に細い線である。顕微鏡の対物レンズ口径が大きくて開き角が大きい場合と,照明光が平行光線でなく集光型である時には,光沢の幅は大きくなる可能性がある。光沢の線は繊維の両側にあるから,その面積は

$$(1 \times 2) \times 500 = 1\,000\,\mu m^2$$

　印刷試料の面の測定長 8 mm 角の中に白く見える繊維が 20 本あったと仮定すると,光沢部分の面積率は

$$(1\,000 \times 20 \times 100)/(8\,000)^2 = 3.1\%$$

　これ程大きな面積が傾斜しているのであれば印刷面の光沢度は低下する。

　コーティングカラーのピグメントの表面積に対してラテックスの配合比率の不足ぎみのカラーを塗工した紙の印刷で,版上インキ量を増やしてゆけば,触針型表面粗さ計による表面粗さは増大し,印刷面光沢度は

3. 紙の品質改良

表 3.3.1　標準ガラスの鏡面反射率

入射角 θ	鏡面反射率 ρ
20	0.0491
45	0.0597
60	0.1001
75	0.2646
85	0.6191

低下し，印刷濃度も低下する。

　表面反射による光沢の強度は物質の屈折率と，試料面に入射する光の角度に関係する。光沢度計に使用する標準ガラスは，屈折率 $N=1.567$ で，法線に対する入射角と正反射光の強度との関係は**表 3.3.1**に示す通りである。紙の光沢を測定する時は，この表の示す光量を 100% として紙の光沢を記入する。コート紙の光沢を測る時の 60° では，光源の明るさの 10.0% が光沢度 100% であり，75° で測定すれば光源の 26.5% の明るさを紙の光沢度の 100% と表示する。

　一方，紙の白色度（濃度）を表す表面散乱光の方は，MgO の標準板からあらゆる方向に反射した総光量の内，法線方向にある受光器に到達した光量（総光量の 1/100 以下と計算される）をもって白色度 100% と表示している。故に同じ 100% と表示されていても，白色度に対して光沢度の受光器に到達した光量は，入射角 20° のとき約 20 倍の強さを持っている。この光量の比率を肉眼で実感するには，印刷されたコート紙をタングステンランプの下でちょうど光沢光が目に入る角度に紙を保持して観察する。インキの面は黄色に輝いて眩しく，印刷されていない白紙面は黒ずんで灰色にみえる。これ程光量の差が大きいのでインキ濃度の測定には，印刷面にインキの傾斜面が僅かにあって光沢光が受光器に入った場合，測定値に対する影響は大きい。

　一例として，ベタ刷り面の中に白色領域 1% の傾斜面を持った印刷物の場合を考える。印刷面光沢度 90%，入射角 40°，インキ面の傾斜 20° の面積率 1% の光量は

3.3 塗工実験2

$$G = 4.9 \times 0.9 \times 0.01 = 0.044$$

これを濃度計の目盛りに換算すると

$$D = 0.044 \times 20 = 0.88\%$$

コート紙の白色度が90%で，濃度 $D = 2.0$ の印刷物の光量は

$$D = 90 \div 100 = 0.9\%$$

　この数字の意味は，表面正反射光の白い光が濃度計の受光器に入るような20°の傾斜を持った面の印刷面積に対する面積率が1%の場合，正反射光の光量は全印刷面積から来るインキ層を2度通過し着色した光の光量とほぼ等しい。インキ量を増やしてより高い濃度の印刷物を作ろうとしても，インキ面に20°の傾斜を持った面が1%存在すれば，濃度にして $D = 2.0$ が限度でそれより濃度を上げることはできない。濃度 $D = 3.0$ まで上げたいのであれば，傾斜面の面積率を0.1%以下に押さえねばならない。すなわち高い印刷濃度は印刷面に存在する傾斜面の面積率によって支配されている。

　インキ量の少ない印刷では白色領域の形は点に近い形をしている。この白色輝点の位置がレーザー共焦点顕微鏡で表面形状を精密に調べて，インキ面の凸部に一致するならば従来から考えられているインキの開裂の跡と解釈できる。しかし，線状の輝線は凹部で，点状の輝点は凸部に位置が一致するというのはどうも不自然である。CCDカメラによる写真を良く見ると，点ではなくて線のごく一部と解釈することができそうである。インキ開裂時の引力が狭い範囲に掛かり，繊維の変形が一部で起きたと説明することは可能である。

　多色印刷ではより高級感のある印刷物の量産技術の研究が続けられているが，印刷物の濃度アップと演色範囲の向上の目的にあうように，仮に上に述べてきた説明が事実に合致していたら，製紙会社としては，コート原紙を構成しているパルプ繊維の内面の接着力を向上させるアクションを取る必要に迫られるであろう。

3. 紙の品質改良

　印刷面を顕微鏡で観察すると見える白色の輝点を，さらにコンピューターで2値化処理した研究論文を読んで大変興味をそそられた。次々に湧いて来るアイデアと想像を論文にまとめてみた。インキの糸曳きの破断の跡の凸部が光と考えられていたのに，繊維の変形によって生じた塗工層の亀裂の凹部という新しい提案は，実験による証明の裏づけのないアイデアであるから，この考え方が正しいと言い張るつもりは全くないが，最初予想していた以上に現象を説明できたと思っている。

　事実は何かを証明してくれる研究が行われることを期待している。

3.4　高 精 細 印 刷

3.4.1 高精細印刷

　"高精細印刷って何だ" と単刀直入に聞いたら，
　"カラー印刷の網線を増やすことさ" という返事が返ってきた。
　それならばと我が家で手に入る印刷物を片端から調べて見たら**表3.4.1**のようになった。一般の傾向として高級な紙ほど網の線数は大きくするものであるが，今回の調査では軽量コート紙以上は同じ 175 lpi で，アート紙に美術印刷をした絵画展の本でも同じ 175 lpi であった。

　20年以上前にも，何故線数が175線止まりなのかと不思議に思って，印刷技術の専門家に質問したことがある。"いや線数の多いのも出版されているよ" という返事である。これは知らなかったと，早速丸善に行き書棚を漁ったらあった。草花と昆虫の図鑑でわざわざ 300 lpi と断わってある。だが印刷品質は暗く濁っていて階調性に乏しく決して良い物ではなかった。その本は買わないで帰ってきた。ふたたび質問をしたら人の良い専門家は "いろいろあってね" と言葉を濁した。

　技術的には完成していても，経済的に引き合わない時には製品化は行われないが，印刷の高線数化については順序が逆で，技術と設備に問題点があって良い品質が作れなかったのが実情のようであった。

表 3.4.1　日常の印刷物の網線数

朝日新聞	新聞用紙	モノクロ	50 - 80 lpi
	新聞用紙	フルカラー	100 lpi
新聞折込広告	上質紙	フルカラー	133 lpi
	軽量コート	フルカラー	175 lpi
	コート紙	フルカラー	175 lpi
ダイレクトメール	コート紙	フルカラー	175 lpi
高級カタログ	アート紙	フルカラー	175 lpi
美術印刷	アート紙	フルカラー	175 lpi

表 3.4.2　新聞と広告チラシの比率

	新聞紙	チラシ 上質紙	チラシ 塗工紙	合計	総計
金曜日　朝刊(g)	200	30	150	180	380
金曜日　夕刊(g)	100	30	200	230	330
土曜日　朝刊(g)	200	80	310	390	590
合計(g)	500	140	660	800	1300
新聞：チラシ(%)	38			62	100
上質：塗工(%)		18	82		100

＊1996年2月3日(金)・4日(土)　川崎市内

　高精細印刷を商業的に生産するのに，何が技術上のネックであったのか，どのようにして解決したのか，そして紙は品質上どのように対応したら良い結果に繋がるのかを考えて見たい．

3.4.2　高精細化のニーズ

1)　新聞とチラシ

　毎日配達される新聞に挟まれて配られるチラシの量と紙質を調査した．1週間の中で最も広告量の多い金曜と土曜の朝刊で朝日新聞である．1回のみの測定で結論をいうのは無理であるが，傾向を見る参考にはなる．**表 3.4.2**に見られるように，配達される新聞紙よりチラシの方が遥かに多く，約1.6倍の重量である．大部分は不動産の新規売り出し，大型スーパーの商品案内でいずれも目を引くように綺麗な多色印刷である．従って紙は印刷効果の良い塗工紙を使用しており，その重量比

3. 紙の品質改良

率はチラシの中で82%にもなっている。微塗工か軽量コートかの分類は指でさわっただけでは分からない。

1995年10月の紙の生産統計を見ると，軽量コート紙108 472 t/month 微塗工紙103 660 t/month 以上合計212 132 t/month となる。この数字はコート紙の生産量の207 762 t/month を上回っている。軽量コート紙，微塗工紙共にこの10年間で生産量が3倍以上に急成長している。表3.4.1に示したようにそれらの紙がいずれも175 lpi のカラー印刷に使用されている。激しい販売促進の競争のため少しでも目立とうとした結果である。毎日このレベルの印刷物をみていると，高級商品のカタログや正月のカレンダーの高級感はなくなってしまった。ここに印刷物の間に差別を付けるためにより高級化のニーズがあったと思われる。

2) Hi Vision TV

わが国のテレビ放送では画面を縦525本の線で，横700個の点に分解して送っている。受信機のブラウン管が小さい内はこの分解能力でよかったのであるが，現在よく売れている25型のテレビではラスターの線がハッキリ見えてしまう。具体的に計算すると

　　ラスター：525 l ÷ 16 = 32.8 lpi

　　　　　　381 mm ÷ 525 l = 0.726 mm/l

　　ドット　：500 mm ÷ 700 d = 0.726 mm/d

解像度の不満を解決しようと考え出したのがハイビジョンである。この画像だとラグビーのスクラムの中でのボールの動きまで見えて確かに面白い。しかしハイビジョンでも分解能を2倍にしただけで，印刷物の解像度と比較すると1/3程度でまだ低い。ハイビジョンの良さは大勢の人が理解し，普通のテレビの画像に飽き足らず，より良いものを大衆が求めている証拠と解釈される。

3) カラーコピーとダイレクトプリント

1985年にカラーコピー元年と称して複写機業界が協力して宣伝を行った。これに強く反応し先行き不安感を募らせたのが印刷業界で，強力

3.4 高精細印刷

な競争相手の出現と読んだ。これが高精細印刷技術の開発に火を付けた直接の原因と見る。カラーコピー機の画質の向上と平行して，コンピューターによる画像の組み合わせや色相の変更など画像処理技術が急激に実用化のレベルに到達し，コピー機の技術と合体してダイレクトプリントが現れた。印刷業界は印刷の画質の方が優れていると主張する目的で1993年に一斉に高精細印刷の見本を発表した。しかしダイレクトプリント側の提出した見本と比較して画質に差があるとは見えなかった。

3.4.3 高精細化の効果

1) 肉眼による画像品質評価

同じカラー原稿（ポートレート）からスキャナーで，種々のスクリーン線数と階調数の透過画像を作成し，これらの画質を目視評価した結果が図 3.4.1 である。175線までは画質の向上が目立っているが，175線以上でも線数の増加と共に僅かながら画質が良くなっていると目に感じるようである。ただしこのテストは印刷物ではないので，後で述べるドットゲインによる品質低下の影響でどうなるかは不明である。

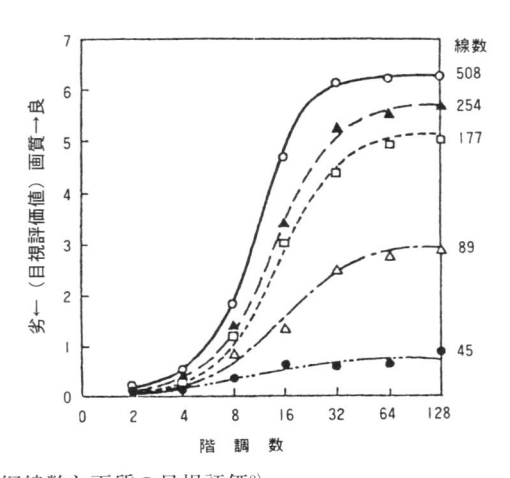

図 3.4.1 網線数と画質の目視評価[8]

3. 紙の品質改良

網点スクリーン線数＝175 lpi　　　　　網点スクリーン線数＝500 lpi

図 3.4.2 高精細化と解像度

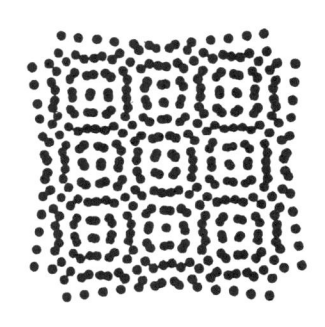

図 3.4.3 ローゼット

2) 解像度の向上

網点の線密度が2倍になれば解像力も2倍になる。活字は別として，網点で表現されるカラーの絵柄は明瞭に再現される（図 3.4.2）。

3) モアレとローゼットの減少

4色の網点を刷り重ねると亀甲状のパターンができる。これをローゼットと称し図 3.4.3のような形をしている。線数を増やすとこのパターンがなくなるわけではないのだが，小さくて目立たなくなる。300線以上になると中間調が滑らかな感じになりモアレも同様に目立たなくなる。

4) 色の彩度向上

以上述べた利点は予想されていたことであり当然の結果として受け止められていた。しかしこの彩度の向上は全くの予想外であり，結果を知

3.4 高精細印刷

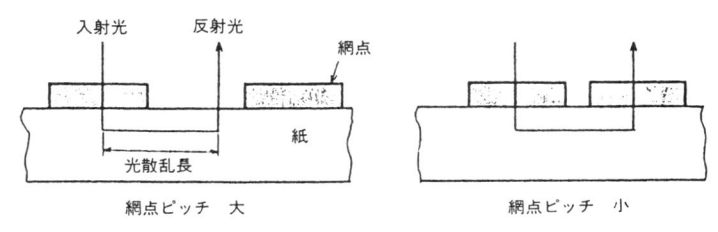

図 3.4.4 網点ピッチと光散乱長[8]

ってからその現象の理由付けを考えたのが実情であろう。

　ハイライトから中間調にかけて，インキの濁りの大きいマゼンタおよびシアンインキで印刷した時に顕著に現れる現象である。単色ばかりでなくイエローとの混色の桃，緑，紫，青色でも彩度の向上が目立っている。この現象の解釈にはいくつかの説があるが，その一つ Yule の説は紙層中の光の散乱を加えた考えである。紙表面に乗っているインキフィルムを通過し着色した光は紙層中で散乱し，その一部がふたたび表面に出てくる。白紙の部分に出た光でもインキによって着色しているので紙が色が着いているように見える。この現象をオプティカルドットゲインと呼んでいる。網点に近い程着色は濃く，遠くなるに従って薄くなるが，この距離を光散乱長という。網線数が大きくなり隣接する網点との距離が光散乱長より短くなると，一度着色した光がふたたびインキフィルムを通過する率が高くなりその分彩度が高くなる。**図 3.4.4** は現象を単純化したものである。上質紙は光が透過しやすいので光散乱長が 100 μm 程度になるが，コート紙では表面の塗工層での散乱が多く内層に入る光が少ないので散乱長はより短くなる。

　網線数と彩度との関係を実験で確かめた報告がある。175 lpi と 500 lpi の網版を作りマゼンタインキで印刷をした。色の濁りの度合いを本来のマゼンタ成分濃度 D_m に対するイエロー成分濃度 D_y の比率 (D_y/D_m) で表した。

　図 3.4.5 は実験の結果で，測定値は点でプロットしてある。グラフ

3. 紙の品質改良

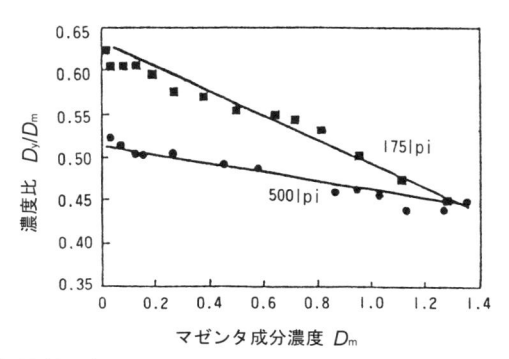

図 3.4.5 網線数と色の濁り[8]

の縦軸（D_y/D_m）は値が小さい程イエロー成分が少なくて，マゼンタの彩度が高いことを示している。測定値は明らかに 500 lpi の方が彩度が高く，その差はハイライトに近づくに従い大きくなり，肉眼の感じと一致することが証明された。

また Yule-Nielsen の理論式との関係については，175 線に $n = 2.0$，500 線に $n = 4.5$ を代入して計算した結果を，同じ図 3.4.5 に実線で記入したところ，図中にプロットした実験の測定値と良く一致し，Yule の考え方が正しいことが証明された[8]。

3.4.4 高精細化の欠点

オフセット印刷では版の上の網点の面積より，紙に転写された網点の方が大きくなる。この現象をドットゲインという。ドットゲインはさらにメカニカルドットゲインとオプティカルドットゲインの二つに分類して考える。メカニカルドットゲインは版上の網点より実際に紙の上にインキが乗っている面積が大きくその増加分をいう。オプティカルドットゲインは紙層中の光の散乱によって，網点の外の白紙部分が着色して見えることによる増加分である。この現象を図に表したのが**図 3.4.6** である。網線の線数を増やして大きくなる欠点は，このドットゲインの一

3.4 高精細印刷

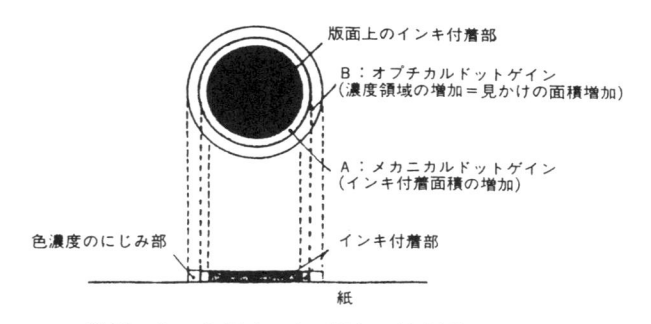

図3.4.6 2種類のドットゲイン[8] 網点の拡大図

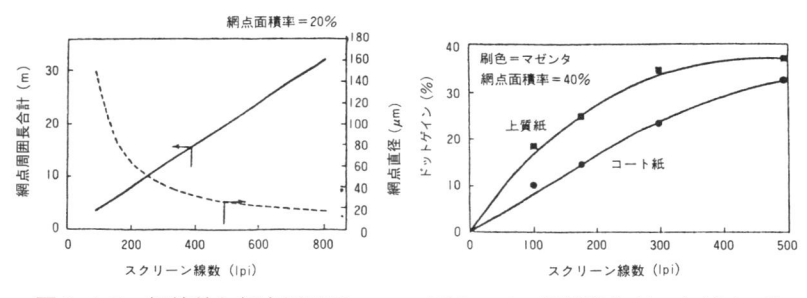

図3.4.7 網線数と網点周囲長

図3.4.8 網線数とドットゲイン[8]

点に限られている。

網線の線数を増やして行くと網点の直径は小さくなり，点の周囲長の合計は大きくなる。図3.4.7はその関係を示したものである。ドットゲインは網点の周囲で起きる現象であるから，周囲長の合計が大きくなれば当然ゲインに対する影響も大きくなる。網点面積率40％の版をマゼンタインキで印刷したときのゲイン量を測定したのが図3.4.8である。コート紙に印刷した場合のゲイン量を図から読み取ると，

   175 lpi：15％
   300 lpi：24％
   500 lpi：33％

175線に対し，500線のゲインが2倍以上になるので，同じ条件で印

3. 紙の品質改良

刷すれば全体にトーンが暗くなるのは当然である。

1)　メカニカルドットゲイン

版上の面積より紙の上のインキの面積が大きくなる原因を列挙する。

＊印圧によるインキ膜の広がり

版からゴムブランケットへ，ブランケットから紙へとインキが転移する時に水平方向にインキが流れて面積が広がる。この広がりの大きさはさらにインキの膜厚と粘度が関係する。

＊インキ膜厚の影響

インキの転移率を仮に50％と仮定すると，紙の上に$1.5 g/m^2$のインキを乗せるためにはブランケット上には$3.0 g/m^2$のインキが必要である。紙へインキを移した後のブランケット上には$1.5 g/m^2$のインキが残っている。これに$1.5 g/m^2$のインキを補給するには，版上のインキは$4.5 g/m^2$必要である。この膜厚を考えるとインキの広がりは，版とブランケットとの間で多く起こっていると考えられる。

＊インキ粘度の影響

印刷速度を高くたもち，インキのセッティングタイムを短くするために，インキのタッキネスは高くなければならない。しかしインキングロールから紙へのインキの流れを良くするにはインキの粘度は低い方がよい。この矛盾を解決するためにインキングロールの温度は室温よりかなり高く保たれている。温度が高いとインキの転移は良くなるが結果としてドットゲインが多くなる。この温度のコントロールが変動するとインキの粘度が変わり，ドットゲインの量が変動する。連続印刷中に温度が変わると印刷物のトーンが変わる結果になる。

＊シリンダーの回転ムラ

版上の網点の形はゴムブランケットの上に転写されるが，一回転ごとに少し位置がずれるとゴムブランケット上の網点の形は大きくなる。シリンダー間の回転の伝達はヘリカルギヤーを用いて正確にしているが，ギヤーにはごく僅かながら遊びがあり，シリンダーの振動に

よりブランケット上の位置の差が生じる。

＊紙からの逆転写

　1胴目で紙の上に乗ったインキは直後に2胴目の印圧を受けて，紙の上から逆にブランケット上に再転写される。長い印刷作業中にブランケット上のインキ量が蓄積してふたたびブランケットから紙へ転写する。ブランケットと紙の接触する位置が1回転ごとに変わると網点の形は大きくなる。この現象もドットゲインである[9]。

2)　オプティカルドットゲイン

　多色印刷では透明インキを使う。紙の上のインキ層を通過して濃く着色した光は紙層中に入る。紙を構成しているセルロース繊維は透明であるが，繊維の表面で屈折して散乱する。上質紙では光が通りやすいので紙の裏まで光が多く到達するが，一部はふたたび表の印刷面に戻る。網点の位置に戻った光は2度インキフィルムを通過してさらに色濃度が高くなる。網点の外，白紙の面に戻った着色した光は紙を僅かながらインキの色に着色する。この作用は網点に近い程強い。このようにして網点の周囲の紙が着色するので，見掛上網点の面積が大きくなったのと同じ結果になる。

　この現象がオプティカルドットゲインである。上質紙では紙層中深くまで光が透るので光散乱長が大きく，ドットゲインも大きいが，コート紙では小さい。トーンの再現の目的ではマイナス効果のドットゲインであるが，先に述べたようにこれが原因となって色の彩度が向上するのであれば，逆に有効に利用することを考えるべきであろう。いろいろなコート紙を試作して，コート層の光の散乱を変化させて彩度が向上するか否か試して見たい。

3.4.5 印刷条件の改善点

　通常のカラー印刷に対して高精細化による欠点がドットゲインの増大のみである判明すれば，解決の方法は自ずと見えて来る。

3. 紙の品質改良

1) 網分解曲線の変更

従来の175 lpiのドットゲインに対して，500 lpiのゲインが2.5倍くらい大きいと分かっているのであるから，カラースキャナーで色分解，網掛けを行うときにゲインの％分を網点の面積を縮小して出力すれば良い。むしろ解決法はこれしかないといった方が良い。しかし製版の段階で階調を圧縮し，印刷の時にその階調を拡大して元に戻すという方法は，印刷時の多くの変動が影響して困難である。

カラーコピーやダイレクトプリントでは階調を作るのにデイザ法を用いている。この方法では階調はドットの数で現すので，一個のドットの面積の増大が階調再現曲線に及ぼす影響はごく小さいものである。網点面積による階調法ではハイライトの網点面積を3％以下にするのは技術的に困難であるが，デイザ法では0.1％が容易に作れるばかりでなく，白紙部分の紙の色相の修正まで行うことができる。高精細印刷の始まりに当たって網分解法の改善を同時に取り入れてはいかがであろう。

2) ゴミの除去

空気中にどの程度ゴミがあるものかダートカウンターで測定したことがある。1 ft^{3}の空気中に存在する直径0.3 μm以上の大きさの塵の数は，工場の敷地内の道路上で，雨上がりのきれいな時で2百万個，工場の中の機械の側では6百万個程度であった。人間は想像以上に汚れた空気の中で生きているのだと妙に感心したものである。今後高精細印刷の場合に，ハイライト部の網点の直径が20 μm以下になると予想されるので，製版部門の空気の清浄化が必要になるであろう。

3) インキの温度

印刷条件の中ではインキの量と温度の影響が重要である。インキ壺から紙までのインキの流れを良くするにはインキは粘度が低く転移性の良い方が良い。一方紙の上に乗ったときはセットが速く裏移りの少ない方が良い。この相反する要求を解決するために，印刷機上ではインキは高い温度に保たれている。多数あるインキングロールの中に一定温度の湯

3.4 高精細印刷

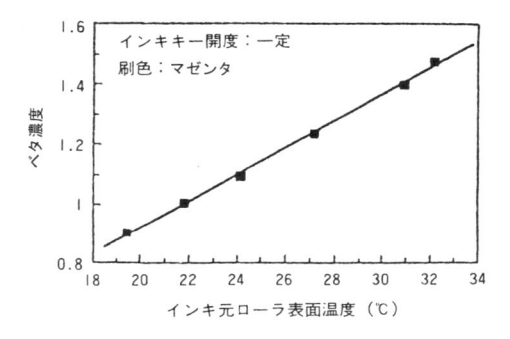

図 3.4.9 インキロール温度とベタ濃度[8]

を循環させインキを加熱している。インキの温度が高くなるにつれて印刷物のベタ濃度は高くなる。その関係を表したのが図 3.4.9 である。わずか 1°C の変化でもベタ濃度には影響する。一定温度の湯を循環させているとしても，印刷機の温度が変わればインキの温度は一定に保たれない。厳密にインキの温度を制御しようと考えたならば，印刷室と印刷機の温度を 24 時間一定にしなければならない。地下室が最も理想的な印刷室である。

4) 湿度の制御

紙は生き物である。紙の周囲の空気によって紙は水分を吸ったり吐いたりしている。紙の水分を空気の湿度に平衡にするのに JIS では 4 h 放置するように規定しているが，完全平衡に達するまでに変化した水分量の 67% を吸収する時間は僅か 3 min である。紙は周囲の湿度変化を追いかけて，かなり速い速度で水を出したり入れたりしている。そして水分量の変化は直ちに紙の寸法の変化に繋がる。空気の相対湿度は温度によって変わる。10°C で 80% の相対湿度の空気は温度が 15°C に上がると 57.7% になり，20°C になると 42.0% に低下する。冬の朝に暖房のスイッチを入れると室温は上がるが，足は 10°C，腰は 15°C，頭は 20°C という状態が生じる。山台に積んだ紙は下は吸湿，上は乾燥することになる。また昼は乾燥，夜間は吸湿することになる。この度に紙は伸縮し

3. 紙の品質改良

クセの悪い紙になる。見当の良く合う印刷を作るには温度変化のない部屋がよい。

5) インキ量の制御

高品質の印刷物を作る目的を達成するには濃度の制御は必須条件であろう。最近は紙の全幅に渡ってベタ濃度を連続して計測し，インキ量をコントロールする装置が普及して来た。これで同じ調子の印刷物が大量に生産することが可能になった。

3.4.6 紙品質への要求

高精細印刷は普通のアート紙，コート紙を用いても品質の向上は実現できるのであるが，高品質が目的であるならば紙の方でも品質の改良に協力するべきであろう。以下に思い付く点を列挙する。

1) 白色度

印刷の方で彩度が向上して色の表現能力が改善されたならば，紙の方は明度を上げてさらに色の表現力の向上に協力してはどうだろうか。**表3.4.3**は現在工業的に生産されている製紙用ピグメントの一部をまとめた表であるが，塗工用ピグメントに白色度95％以上の製品が販売されている。ピグメントごとに性質が異なるので，他の要求品質と考え合わせて使用すると面白い。

2) セッティングタイム

ドットゲインの増大が高精細印刷の弱点であるならば，せめてダブリによるゲインを減少させる目的で，印刷後0.5 s以内のベヒクルの吸収を現在の塗工層より改善する必要がある。毛細管による液体の吸収は直径が細く数が沢山ある方が良い。これにはピグメントの直径の小さいものを選べば目的を達成される。

3) 光散乱長

紙の厚みに対して網点間の距離が相対的に小さくなったからオプティカルドットゲインが大きくなったのであれば，光散乱の強いTiO_2を原

表 3.4.3 製紙用ピグメント

種 類	会社名	商品名	粒径 (μm)	白色度 (%)	比重 (g/cm³)	比表面積 (m²/g)	吸油量 (ml/100g)	屈折率
クレー	大春化学工業	#44-L	7以下	88	2.20	—	—	—
カオリン	菱三商事	ULTRA WHITE	2以下	90	2.58	—	—	1.56
タルク	浅田精粉	Sw-B	11〜46	85	—	—	—	—
炭酸カルシウム	白石カルシウム	ソフトン2200	1以下	93〜95	2.70	2.2	38	1.49〜1.66
〃	〃	Brilliannt-15	0.15	98	2.65	11.5	43.5	1.57
酸化チタン	石原産業	タイペークW-10	0.15	95〜97	3.9	8〜10	24〜27	2.52
微粉ケイ酸	水沢化学工業	p-526	3.0	95	2.10	125	235	1.44
有機填料	三井東圧化学	ユーペールc-122	5	97	1.45	10〜30	150〜280	1.65
炭酸マグネシウム	神島化学工業	金星	0.2〜1	98	2.16	28	140	1.50〜1.53
サチンホワイト	白石工業	SW-BL	針状1.0	98	液1.17	19.0	—	—

3. 紙の品質改良

紙とコーティングカラーに配合すればかなりゲインが減少する筈である。

彩度の向上が光散乱長より網点間の距離が小さくなることによって起きる現象であるならば，逆に塗工層の光散乱長を大きくして彩度の向上にさらに寄与するように努力してみてはどうか。粒子の直径，屈折率，バインダーの選択により可能性のある面白いテーマと考える。

4) 印刷平滑性

網線数が2倍になれば網点の直径は1/2になる。小さい点の形を正確に表現するには紙の表面は従来より平滑でなければならない。上質紙の表面性ではもちろん不合格である。コート紙でもシングルコートでは不十分である。オフセット印刷の場合にゴムブランケットが柔らかいから紙の平滑度は低くても刷れるとか，印刷見本として網点の輪郭がギザギザになった拡大写真が乗っていたりするが，高精細印刷ではこのような考えは通用しない。

また地合いムラやワイヤーマークなどの原紙の不均一性は平滑度の数字には現れないが，印刷面には濃度ムラとして現れてくる。

5) 水分

紙は周囲の空気の相対湿度に平衡になるようにかなり早い速度で水分を出し入れし，その度に伸縮を繰り返している。折角分解能の高い印刷を行うのであるから，見当合わせもトンボの 0.1 mm の精度でなく，より以上にピッタリ合う紙を供給するべきである。

水分を 7.0–7.5% に抄造し，過乾燥により発生する内部残留歪みのない印刷用紙を供給するべきであろう。

著者の知合のある会社では，高精細印刷を実用化するために長い年数にわたり研究を続けきた。まず製版法を確立し，ついで印刷機上のインキコントロールの最適条件を決め，残るは紙の見当合わせのみとなった。この問題は印刷機を紙置き場であった地下室に持ち込み，PS 版を

3.4 高精細印刷

水なし平版に変えることで解決した。すばらしい印刷物が安定して量産できるようになったのである。従来の網点法である。ここで折角新しい飛躍をするチャンスであるならば，さらに新技術を取り入れることをお勧めしたい。

新技術とは製版工程で網掛けするのに，網点法では一定面積の中の点の数は同じで点の面積を変えてトーンを作るのに対して，点の面積は変えずに一定面積の中の点の数を変えてトーンを作る方法である。この技術はスイスの印刷研究所 UGLA とドイツの印刷研究所 FOGLA の共同開発で，ストキャスティックスクリーニング（FM スクリーニング）法とも呼ばれている。カラーコピーに使われているデイザ法のソフトと同類である。このソフトの長所は

1) ハイライト部の表現能力が大きい

網点法ではハイライトは3%が限界に近く幾分暗い感じのトーンに仕上がるが，FM 法では 0.1% 以下までも滑らかに表現できる。見本の一つには白紙部分の色相の補正が行われていた。

2) トーンの再現性が良い

高精細印刷の最大の問題点がドットゲインの増大であることが判明した。FM 法では点の大きさが同じであるからゲインの補正も一定で良く，トーンは点の数で表現するので再現性は優れている。

このシステムは以下の商品名で販売されている。

　アグファ：クリスタル・ラスター
　ライノタイプ・ヘル：ダイヤモンド・スクリーニング
　サイテックス：フルトーン・スクリーニング

積極的に新技術を取り入れて印刷品質が大いに向上することを期待する。

3. 紙の品質改良

3.5 紙の吸液性

3.5.1 紙の吸液性

紙は水を吸うものだとは小さな子供でも知っている常識になっている。テイッシュ，ペーパータオル，紙おむつなどは紙の吸水性の特徴を生した商品である。これ程知られているのに何を今さら紙の吸液性を議論するのかと思われるのを覚悟で調べてみたら，意外にも重要なところが解明されていないことが分かってきた。

紙に水性インキで文字を書く時のインキの滲みはパルプ液に松脂系のサイズ剤を添加して調節している。

オフセット多色印刷では非画像部の湿し水が紙に着いたとき，紙の吸水性が遅過ぎるか，逆に紙の表面に塗ったバインダーが水を吸って強く親水性になったとき，3色目以降のインキがブランケットから紙に転移しなくなり濃度ムラが生じる。

最近急激に発達したインクジェットプリンターでは専用の受容紙を必要としている。画像の精度にもよるが，インクジェットプリンターでは直径 15 μm，体積 1.8 pl で紙に向かって飛んできた水滴の中の水を瞬間的に吸収しなければならない。これを可能にしたのが表面積の非常に大きい微粒子のピグメントで，具体的な例としては，直径 10 nm 以下の SiO_2 粒子を，あるいはアルミナ粒子を紙の表面に塗工し，吸水速度の大きい専用紙を製造している。紙は油も吸収する。印刷用のインキはインキ中の油成分が紙によって吸収されるのを前提にして発達してきた。GP を多く含んで吸油性の良い新聞紙に印刷する凸版輪転印刷用インキでは，カーボンブラック 13% に対して鉱物油 76% と油成分が圧倒的に多い。オフセット印刷では印刷機の性能が上がり，多色印刷での重ね刷りのとき 16 000 r/h の速度では印刷の時間間隔が 0.45 s と短くなったために，一度は解決したインキのトラッピングやセッティングがふたたび

問題になっている。

　印刷適性の問題は，作業性を改良しようとすると品質が低下する，互いに相反する性質がある。インキセッティングを改良するためにコート層の吸油性をあまり強くすると，印刷面光沢度が低下し印刷濃度も低くなる傾向がある。インキセットと光沢とを同時に解決するには紙の品質を変えるだけでは無理で，インキの品質も紙に合わせて変えねばならないと考えている。

　コート紙は古くから大量生産されているポピュラーな印刷用紙であるのに，優れた測定機がなかったために，コート層そのものの品質については不明な点が多い。ここでコート層の吸液性に的を絞り考えてみたい。

3.5.2 毛細管内の液体の流動

　セルロース繊維の真比重が 1.60 であるのに紙の嵩比重が 0.8 であるということは，紙の体積の 50% が空間であるという意味である。この空間は互いに連結している。しかしその太さは図に書いた毛細管のように均一ではなく，たとえば繊維内にある空間は繊維膜にある小さな穴で外気と繋がっているにすぎない。このような複雑な形をした空隙内を，なんらかの力によって液体が流動する現象を説明するべく各種の研究が行われているが，印刷のように短時間の現象については研究が始められたばかりで，いまだに不明な領域が多いといって良いのではないか。まず，太さの均一な単純な形の毛細管内の現象を説明する理論から復習をしたい。

1) 毛細管現象

　毛細管を液体中に垂直に立て，長時間経て平衡に達した時の毛細管中の液面の位置の説明である。

　液体の中に毛細管を入れると，液体の接触角に応じて管の中の液面が管の外の液面より高くなったり低くなったりする。水の中にガラス管を

3. 紙の品質改良

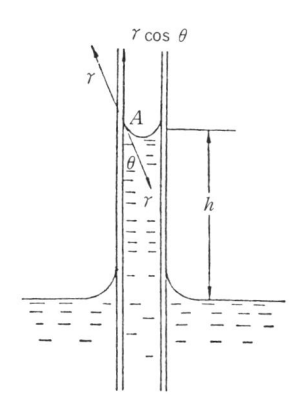

図 3.5.1 毛細管現象による液面の上昇

水面に対して垂直に立てた場合は，接触角が 90°より小さいので管の中の水面は**図 3.5.1**のように高くなる。壁面との接触角を θ，液体の表面張力を γ とすると，液体と壁面の接触点 A で上の方向に $\gamma \cos\theta$ の力が発生する。毛細管の半径を r とすると管内の液体を上方に引く力は $2\pi r\gamma \cos\theta$ となり，これが管内の水の重量とバランスするので

$$mg = 2\pi r\gamma \cos\theta$$

m：液体の質量，g：重力加速度

液体の密度を ρ，液面の高さを h とすれば

$$m = \pi r^2 h\rho$$

であるから

$$h = 2\gamma \cos\theta / r\rho g$$

ここで注意してほしいのは，接触角が小さいほど，毛細管の半径が小さいほど液体を引く力が強くなることである。

さて，具体的に計算しようと思って諸物性の表を調べてみても液体の接触角のデータは見当たらない。表に出ているのは液体表面の空気に対する表面張力の数字で，水 72.75，エチルアルコール 22.3，石油 26 等である。液体の接触角は壁材（固体），液（液体），空気（気体）の 3 者の

組み合わせによって決まってくる数値なので，組み合わせの量が膨大になり表は存在しない。研究者が各自に測定するしかないのであろう。

しかし壁材がガラスのように平滑であれば測定しやすいが，コート紙のように細かいピグメントが並んでいて，小さな表面粗さを持っている形状のとき，接触角という考えで良いのであろうか。結局いえることは，接触角が不明なので同じ材質の組み合わせであれば毛細管の平均直径の小さい方が液体の吸収が速い，具体的には上質紙よりはコート紙の方が平均直径が1桁小さいので，印刷後のインキのベヒクルの吸収が速いであろうという推測のみである。

2) H. Poiseuille の法則

液体の充満している毛細管の両端に圧力差を生じた場合に，毛細管内を流動する液体の量を，多くの実験により経験的に見出した法則である。

$$v = \pi a^4 t (p_1 - p_2)/8\nu l$$

a：毛細管の半径，p：圧力，t：時間

ν：液体の粘性係数，l：毛細管の長さ

圧力によって管内の液体が強制的に動かされる時の現象で，印刷の場合は印圧の掛かっている 1/100 s 以下の短時間にインキが紙層中に圧入される状態を表す。印圧が除かれたあとのベヒクルの分離吸収は，圧力がない時の吸収による液体の移動であるから，別の現象である。圧力による液体の移動は毛細管の直径の大きさが支配的である。コート紙の塗工層の毛細管の直径は，上質紙の直径に比べて1桁小さく 0.1 μm くらいであるから，印圧によるインキの圧入による深さはごく僅かであろうと予測される。

3) Lucas-Washburn の式

印刷のとき印圧が抜けた後に，紙層中を液体が浸透して行く速度を説明する式である。

$$h = (r\gamma \cos\theta\, t/2\eta)^{1/2}$$

3. 紙の品質改良

ここで
   h：液体の浸透した高さ，r：毛細管半径
   γ：液体の表面張力，θ：接触角
   η：液体の粘性係数

この式では毛細管の壁面の摩擦抵抗が影響するので，半径が大きい方が浸透する速度が大きいとなっているが，これは一本の毛細管での現象の説明で，毛細管が多数存在するときの総吸油量とは別問題である。

この式を誘導するのに，毛細管現象で生じた接触角と表面張力による圧力減少の力の式と，圧力差による液体の流動速度の式とを組み合わせている。この組み合わせによる式の誘導の日本語の説明に，垂直に並んだ毛細管中への液体の上昇速度を示すもので，上昇した最終の高さ $h\infty$ では圧力差が0になるので上昇速度も0になると書いてある。

一般に印刷機の構造では，印刷した画像を観察しやすくするために印刷面を上にしてデリバリーに積み重ねてゆく。この状態では，毛細管中の液体の重量は時間と共に増加し，液体の流動速度は時間と共に加速され終点はないことになる。1921年に発表されたWashburnの論文を読んでいないので，正確なことは不明であるが何となく疑問が残る。

なお，液体とセルロース繊維との接触角を0°と仮定すると
$$\cos\theta = 1$$
になり，式は簡略化されて
$$h = r\gamma t/2\eta$$
として計算しても良いと書かれているが，水の表面張力は 72×10^{-3} N/m と高い上に，近年は紙に内添する薬品類が多く，繊維の表面を覆って表面張力を低くして水との接触角を大きくしている紙が多いので注意を要する。

4) Olsson-Pihl の式

印刷の瞬間に紙層中にインキが圧入される深さ d を予測する式で，毛細管直径は平均値を用いると，

3.5 紙の吸液性

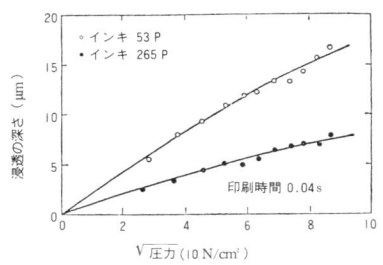

図 3.5.2 印刷圧力と浸透深さ[10]

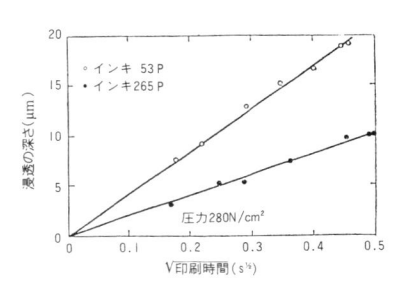

図 3.5.3 印刷加圧時間と浸透深さ[10]

表 3.5.1 印刷条件

	活版印刷	オフセット
印刷圧力 （kg/cm²）	20.0	10.0
印刷速度 （m/s）	1.0	2.7
接触幅 （mm）	5.0	7.0
接触時間 （ms）	5.0	2.6
インキ粘度 （P）	100	1 000

$$d = (pr^2 t/4\eta)^{1/2}$$

ここで

　　d：インキの浸透深さ，p：印圧，r：紙層中の平均毛細管半径，

　　t：印圧の掛かっている時間，η：インキの粘度

この理論の証明の実験の測定値を図 3.5.2，図 3.5.3 に示す。印圧の大きさ，加圧時間の平方根にきれいに比例しているのが見られる。理解しやすいように実際の印刷の条件に当てはめて計算の例を示す。

表 3.5.1 に記載している 1) 活版印刷，2) オフセット印刷の印刷条件に従って計算すると印刷圧力は

$$20 \text{ kg/cm}^2 = 980 \times 196 \text{ N/cm}^2$$

であるから，活版印刷では

3. 紙の品質改良

$$d = r(2\times 10^7 \times 5\times 10^{-3}/400)^{1/2}$$
$$= r(10^5/400)^{1/2}$$
$$= 15.7\,r$$

紙に上質紙を使用した場合は r は 1.0 μm くらいであるから，密度 0.8 g/cm³ の 64 g/m² の紙では紙の厚みの 1/5 くらいまで墨インキが入ることになり裏抜けの心配がある。コート紙では r は一桁小さい 0.1 μm であるから，インキの浸透深さは 1.6 μm で止まる。

同様にオフセット印刷の例を計算すると
$$d = r(10^7 \times 2.6\times 10^{-3}/4\times 10^3)^{1/2}$$
$$= r(2.6\times 10^4/4\times 10^3)^{1/2}$$
$$= 2.5\,r$$

コート紙に印刷したときのインキの圧入の深さは 0.25 μm となり電子顕微鏡でないと見えない程度となる。もちろんこの値は計算上の平均値であって，部分的には 1.0 μm 以上の浸透は起こっていると考えた方が良い。

この考えはアート紙，キャストコート紙の表面形状を原子間力顕微鏡で測定したときに，表面が予想以上に疎で空隙が多く直径 1 μm 以上の穴が数多く測定されたからである。

3.5.3 測　定　法

1) 毛細管直径の測定

液体の水銀は非常に表面張力が大きく，接触している気体が窒素のときの 25°C での値で 482.1×10^{-3} N/m である。純粋の水が 20°C で 72.75，一般の有機性液体が 20-40 であるから水銀の表面張力は飛び抜けて大きい。従って水銀は他の物質と接触したときに接触角が大きく，球状になって転がる。

水銀の中にガラスの毛細管を垂直に差し込むと毛細管内の水銀の液面は低くなり，外の液面に等しくするには水銀に圧力を掛ける必要があ

3.5 紙の吸液性

る。毛細管の直径が細いほど液面は低くなり，戻すのに高い圧力が必要となる。この毛細管の直径と圧力の関係を現した式が Washburn の式である。

$$P \times D = -4\sigma \cos\theta$$

　　P：印加圧力，D：細孔直径

　　σ：水銀の表面張力，θ：水銀の試料に対する接触角

　壁面の物質により水銀に対する接触角が決まる。水銀の圧力を0から上げていくと大きな直径の毛細管から次第に小さな直径にも入るようになる。水銀が入る毛細管の直径は水銀の圧力に反比例するので，圧力から毛細管の直径が計算できる。測定器の構造の概略を図 **3.5.4** に示す[10]。

　測定する紙資料は小さく切ってセルの中に入れ，最初に測定器の系全体を高真空にして排気する。次に徐々に圧力を上げると紙の中の隙間に水銀が入って行く。圧力が高くなるに従い細い隙間に入るので，圧力を毛細管の直径に換算してグラフを記録する。図3.5.3はこのようにして測定されたコート紙のグラフで，原紙とコート層とが同じグラフに記録されている。圧力から換算された毛細管の断面の形は円形である。しかし紙の中の隙間の断面は4隅に細い角が生えた鼓のような形をしているがこの関係はどのように換算するのだろうか。また水銀の圧力によるセルロース繊維の変形の影響をどの程度に考慮するべきか。上質紙やコート原紙は嵩比重が0.8くらいで空隙率は50%程度である。ご存じのように木材繊維の形は中空の紡錘形で，乾燥したセルロースは堅いのでカレンダーでも潰れないで，空間を作っている。上質紙の50%の空隙率の中にこの中空の体積はかなり大きい比率を占めている筈である。中空の部分は繊維膜にある小さな穴によって外界と繋がっている。この穴は小さいので水銀の圧力が相当高くならなければ水銀は通過できない筈である。

　圧力が高くなるにつれて繊維の膜は変形し中空の体積は減少してゆ

3. 紙の品質改良

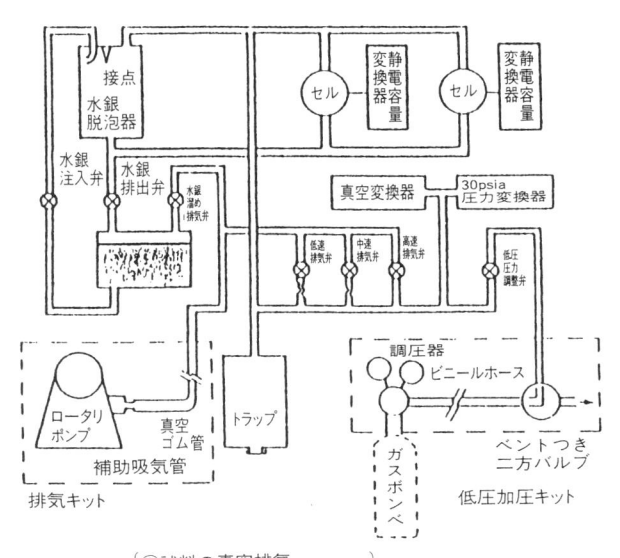

● 低圧部では， ①試料の真空排気
②試料セルへの水銀の注入 が行われる
③空気圧による圧入測定

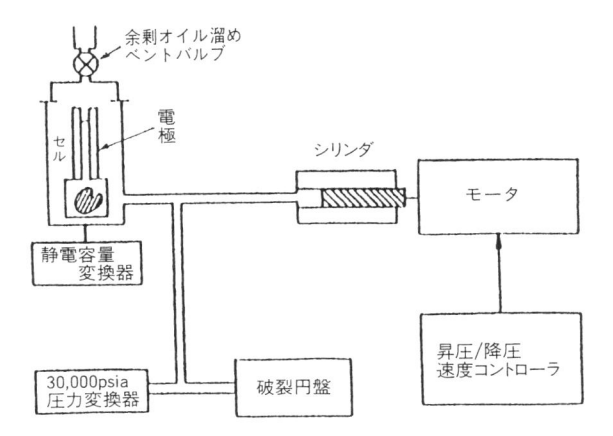

● 高圧部では，油圧による圧入測定が行われる

図 3.5.4 水銀加圧法測定器の構造略図[10]

3.5 紙の吸液性

く。その分膜外部の体積は過大に測定されているのではないか。

　水銀の圧力が十分に高くなって小さな穴を通して水銀が中空の部分に入ると繊維膜は膨らんで元の形にもどる。この体積の増加分は高い圧力で起きた体積に記録される。

　繊維が膨らむと繊維間の体積が減少し，そこに入っていた水銀は外に排出される。中空部分に入った水銀の量と排出された水銀の量とは互いに相殺するのであろうか。厳密に考えると水銀と固体壁材との接触角は壁材の表面張力によって変わるから，壁材が変われば角 θ の値を変えて計算するべきである。具体的には原紙のセルロース繊維に対する水銀の接触角と，塗工層のカオリンや炭酸カルシウムに対する接触角は異なる筈である。しかしセルロースやカオリン，炭酸カルシウム等の表面張力の測定値は公表された数値がない。発表された研究報文や測定器の説明資料ではグラフの横軸は水銀の圧力と並列に毛細管の直径が目盛ってある。原紙も塗工層も同一の目盛りで書いてあるのは，水銀の表面張力が飛び抜けて大きいから，壁材の僅かな差は無視するとの意味であろうか。

　いろいろと考えさせられる測定器ではあるが，固体中の空隙の穴の直径とその体積が定量的に知られた功績は非常に大きい。近年コート紙の印刷適性に関する研究論文を見る機会が多くなった。塗工カラーに使うピグメントのカオリンを炭酸カルシウムにおき換えた場合，炭酸カルシウムの粒子直径を変えた場合，ラテックスの構造を変えた場合等である。いずれの研究でも塗工層の物性として水銀圧入法による毛細管直径が測定され，インキセッティングとの関連が議論されている。

　コート紙であるから原紙と塗工層とが同時に測定される。**図 3.5.5**は測定の一例であるが，Line-1 はコート紙の測定値で，3 μm あたりのピークは原紙の細孔径であり，0.1 μm 近くのピークは塗工層のピグメントによる細孔である。Line-2 はセロテープで塗工層を原紙から剥がし，セロテープに付着したまま細孔を測定したデータである。原紙から

3. 紙の品質改良

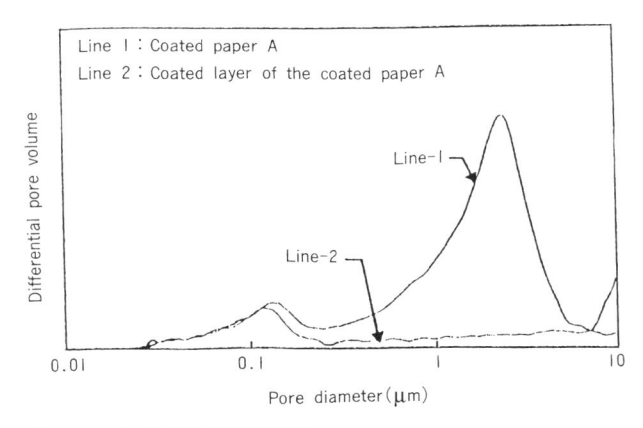

図 3.5.5 コート紙の毛細管測定値

剥がしたために塗工層が変形する心配があるが，細孔のピークは 0.1 μm 近くでほとんど変化していない。

2) Bristow 試験機

紙および板紙の表面が短時間に液体を吸収する状態を定量的に測定する方法で，JAPAN TAPPI No.51 に標準試験法として規定されている。

試験法と測定器のカタログに記載されている説明によると，測定法は
* 紙の資料は 25 mm×1 m の大きさに切り，回転円盤の外周に固定する。
* 染料で着色した液体（水，油）40 μl をヘッドボックスに入れる（図 3.5.6）。
* 回転している円盤の上にヘッドボックスをおき，紙の上についた液体の面積を測定する。
* 同じ回転速度で 3 回測定し，これを 8 段階の回転速度で繰り返し 24 回の測定を行って 1 種類の紙の測定値とする。
* 横軸に吸収時間，縦軸に液体の転移量のグラフを作り，吸収曲線の傾き K_a で紙の吸液性とする（図 3.5.7）。

グラフの縦軸は転移量である。これは紙の表面を濡らすのに必要な液

3.5 紙の吸液性

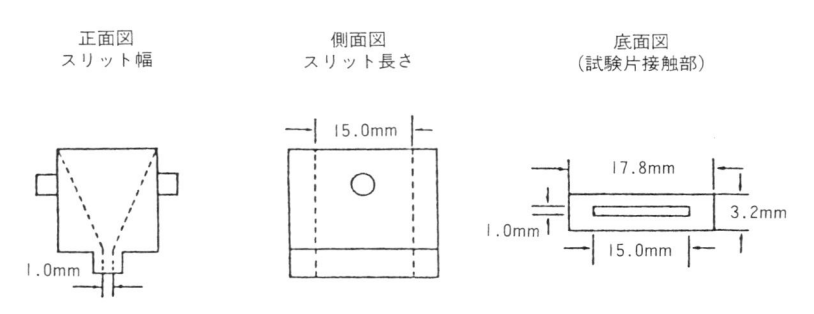

正面図　スリット幅
側面図　スリット長さ
底面図　(試験片接触部)

図 3.5.6　ブリストー試験機ヘッドボックス

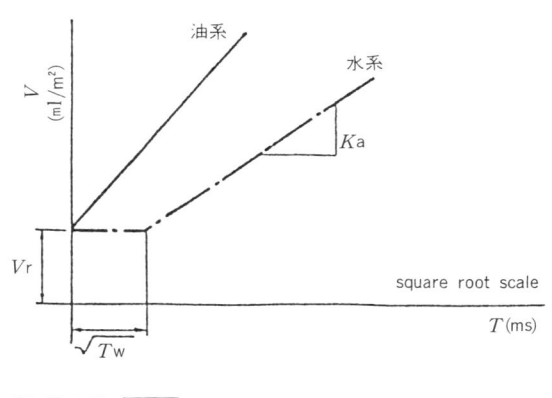

$$V = V_r + K_a\sqrt{T - T_w}$$

V　：転移量　(ml/m²)
V_r　：粗さ指数(ml/m²)
K_a　：吸収係数(ml/m²・ms^½)
T　：吸収時間(ms)
T_w　：ぬれ時間(ms)

図 3.5.7　吸液性測定値

体量と，紙の中に吸収された液体の量と両方を含んでいる。紙表面の粗さによって曲線が縦軸と交わる位置が変わるので，その値 V_r を粗さ指数として紙の吸液性から分離して考えるが，V_r は紙の表面粗さの測定値としてその価値を認められている。

水の吸収を測定すると紙に添加されたサイズ剤のために表面の濡れのために時間がかかる。クラフトライナーの例では，濡れ時間は 0.2 s で

3. 紙の品質改良

その間は吸収は起こらない。水の吸収が油の吸収より遅いのは，水の表面張力が大きいからであろうか。図では粘度の低い油は吸収が速いし，横軸の時間目盛りを平方根にすると測定値はきれいに直線に乗る。これは液体の性質を定量的に表現したものである。

紙の性質が変わったらグラフはどのようになるのであろうか。たとえばコート紙の表面は水銀加圧法で測定されているように毛細管の平均直径は原紙のほぼ1/10である。原紙とコート層とで測定値はどのような変化を示すか。インキのセッティング時間ではコート層の方が速いのは知られている事実であるが，これとBristow法の吸収係数との関係はどうなるのか，知りたいことが沢山ある。

測定手順で述べたように一種類の紙を測定するのに24回の実験が必要で，時間が掛かり大変繁雑である。この繁雑さが研究者を躊躇させているのかも知れない。紙の吸液性という重要な性質を測っているのに，この測定値を利用した研究論文が少ないのが気になる。

東京大学で各種の速度の吸液速度を一回の測定で記録できる測定器を試作したようで，早く実用化されるのを期待して待っている。

3) DAT 測定器

スエーデンでは紙パルプ産業は重要な輸出産業で，年間の輸出金額は大きな比率を占めており，産業の育成のために国立の研究所がストックホルム市内にいくつかある。このような環境の中でDAT (Dynamic Contact Angle Absorption Tester) 測定器は開発され，スエーデンのFIBRO system ab が製造販売している。またアメリカのTAPPIは1995年にこの測定器を使用した標準試験法を規定してT 558 PM-95とした。試験法の表題は "Surface wettability and absorbency of sheeted materials using an automated contact angle tester" と測定器の名称が変っているが，同一の測定器である。測定する素材は紙だけでなく非吸収性のプラスティックフィルムも含まれているので，測定値の解析にはwetting, absorption, adsorption に分けて考える必要がある。測定器の

3.5 紙の吸液性

構造は紙の上に液体を一滴落とす機構,紙の上に落ちた液体の形をレンズでCCDの上に像を作る機構,さらに液体の形を20msごとに記録しその画像について計算し接触角,液体の体積,液体と紙との接触面積等を解析し記録する機構の3部よりできている[11]。さらに詳しく説明すると

(1) 液の滴下

測定しようとする液体はポンプにより指示した量を正確に送り出される。垂直にセットされたフッ素樹脂の細い管の先に液は球状に吊下がる。管はいったん下に下がり液滴の先が紙に近付いたときに急激に上に引上げられ,液滴は管の先から離れて紙の上に落ちる(図3.5.8)。

管を急激に引上げた時が測定時間の始まりである。液滴の体積の再現性は非常に良好である。内径0.5 mmのテフロンの標準型チューブを使い,4.0 μlの液滴を連続して測定した場合,液の種類によってはチューブに付着したり蒸発したりと変動の要因があるが,体積の変動は1%以下で最も安定している。

4.0 μlの体積は直径が1.97 mmの球の体積に相当する。この測定器では4 μlの液量がレンズの拡大率から適当のようである。この液量は非吸収物との接触長さが6.0 mmになったとき,液体の平均膜厚は0.141 mmとなり印刷のインキ量の100倍近い大きな量であることは注意しておく必要がある。

(2) 作像の機構

紙の上の液滴の形はレンズでCCDの上に像を作り,電気信号に変換しメモリーに記録すると同時にモニターテレビで観察できる。画像の信号は20 msの間隔で記録され,後のコンピューターによる画像処理に利用される。またメモリーに記録された画像信号は任意に取り出して,測定が正しく行われたかの確認が可能である(図3.5.9)。

ここで測定されるデータは液の高さHと,紙と液との接触長さD

3. 紙の品質改良

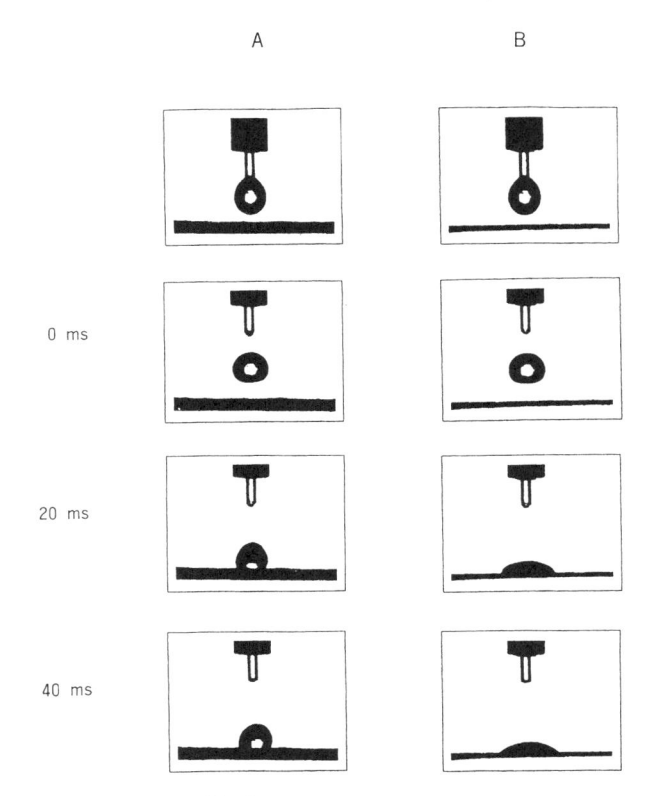

図 3.5.8 液の滴下と吸収[11)]

である。測定する紙の厚さが変わると液滴の位置が変わるので，カメラの高さと角度をモニターを見ながら手で調節しなければならない。この作業は手で行うので個人誤差が入る可能性がある。

(3) 画像処理

測定された液滴の高さ H と紙と液との接触長さ D を使ってコンピューターで以下の計算を行う。

　　＊液滴の体積：μl　　＊紙との接触角：°
　　＊紙との接触面積：mm^2

計算の結果は表に打ち出されるが，表には

3.5 紙の吸液性

Contact angle greater than 90°

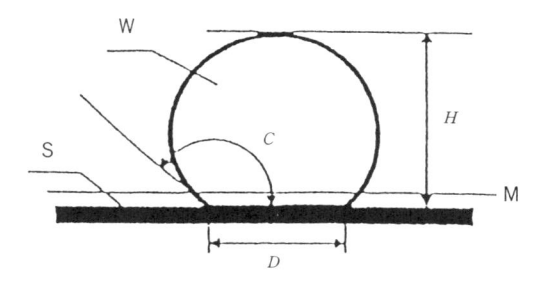

Contact angle less than 90°

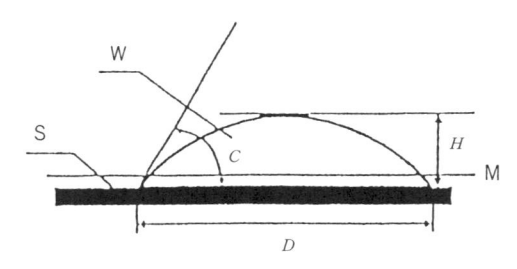

図 3.5.9 紙の上の液の形の変化[11]

　　＊滴下後の時間：ms　　＊接触長さ：mm　　＊液の高さ：mm
が一緒に記録される。また希望によっては
　　＊液滴体積の残存率：％　　＊接触角の変化量：％
等も追加して記録される。

　表だけでなくグラフの作成も可能である。横軸は対数目盛りにした時間sとし，縦軸を上記各項目を 0.02 s 間隔でプロットすると紙資料間や液体の性質の差が一目瞭然で分かりやすい。FIBRO system ab 社製の DAT 測定器は日本国内で既に 20 台納入されているが，研究目的が主にインクジェット用紙の品質改善に関するものが多く，内容は企業秘密となるため公表された研究論文はない。諸外国の報文ではオフセット印刷に使用する湿し水の表面張力に関するものが多い。

　紙は水の吸収が遅いので接触角，体積減少のデータの変化が少な

3. 紙の品質改良

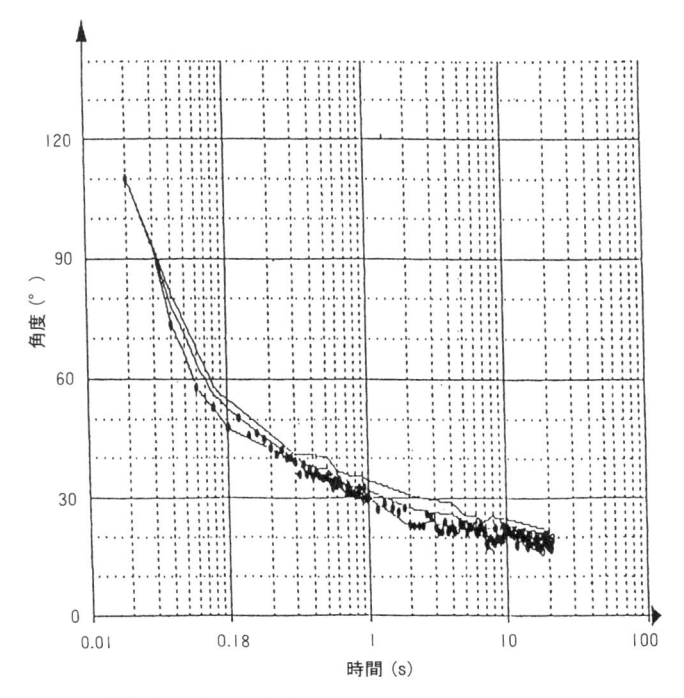

図3.5.10 接触角の時間的変化[11]

く，測定値の再現性が良い。一種類の紙については3回測れば十分である。それに比較して油の測定は変動が大きく5回の測定でも不足の感じがする。一回の測定面積が30 mm² 程度であるために，紙の地合いむらが原因の密度の差が測定値にまともに表れたと考えられる。

オフセット印刷では紙の上に転移したインキ量は1.5 g/m² くらいである。インキの比重を1.0 と仮定すればインキの厚みは1.5 μm である。この内で紙が吸収するべき鉱油と乾性油の量はインキの20%，0.3 μm である。DATで測定する液量の4 μl の平均膜厚は150 μm であるから，印刷の現象の500倍の液量であり，ごく初期のデータを解析しなければならない。油滴の測定値では図3.5.10 に見られるように接触角や残存液量は最初の40 ms で大幅に変化する。20 ms で110°であった接触角

は 40 ms 後には 80°, 0.1 s 後には 50°と変化する。この激しい変化の内からどの測定値を採用して現象の解明をするのかが今後の研究課題である。

3.5.4 DAT による吸液性の研究

インキ会社が製品出荷の品質管理に使っている試験法では,印刷後インキ面に軽く触ってインキが指先に付着しなくなったときインキがセットしたといっている。指の圧力で付着性が変わるので非常に感覚的な測定法であるが,印刷の作業現場では広く行われている方法である。昔はベヒクルにアマニ油を使用したのでインキがセットするのに半日かかった。現在は樹脂型のグロスインキを使うので数分でセットする。大した進歩といえるのだが印刷機の高速化でさらに早いセットが期待されている。

オフセット印刷でコート紙の上に転写されるインキの量はおおよそ 1.5 g/m^2 である。インキ中の液状油成分比を 25%とすれば,紙が吸収する油成分は 0.4 g/m^2 である。この量であればコート層の吸収のみでセットできる。しかし紙の吸油性の測定には,この量の 100 倍以上の油を紙の表面に乗せているので,原紙の吸油性とコート層の濾過性を合成した値を測定していることになる。RI テスターによる測定は印刷条件に最も近く,紙によるベヒクル吸収の相対的な優劣は正確に出せるが,白紙に転写した濃度によるセッティングタイムの絶対値についてはいまだに不安感が残る。

そこで AMERICAN TAPPI は紙の動的吸液性の測定法として,T 558 PM-95 を制定した。これは前章も触れたように,スエーデンの FIBRO 社が製造販売している DAT (Dynamic Contact Angle Absorption Tester) を用い,コート紙表面の液体に対する濡れ性,吸着性,吸収性の短時間の変化を測定,評価するものである。測定法そのものの記述も興味があったが,文章の後に記載されている参考文献が特に面白かっ

3. 紙の品質改良

	A17NE (No.1)	A16SG (No.2)
Specific surface area [m²/g]	2.5 - 3.5	10
平均粒子サイズ，d50 [μm]	2.0 - 2.5	0.35
〃　　　　　，d90 [μm]	5 - 10	1.1
粒子サイズ配合	2種類	1種類
Al₂O₃ 含有率	> 99.6	> 99.6

表 3.5.2 Al$_2$O$_3$ 粉末の性状[11]　　注）アルコア・ケミ社　資料

た。紙物性の研究をしている人にはぜひ本文を繰り返し読むことをお勧めするが，ここにその内容の要点を紹介する。

この研究論文はスエーデンの首都ストックホルムにある Institute for Surface Chemistry の研究者 Jan E. Elftonson, Göran Ström の共著になるもので，表題は "Penetration of Aqueous Solutions into Models for Coating Layers" である。内容を要約すると

1）　目的

オフセット印刷で使用する湿し水が原因で起こるインキ転移不良の現象を解明する。湿し水の吸収速度に影響する紙表面の物性を解析する。

2）　測定資料

＊粒子径の異なる2種類の純粋な酸化アルミニウムの粉末を接着剤と共に練り，板状に成型し乾燥した後，約1400°C で焼結して空隙率と平均毛細管直径を揃えた。焼結により有機物はすべて酸化してガス化し純粋な多孔質な板ができた（**表 3.5.2**，**図 3.5.11**）。

＊上記多孔質板を2種の薬品によりシラン処理し，表面自由エナージーが各53.6，16.6 mJ/m² の板を作成した（**表 3.5.3**，**表 3.5.4**）。

＊一方湿し水は純水に IPA を混合して6段階の表面張力の水溶液を，また別に界面活性剤を溶かして4種類の表面張力の水溶液を作った（**表 3.5.5**）。

3）　測定器

DAT で水滴の接触角と直径と高さを 20 ms 間隔で測定し，水滴の体積を算出した。

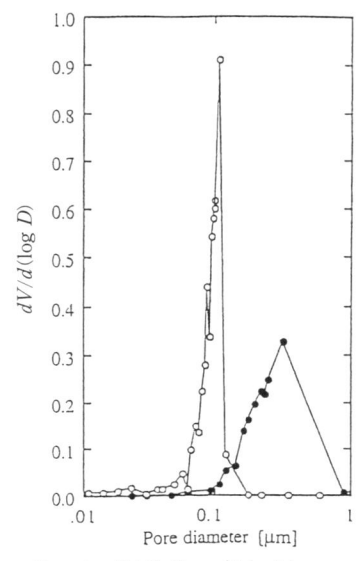

3.5 紙の吸液性

図 3.5.11 水銀圧入法による空隙寸法分布[11]
Pore size distributions obtained by mercury porosimetry for: ● material 1, ○ material 2

図 3.5.12 接触角の経時変化[11] 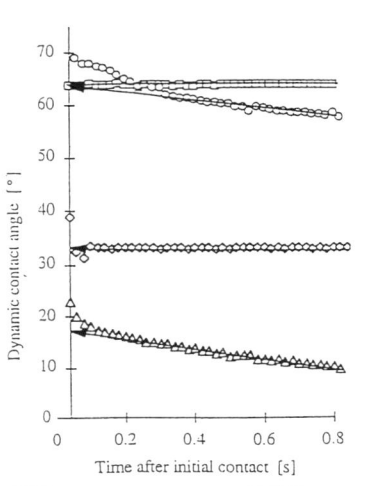
□ Water on non-porous material (3A)
○ Water on material 1A
◇ Diiodomethane on non-porous material (3A)
△ Diiodomethane on material 1A

表 3.5.3 シラン処理後の表面自由エナジー[11]

表面自由エナージー [mJ/m²]	多孔質板 No.1A	多孔質板 No.2A	非多孔質板 3A
γ^{tot}	53.6	54.7	44.2
γ^{LW}	48.1	47.5	42.9
γ^{ab}	5.5	7.2	1.3
γ^{-}	11.2	11.4	16.2
γ^{+}	0.7	1.14	0.03

Surface free energies and acid base properties of materials silanized with (3-4-epoxycyclohexyl) ethyltrimethoxysilane in trichloroethylene

4) 測定結果

＊表面張力が 72.8 mJ/m² の大きい水の接触角は，表面張力が 50.8 mJ/m² と低い有機溶媒の接触角より大きい。

＊多孔質の板の上の水滴は時間と共に接触角が減少するが，無孔質の板

3. 紙の品質改良

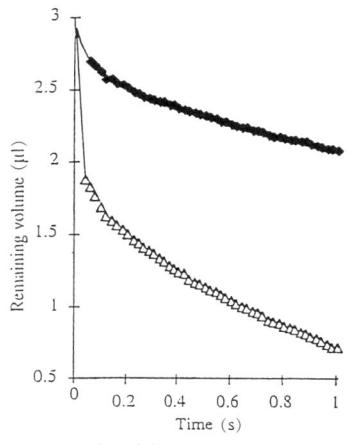

Penetration of drops (aqueous solution of surfactant, ◆ and isopropanol, ◇) with an initial volume of 2.8 μl. Both liquids fave a static surface tension of 43 mJ/m². Note the strong initial penetration of the alcohol solution

図 3.5.13 残水滴体積の経時変化[11]

Initial penetration of aqueous solutions of isopropanol into materials 1A (○) 2A (□), 1B (△)

図 3.5.14 水の表面張力と初期吸収体積[11]

表面自由エナージー	多孔質板 No. 1B	非多孔質板 3B
γ^{tot}	16.6	24.2
γ^{LW}	16.5	23.4
γ^{ab}	0.11	0.72
γ^-	0.01	0.38
γ^+	0.24	0.34

Surface free energies and acid base properties of materials silanized with dimethyldichlorosilane in trichloroethylene

表 3.5.4 シラン処理後の表面自由エナージー[11]

Isopropanol concentration [vol %]	γ^{tot} [mJ/m²]	Viscosity [mPa·s]
2	58.3	1.12
6	47.3	1.37
10	41.5	1.66
15	36.1	2.10
20	32.4	2.63
30	27.7	3.40

表 3.5.5 IPA水溶液の混合率と表面張力[11]

3.5 紙の吸液性

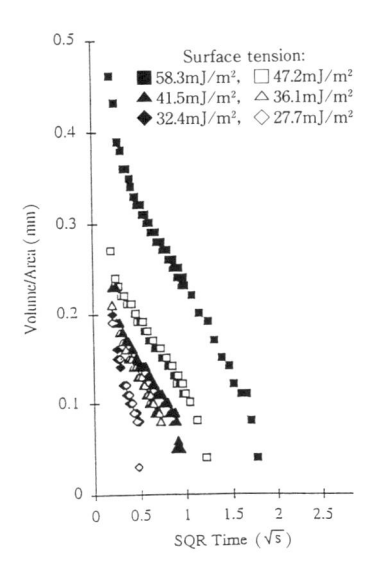

図 3.5.15　2次浸透量と時間の関係[11]

では接触角は変らない（図 3.5.12）。
* 多孔質板上の水滴の体積は浸透により最初急激に減少し，60 ms を過ぎると遅くなる。
* 初期浸透速度は同じ表面張力（43 mJ/m²）でも，IPA 水溶液の方が界面活性剤水溶液より遥かに大きい（図 3.5.13）。
* IPA 水溶液の初期浸透による体積減少率は水溶液の表面張力が低くなるに従い高くなり，60%にも達するが，多孔質板の表面自由エナージーが低くなるに従い減少する（図 3.5.14）。
* IPA 水溶液の初期浸透後の単位面積当たりの吸収量は時間の平方根に比例する（図 3.5.15）。
* 単位面積当たりの水溶液の浸透速度は水溶液の表面張力の影響はない。

5) 結論
* 物質の上の水滴の接触角は物質の表面自由エナージー，空隙率，空隙

3. 紙の品質改良

直径に影響される。
* 多孔質物質中への水溶液の浸透は，初期の浸透は非常に速く，2次浸透は遅い。
* 水溶液の初期浸透は物質と接触してから60 ms後には完了している。これは非平衡挙動で，溶液の表面張力，表面張力低下薬品，物質の表面自由エナージー，空隙直径に影響される。
* 水溶液の2次浸透の速度は，浸透の時間の平方根にほぼ比例する。この関係はIPA水溶液の方が界面活性剤の水溶液より良い。

3.5.5 論文に対する考察

さすがにAMERICAN TAPPIが参考文献として選んだ論文だけあって，研究計画の緻密さと論文の記述の明確さには感服した。紙の物性を研究する技術者の人達にぜひ反復詳読して正確に理解されることをお勧めする。

1) この研究の計画の最も優れている点は多孔質の吸収物体の製作にある。これは予備研究で複数の表面自由エナージーの異なる物質の混合物では，明確な結論が引き出せなかったという苦い経験から思い付いたと想像する。

最初粒子径の揃った酸化アルミニウム粉末と分散剤，接着剤を混合してテープキャスティング法で板状の素材を造り（板の厚み不記），乾燥後1400°C，1時間で加熱し焼結する。この間に混在していた有機物はすべて気化し，純度99.6%以上の酸化アルミニウムの純粋な多孔質の板が得られた。その後にシラン処理をして目標とした表面自由エナージーの資料を作っている。吸収体の表面自由エナージーの水準数は3である。

2) 残念に思うのは酸化アルミニウムの表面自由エナージーの測定値の記述がないことである。固体の金属面は一般に数百以上であると思うが，粉体の場合は異なるとの配慮であろうか。

3) 酸化アルミニウム粉体に粒子径の均一な材料を使用している。さらに焼結温度を調節して空隙率と毛細管直径をコントロールしている。このために測定結果の解析が非常に明確になっている。また焼結温度を1700°Cにして空隙のない，非吸収性の板も測定資料として追加している。

4) 多孔質の物体が液体を吸収する時に，初期浸透と2次浸透の2種類があることが明確になったのはDAT測定器の功績である。これでインキセットの現象の説明ができるようになった。

5) 実験に使用した水滴は2.8 µlであるが，初期浸透は60 msで完了するにも拘らず水滴の体積の最大60％にも達する。

6) 初期浸透に対して，TAPPI STANDARDは表題でsurface wettabilityという言葉を使っている。

7) 液体の吸収速度に関するLucas-Washburnの式は2次浸透の測定値と良く一致する。

3.5.6 インキセットへの応用

Elftonsonの研究は酸化アルミニウム粉体で作った多孔質板が，表面張力の異なる水溶液の吸収速度に関するものである。印刷インキは油性であるから以上の論文からベヒクルの吸収を類推するのは無理があることは承知の上で，あえて議論を進めてみる。

1) コート紙を製造している工場の技術者であれば良く知られていることであるが，コーティングカラーへ炭酸カルシウムを配合すると以下の現象が起きる。

＊コーティングカラーに配合するピグメントはカオリン100％よりも炭酸カルシウムを配合した方がインキセッティングタイムは短くなる。

＊配合する炭酸カルシウムの平均粒子径は小さい方がセッティングタイムは短縮される。

2) Elftonsonの論文の要点を箇条書きに記述すると以下のようにな

3. 紙の品質改良

表 3.5.6 グロス系プロセスインキ

顔　料	25
樹　脂	30
乾性油	25
高沸点石油系溶剤	15
コンパウンド	4
ドライヤー	1
	100

る。

＊多孔質物体の液体の吸収には2種類の別な現象があり，初期浸透（initial penetration）は接触後 60 ms 以内に完了し，浸透速度は以後に起こる2次浸透より遥かに大きい。

＊初期浸透速度は多孔質物体の表面自由エナージーが大きいと速く，液体の表面張力が低いと大きい。物体の表面自由エナージーが液体の表面張力より非常に低いときは多孔質物体でも浸透は起きない。

＊同じ表面張力の液体でも混合した薬品により浸透速度は異なる。IPAを混合した水の浸透は界面活性剤のそれよりも遥かに速い。

＊2次浸透は速度が遅く，測定値は Washburn の式に良く一致する。

　3）　オフセット印刷の条件　議論を定量的に進めるために最近のオフセット印刷の条件をここに提示しておく。

＊印刷機：枚葉多色輪転印刷機。片面 4-5 色

＊速度：12 000 枚/h＝3.3 枚/s

　　　　0.8 m×3.3＝2.6 m/s

＊加圧時間：加圧幅 8 mm　　8 mm÷2.6 m/s＝3 ms

＊インキ量：ブランケットより紙への転移量 1.5 g/m^2（比重 1.0 とすると 1.5 μm）

＊インキ組成：グロス系プロセスインキ（**表 3.5.6**）

＊紙が吸収するべき液体量：石油系溶剤と乾性油の一部。

3.5 紙の吸液性

$$1.5 \text{ g/m}^2 \times 0.25 = 0.4 \text{ g/m}^2$$

4) DAT の測定条件

Elftonson の実験条件

* 測定の水滴量：2.8 μl
* 水滴の直径：1.75 mm
* 紙との接触面積：1次浸透後の直径 5.0 mm　　$(2.5)^2 \times \pi = 19.6 \text{ mm}^2$
* 平均水膜厚さ：$2.8 \div 19.6 = 143$ μm
* 初期浸透速度：$2.8 \times 0.3 \div 19.6 = 43$ ml/m²/60 ms

5) コート紙塗工層の寸法

* 塗工量：16 g/m²
* ピグメントの比重：2.7
* 空隙率：40%
* 塗工層平均厚さ：$16 \div 2.7 \div 0.6 = 9.9$ μm
* 空隙体積：$9.9 \times 0.4 = 4$ ml/m²

3.5.7 考　察

Lucas–Washburn の式は

$$h = (r\gamma \cos\theta \, t/2\eta)^{1/2}$$

　式の意味は液体が浸透した深さは平均毛細管直径の平方根に比例する。コート紙の塗工に使用するピグメントの粒子が粗く，塗工層に生じた毛細管の直径が大きい方がインキのベヒクルの浸透が早く，従ってインキのセットも速いという意味である。

　しかし長年の経験は，塗工に使用する炭酸カルシウムの粒子径は小さい程セットが速いことを教えている。

　理論と経験が真っ向から反対のことをいっているのには，何かいまだに知られていない事実が存在する筈だと 10 年以上も前から疑問として残していた。その疑問を解決してくれそうだと期待されるのが DAT によって存在が明らかになった初期浸透（initial penetration）の現象であ

3. 紙の品質改良

る。

　先に述べたように1色の印刷で紙が吸収するベヒクルの量は $0.4\,g/m^2$ である。ベヒクルの比重を1.0とすれば体積は $0.4\,ml/m^2$ である。塗工量 $16\,g/m^2$ のコート紙の塗工層の空隙体積は $4\,ml/m^2$ であるからベヒクルの吸収能力には十分余裕がある。

　水溶液のデータであるがDATによる測定では，多孔質物体の初期吸収速度は $43\,ml/m^2$ である。以上の3個のデータを比較すると，ベヒクルの吸収は初期浸透の段階で終わっていて，2次浸透の段階に入る程の液量がないのではないかとの考えが出てくる。Elftonsonがいっているように2次浸透の測定値はWashburnの式に近似しているが，インキのセットに関係するベヒクルの吸収で2次浸透が起きていないのであれば，理論と経験が逆であっても問題とはならない。

　初期浸透が60 msで終了するという測定結果は何を意味するのであろうか。

　DATでは内径 0.5 mm のテフロン製のチューブを使い指定量の液量を送ると，チューブを急に上下動させて液滴をチューブの先端から放す。空気中にある液は球状をしていて，重力によって紙に接するまでに20 msを要するがこの間は測定時間には入れない。

　紙に接した後も液は落下を続け，紙との接触面積は急激に増大し，形は球から半球にと変形する。インキ中に混合しているベヒクルの石油は表面張力が $26\,mJ/m^2$ であり，無機物質との静的接触角は0°に近いと予想されるので，液は水平方向に急速に広がる。紙と接触後の変形の時間が60 msだと表現している。

　急激に変形している間も紙と接している面では液は塗工層に浸透している。

　初期浸透は3種類の現象の混合と考えられる。第1段階は塗工層のごく表面で起きる"濡れ"の現象である。ピグメントの周囲に存在する空気を排除し，空気に置換して液体がピグメントを覆う現象で，粒子径が

小さい程面積が大きくなり多量の液体を吸収する。

第2段階の現象は毛細管現象である。第1段階の濡れが終了し液体が塗工層の内部に入り始める時，ピグメントの隙間を流れる液体の先端では，強い力で液体を吸引している。その力は毛細管現象の式で説明される。

$$h = 2\nu \cos\theta / r\rho g$$

毛細管現象は長時間後の平衡状態の式であるから，液体を引き上げる力と，毛細管内の液体の重量とがバランスしている状態を示している。

高さ h が大きいことは吸引する力の大きいことを示し，毛細管の半径 r に反比例している。すなわちピグメント径が小さいほど毛細管は細くなり吸引力は大きくなる。毛細管が細いと管の中を流れる液体の量は少なくなるが，ピグメント直径が 1/2 になれば単位面積中に存在する毛細管の数は2乗の4倍になるのでトータルの液量は逆に大きくなる。

ベヒクルに使用する灯油グレードの石油は固体との接触角は0°に近いので $\cos\theta = 1$ と考えて良い。

第3段階の現象は液が内層まで浸透した時に生じる現象である。たとえばコート紙の塗工層の下まで液が浸透したと仮定すると，塗工層の厚みの 10 μm は塗工層の平均毛細管直径 0.1 μm の 100 倍に相当する。このように毛細管が長くなると流動する液体と管壁との摩擦抵抗が支配的になる。この現象は Lucas–Washburn の式に良く一致する。

以上の現象は時系列的に第1，第2，第3の順序で起き，連続していて境目がある訳ではない。液滴が空中から紙の上に落下して接してできた円形の面は，中央部が最も先に生じ周辺部分は遅れてできる。従って中央部は時間が長く，第3段階まで進んでいるのに，周辺部は第1段階が始まったばかりという状態が起こり得る。第1から第3までの現象が同時に起こっているのが初期浸透（initial penetration）の特徴であると考える。円形接触面の広がりが遅くなり第1段階の比率が小さくなった時が初期浸透の終わりで，全面が第3段階になったときは速度の遅い2

3. 紙の品質改良

次浸透（secondary penetration）となる。初期と2次との境目ははっきりしている訳ではなく，実験では折線にはならず，連続した曲線になっている。

さて，以上述べた3種類の現象は，発表された論文がある訳ではなく，自分で実験したこともないので自信はないのだが，ひっくり返ってじっと天井を睨んでいるとそのように思えてくるのである。

オフセット印刷では紙の上に転移したインキの量は $1.5\,g/m^2$ でベヒクルの量は $0.4\,g/m^2$ である。比重を1.0として膜の厚さに換算すると $0.4\,\mu m$ である。このように少ない液量では第1段階と第2段階の始まりで液体成分は吸収され尽くしてなくなっていて第3段階は起こっていない。第1と第2は粒子径が小さい方が液体の浸透が早いのでコーティングカラーに細かいピグメントを使用した方がインキセットが速いとの経験と一致する。Washburn の式が当てはまる第3段階の現象は起こっていないと明言してもよいのではなかろうか。

以上述べた考察は純粋な液体について DAT で測定した結果についてである。Elftonson の論文はイソプロピルアルコールを混合した水溶液であり，もう一つはインキに実際に配合される石油系溶剤での知見である。実際の印刷では DAT の測定と根本的に異なっている点がある。

1) 印圧による強制浸透

紙表面に存在する凹凸に負けないで正確な画像を再現させようと，印刷ではどの方式でも圧力を掛けてインキを強制的に紙に転移させる。従って DAT の測定で述べた液体が紙の表面を濡らす第1段階の現象は印刷機の上では起こりえない。$10\,kg/cm^2$ の高い圧力で $3\,ms$ の短時間にインキを紙の表面に圧着して覆うばかりでなく，塗工層の隙間にインキを圧入する。Olsson–Pihl の式によればインキが圧入された深さは平均 $0.3\,\mu m$ である。SEM による塗工表面の写真によると，表面近くの空隙の形状は毛細管でなく漏斗形に近いので，インキの圧入の深さは計算値より大きそうである。圧入の直後から毛細管現象による第2段階のベヒ

3.5 紙の吸液性

クルの浸透が始まり短時間で終了する。水の粘度に比較すればベヒクルの粘度は2桁以上大きいから，インキからベヒクルを分離するのに60 msで終了するとは考えられない。

多色オフセット印刷機では2色目のインキが重ね刷りされるまでの時間は0.5 sくらいであるが，2色目のインキのトラッピングは塗工層の粒子を細かくすると改善されるとの経験がある。塗工層のベヒクルの吸収速度はかなり速いものと考えられる。

2) インキからのベヒクルの分離

今一つ不明で釈然としない現象がある。

市販のコート紙にグロスインキで印刷するとインキがセットするまでに凡そ3 minを要する。軽質炭酸カルシウムの微粉末のみでカラーを作り塗工すると，15 sでインキがセットするコート紙ができるが，粒子径を1.5 μmにするとセットの時間は1 min以上になる。また粒子径は同じでもバインダーのSBRラテックスの配合を2倍量に増加すると，セット時間は同様に1 min以上に長くなる。

それでもDATの初期浸透の60 msに比較すれば非常に長い時間である。ここに何か考え落としている要因があるのではないかと疑問を感じる。

第1に考えられるのはベヒクルの粘度である。水の粘度の1 cP（10^{-3} Pa·s）に対して，ベヒクルは10–100 Pであるからインキ中の移動に時間がかかるのは理解できる。しかし紙の上に乗っているインキの平均膜厚が1.5 μmであるのを考慮すると，時間が長すぎるとしか思えない。

第2に考えつくのは液体の分子間凝集力である。表3.5.4を参照願いたい。ジメチル・ジクロロシランで表面処理をして表面自由エナジーが16.6 mJ/m^{2}になっている多孔質アルミナの板(1 B)は，上に乗った水溶液の表面張力が36 mJ/m^{2}以上であると，全く吸収しないことを示している。液体内部の分子間凝集力がはるかに大きいと毛細管壁との接触角が90°以上になり，毛細管内の液面が逆に低くなるからである。液体

3. 紙の品質改良

の表面張力は石油が28，水が72.8，水銀は482，1 570°C で溶けた鉄は 1 720 である。無サイズの紙は良く水を吸うが，ワックスサイズをした紙の上では水は球になる。水銀は大抵の物質の上で球になって転がる。

液体としては $26\,\mathrm{mJ/m^2}$ の石油はインキの中でどのような状態で存在するのであろうか。

インキに使用する有機顔料は分子構造を強い親油性にし，水溶液中で顔料を合成した後に油を混合し撹拌する。この工程で顔料は油相に移行し水は顔料から分離し系外に排出される。

樹脂はロジン変性フェノール樹脂等が使われ，アマニ油に溶解し石油との親和力は強い。

このように強い親油性成分の中に分散し，吸着されている石油は，よほど強い力でないと吸い出せないのではないかと想像する。

仮に，炭酸カルシウムは表面自由エナージーが 100 以上（分散剤の添加により若干低下しているが）で高いから石油を吸い出せると仮定し，バインダーのSBRラテックスは表面自由エナージーが 30 前後と低く石油は全く吸い出せないと仮定する。ピグメントに対するバインダーの配合比率を 12 パーツで一定とすると，次の仮説が考えられる。

仮説 1） ピグメントの平均直径が小さくなると表面積が大きくなり，SBRラテックスがピグメント表面を被覆する面積率が低下するので，ピグメントが石油を吸収する速度は速くなる。

仮説 2） SBRラテックスの配合比率を大きくすると，ピグメント表面の被覆された面積が増え，炭酸カルシウムの露出した面積率が低下するので，石油を吸収する速度は低下する。

想像により勝手に作り出した仮説は実験の測定値と良く一致する。炭酸カルシウムの平均粒子径を 1/3 にしたらセッティングタイムは 1/10 に短縮された。また SBR の配合率を 2 倍にしたらセッティングタイムは 4 倍に伸びた。

DATによる石油のみの液体の吸収速度には炭酸カルシウムの粒子径

の差は明らかに出ていないから，顔料や樹脂の混合により分子間凝集力が上昇したと考えても良さそうである。これは石油に顔料や樹脂を徐々に配合量を増やして初期浸透速度やインキセッティングタイムを測定すれば証明できる。もっともこの領域は製紙会社が研究する範囲ではないが，コーティングカラーの材料選定の研究には欲しい知識である。

80年以上の長い製造経験を持つ印刷用塗工紙でも，いまだに理論的に不明な現象が数多く残されている。新しい理論を証明するには特別な機能を持った優れた測定器が必要である。今回紹介したDATは新分野を開く優れた測定器であると感じている。新しい測定器を開発するには長い時間と多くの費用が必要で，根気のいる仕事であるが，日本の製紙業界もそろそろ手掛けても良い時期でなかろうかと考える。

また，印刷適性に関する研究では企業秘密にこだわらずにインキ会社との自由討論を行えば研究促進に役にたつと考える。

3.6 紙の水分と寸法安定性

3.6.1 紙の伸縮と見当狂い

"高精細印刷を実現するには苦労が多かったと思いますが，解決できないで残されている問題点は何でしょうか"との質問に対して，ある印刷会社の技術担当の重役は答えた。"それは見当合わせだけですよ。"

"何で今さら見当合わせが問題視されるのですか？それはとっくの昔に解決したことでしょう。" 予想外の返事に実は驚いた。

昔は抄紙機の構造が不備で，ドライヤーで乾燥の時に幅方向の両端が先に乾燥し，中央部が水分が多くカレンダーで中央部が潰れて薄くなるので，紙は過剰に乾燥して幅方向の水分を均一にしないと巻取ができなかった。平判に断裁されて山に積まれた紙は低水分で電気抵抗が高く，ロールとの摩擦帯電で紙の表面の電位は100 000 V以上に帯電し，一晩

3. 紙の品質改良

置いた山は吸湿によって紙が伸びるためにほとんど波を打っていた。印刷会社に持ち込まれた紙は，多色印刷の場合は必ずシーズニングマシンに数枚ずつ重ねて吊し，下から温風を当て吸湿させて紙を伸ばして紙癖を直してから印刷した。印刷現場ではこの作業を紙を乾燥すると称していた。それでも一色印刷した翌日雨が降ると，また紙が伸びて見当が合わなくなった。フォーム印刷では印刷された罫線と，コンピューターの活字の位置が合わなければならない。印刷後に紙が幅方向に伸びるのを計算にいれて，40 cm くらいの紙幅に対して版の罫線の幅を 0.5 mm 小さく作っていた。これは版で紙の寸法変化を補っていた例である。近年は抄紙機が進歩して全幅に 7.0% の水分の紙を製造することが可能になり，平判に断裁後も波打は発生せず，山台のままシュリンク包装して輸送し，印刷会社では包装を解いて直ちに印刷機にかけられる状態にまで進歩している。4 色のオフセットウエットプリンティングでトンボは 0.2 mm の誤差範囲に入っていた。これで見当合わせの問題はほぼ解決したと思っていたのに，いまさら未解決といわれるのは，印刷会社の品質に対する要求のレベルが上がって一段と厳しくなったと理解するのが正しいのであろう。

印刷用紙を供給する側として印刷会社の要望に答えるために，今まで以上に寸法安定性の良い紙を製造するのに何を考えたら良いのかを根本から考え直してみたい。

紙の伸縮の最大の原因は紙中の水分の変化である。そして紙の水分変化は周囲の空気の相対湿度の変化によって起きるので，空気の湿度の問題から説明を始める。

3.6.2 空気中の水分量
1) 液体純水上の水蒸気の飽和圧力　e mmHg

上面が開放している器に入っている温度 t °C の純水上の水蒸気の最大圧力をその温度の飽和圧力という。空気の温度が純水と同じときに

3.6 紙の水分と寸法安定性

表3.6.1 飽和水蒸気圧,飽和絶対湿度,露点湿度

温度 t：℃	飽和水蒸気圧 e：mmHg	飽和絶対湿度 F：g/m³	露点湿度 f：g/m³
0	4.579	4.8781	4.84
1	4.926		5.19
2	5.294		5.56
3	5.685		5.95
4	6.101		6.36
5	6.543	6.8353	6.80
6	7.013		7.26
7	7.513		7.75
8	8.045		8.27
9	8.609		8.82
10	9.209	9.4428	9.40
11	9.910		10.01
12	10.518		10.66
13	11.231		11.34
14	11.987		12.06
15	12.788	12.877	12.83
16	13.634		13.63
17	14.530		14.47
18	15.477		15.36
19	16.477		16.30
20	17.535	17.343	17.29
21	18.650		18.32
22	19.827		19.41
23	21.068		20.56
24	22.377		21.76
25	23.756	23.089	23.03
26	25.209		24.36
27	26.739		25.75
28	28.349		27.21
29	30.043		28.74
30	31.842	30.414	30.34

は,温度 t と飽和蒸気圧 p との関係式は

$$pt = 4.579 + 0.3538\,t + 0.007145\,t^2 + 0.000378\,t^3$$

表3.6.1 に実用化学便覧にのっていた数表より抜粋した飽和水蒸気圧と温度の関係を示す。空気中に飛び出した水の分子の量は温度が高くなるに従って多くなり,その度合いは水の温度が 10℃ 高くなるごとに

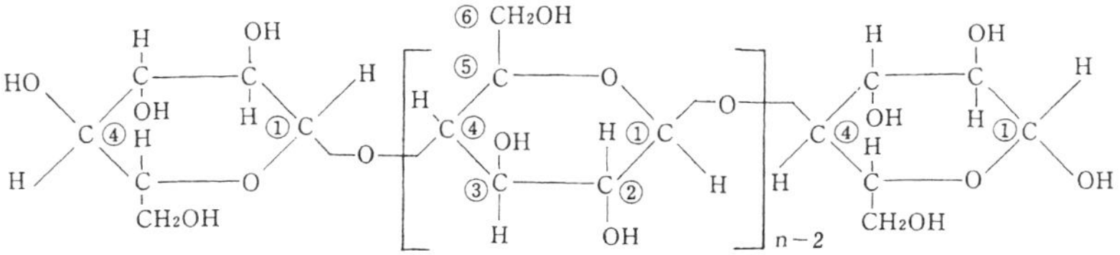

3. 紙の品質改良

図 3.6.1 セルロースの分子構造

圧力は2倍近くになっている。水および空気の温度が高くなると空気中に含み得る水の分子の量は確実に増えるのに，紙に含まれる水分は全く増加しない。それどころか僅かに減少する傾向があるのは非常に重要な事実である。物理の本には"熱は分子運動である"と記述されている。液体の水は分子間距離が小さく，分子間力が強くて一部結晶構造を作っているが，温度が上がり分子運動が激しくなって分子間力を上回った時に気体分子として空気中に飛び出す。ロケットの速度が大きくなったとき，地球の重力の束縛から離れて自由に宇宙に向かって飛び出すのと同じである。温度が高い程水面から飛び出す水分子の数は多くなる。液体の水が存在する限り増え続け水面から出る量と，空気中から液面に飛び込む量とが同じで平衡に達したところが，その温度の飽和水蒸気圧である。

図 3.6.1 のように親水性の OH 基を多く持っているセルロースの繊維が水蒸気を含んだ空気中にある場合，繊維は水を吸着するが，繊維の温度が空気と同じであれば水はセルロースとの分子間結合力に逆らって空気中に飛び出し平衡を保つようになる。

2) 絶対湿度 f g/m^3

空気 1 m^3 中に存在する水蒸気の量をグラム数で表したものを絶対湿度と称する。蒸気圧力 e と絶対湿度 f との関係式は

$$f = 1.058\, e / (1 + 0.00367\, t)$$

飽和絶対湿度は温度の上昇と共に増加するが，気体の膨脹係数の影響

3.6 紙の水分と寸法安定性

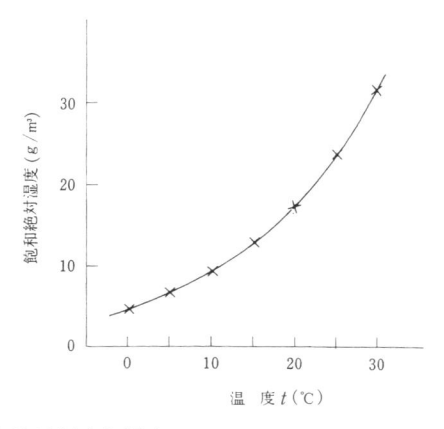

図 3.6.2 飽和絶対湿度と温度

で体積が増えるために，増加率は飽和圧力と少し異なる。**図 3.6.2** に飽和水蒸気量 F と温度 t との関係のグラフを示す。

3) 相対湿度　$f/F \times 100\%$

ある温度での相対湿度は，その温度の空気が含み得る最大の飽和水蒸気量 F に対する実在の水蒸気量 f の比を百分率で表したものである。空気中の水蒸気量 f は空気の温度が変わっても変化はしないが，その温度の飽和水蒸気量 F は図 3.6.2 に示したように変化するので，相対湿度も温度と共に変化する。例を上げれば $10 \, \text{g/m}^3$ の絶対湿度の空気が $20°C$ のときには

$$10 \div 17.34 = 57.7\%$$

の相対湿度であるが，水分の出入りなしにこの空気の温度が $15°C$ に下がると

$$10 \div 12.87 = 77.7\%$$

と高くなる。さらに $10°C$ にまで冷却されたとすると，$10°C$ の飽和絶対湿度は $9.44 \, \text{g/m}^3$ であるから，相対湿度は 100% になり過剰の水分 $0.56 \, \text{g/m}^3$ は液体となって壁面に付着する。冬季に昼間暖房した部屋の空気が夜間にじわじわと温度が下がった時に，以上説明した状態が毎晩

3. 紙の品質改良

起こっている。また朝に暖房を入れると天井の方はすぐに暖まるが，床面は冷えたままで部屋の垂直方向に大きな温度差を生ずる。絶対湿度の同じ空気が温度だけ変化するのであるから，床面の近くは相対湿度が100%になり，天井の近くは40%以下になってしまう。

このような状態の部屋に紙がおかれた場合に紙にどのような変化が生じるのか，後節でくわしく議論をする。

 4) 露点 $\tau°C$ $f\,g/m^3$

絶対湿度 f が飽和湿度 F に等しくなる温度を露点という（表3.6.1）。

3.6.3 相対湿度と紙の平衡水分

 1) 紙の水分の定義

$$紙の水分 = W/(S+W)$$

  W：水の重量，S：固形分の重量

注意すべき点は水分は W/S ではない。

 2) 相対湿度と紙の水分

図3.6.3に示すようにすべてのセルロース繊維は周囲の空気の相対湿度が変わると，それに応じて水分が変わる。空気の相対湿度が上がるとセルロースは空気から水蒸気を吸収して水分が増加し，湿度が下がると水分子を放出して水分は減少する。先に述べたように空気の相対湿度は温度変化によって変わり，温度が上がると湿度が下がり，温度が下がると湿度が上昇する。結果として空気の温度が上がると紙は水分を放出して乾燥し，温度が下がると紙の水分は増加する。空気の湿度変化によって紙の水分が変化することは大部分の人が熟知しているが，温度変化によっても紙の水分が変化する事実は意外と知られておらず，紙の保管場所に精密な温度コントロールの設備がついていない結果となっている。

 3) パルプの種類と平衡水分

木材の含水率は針葉樹で13.4-15.2%，平均14.2%である。広葉樹で

3.6 紙の水分と寸法安定性

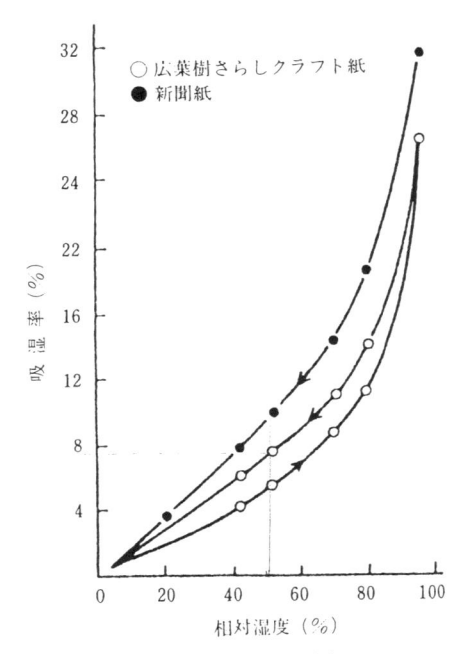

図 3.6.3 等温吸湿率曲線（LBKP・新聞用紙）

は 12.5-14.0％，平均 13.3％である。GP，RGP，TMP 等の高歩留まりパルプでは，ストーンやグラインダーとの摩擦熱で木材中の水可溶成分が数％溶け出すのみで，大部分の成分が残っているので相対湿度 65％の空気中での平衡水分は木材に似て高く，11％近くになる。リグニンを除くために強い化学処理を受けている化学パルプでは，細胞膜の各層中にあるヘミセルロースがリグニンの除去と一緒に溶け出してしまう。水を吸収しやすいヘミセルロースが減少しているので平衡水分は低くなる。さらに漂白工程で薬品処理を受けた BKP は水分が少なく 7-8％である。α セルロースの含有率の高い木綿繊維は水分は 6％とさらに低くなっている。以上の各パルプを素材にしている紙はその配合率に応じて平衡水分値が変わる。新聞用紙は 9％以上であり，クレイを内填している上質紙は 7％前後である。

3. 紙の品質改良

表 3.6.2 針葉樹材の細胞壁の成分分布

層区分		層の厚さ (μm)	ミクロフィブリルの充填の状態	ミクロフィブリルの角度（繊維軸に対して）(度)	化学組成 (%)		
					セルロース	ヘミセルロースおよびペクチン	リグニン
一次壁		0.03～0.10	網目の状態でゆるんでいる	—	10	20	70
二次壁	外層	0.10～0.20	やや平行にらせんにまいているが、方向が逆なものもあり交叉している	35～75	35	25	40
	中層	0.50～8.0	平行に配列しており、充填の度合は密である	10～35	55	30	15
	内層	0.07～0.10	らせん状で密	70～90	55	40	5
細胞間層			無定形	—	0	10	90

4) 吸着と脱着

紙の強度は図 3.6.4 に示すように紙が含有している水分によって変わるので，試験する用紙の水分が一定になるように調整をしてから紙力を測定する。その方法が"JIS P 8111 試験用紙の前処置（旧規格）"に記述されている。用紙を調整する標準条件として，温度 20±2°C，相対湿度 65±2% の環境の中に，普通の坪量と組成の紙であれば 4 時間，強サイズ紙，板紙では 24 時間以上静置し，質量の変化が 0.1% 以下になるようにすると印刷してある。一読するとごく当たり前のことが書かれているように見えるが，自分で注意して実験してみると色々の困難に打ち当たり，簡単そうに見える JIS の標準条件を実現するのが極めて難しいことが判明した。湿度の性質をより良く理解するため，経験した内容を詳しく述べると

＊エヤーコンデイショナーの性能　一般に温湿度をコントロールする機械設備は，ヒーターで加熱し，フレオンガスを使いコンプレッサーでフィンを冷却するタイプが多い。夏，室温を下げるために壁に固定したセンサーから信号が出るとコンプレッサーが始動する。室温が下がりコンプレッサーが停止してもフィンが冷たいので室温は過剰に冷却

3.6 紙の水分と寸法安定性

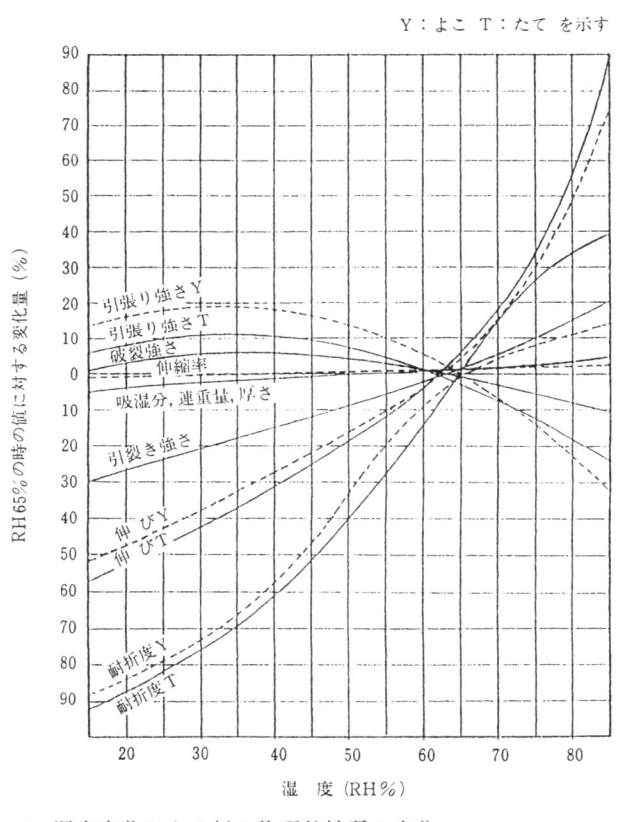

Y：よこ　T：たて　を示す

図 3.6.4　湿度変化による紙の物理的性質の変化

される。またフィンの温度が低く，空気の露点以下になるのでフィンの表面は水で覆われて，下のパンにまで水が溜まっていた。空気によってフィンが加熱され，露点を越えると空気は逆に急激に加湿され湿度は上昇を始める。次には湿度計から除湿の信号が発せられ，コンプレッサーが稼働し，以上述べた経過をふたたび繰り返す。こうしてコンプレッサーは一日中稼働と停止を繰り返していた。

＊温度と湿度の測定　天井に付いている空気の吹き出し口の下の実験台の上に応答の速い温度・湿度のセンサーをおき，出力を自記記録計に

3. 紙の品質改良

書かせたところ，綺麗なサインカーブを描き，周期は6分，温度の変動は±2℃，湿度変動は±3.5%であった。水分の出入りのない条件で空気を2℃冷却すると，RH 65%の空気は

$$17.54 \times 0.65 \div 15.48 = 73.6\%$$

と8.6%も高くなる筈であるが，このときの装置では冷却と同時に脱湿も行われたので，湿度変動は小さく押さえられたようである。同じ実験台の上に記録式毛髪湿度計をおいて測定したところ，周期の6分間は一致したが湿度変化は±2%と若干小さい測定値になった。送風乾湿球湿度計では湿度の周期的変化はほとんど検出できなかった。

* 紙の吸湿速度　同じ実験台の上に倍率100倍の顕微鏡を置き，湿度変化による紙の伸縮を測定した。長さ10 cmの紙が3/100 mm，比率にして0.03%程度の伸縮を6分周期で繰り返していた。JISでは平衡水分になるのに4時間が必要としているが，紙の吸湿速度が予想以上に速いことが判明した。紙を秤量瓶に入れて，精密天秤で重さを測定したところ重さの変化は検出されなかった。

* 恒温室の設計　以上の経験はわずか200 m^{3}程の大きさの部屋の温度をコントロールするのに過大なヒーターとクーラーを設備した失敗例である。壁に取り付けたセンサーの検出速度に対しアクションが大き過ぎてハンティングを起こしている。

精密に測定すれば温度も湿度も限界を越していることに気が付く筈であるが，応答の遅い測定器では感知できないのでJISで規定している標準条件に合致していると誤解することもあり得る。

厳密に標準条件に合格する環境を作ろうとすると，予想以上に技術的に難しいのに気がつく。

A)　まずセンサーは応答の速いものを選ばねばならず，設置する位置は壁でなく部屋の中央に近い必要がある。

B)　次に制御系は比例制御か微分制御が望ましい。中央値から大きく外れているときは出力も大きく，中央値に近づいたらその差に比例し

て小さな出力で細かく制御する方が良い。これを実現するには出力が連続的に可変にするか，あるいは数段階に切り替えのできる設備をつけねばならない。事務所で使用しているエヤーコンディショナーを設置したのでは決して良い結果は得られないことを銘記するべきである。

C） コンディショナーの運転は24時間連続にするべきである。紙質試験をするには4時間以上調湿すると規定されているため朝9時から調湿を始めたのでは，午前中は測定ができない。従って前日の午後に紙を吊して置き，翌日の朝9時から測定できるように用意するのが一般である。厚さ10cmの断熱材を使用した部屋でも，冬には夜間に室内の温度は3°C低下する。空気の出入りはないので室内の湿度は78.5%に上昇する。この条件で十分に吸湿した紙は翌日65%の湿度の空気に接しても，ヒステリシス曲線の上限になり，JISに規定されている乾燥状態より吸湿させて平衡にする方法に対し，水分が1%以上高くなる。会社によっては"朝6時に宿直の人がスイッチを入れるようにしています"との返事があったが，一度高水分になった紙は測定しても正確でなく，ふたたび乾燥してから調湿をやり直すべきである。夜間の安全対策のために実行しにくい項目である。

D） 加熱，冷却の能力は小さい方が良い。能力が大きいと上に述べたようにハンティングを起こす原因になる。特に冷却は能力が大きいと露点以下の温度になり脱湿の作用を起こし新たな変動の元になる。

E） 加湿装置はほとんど使用しない。20°C，65%，200 m^3 の空気に含まれている水の重量は

$$17.34 \times 0.65 \times 200 = 2\,254.2 \text{ g}$$

人間の体から一日に300gの水が蒸発すると仮定すると，1人が室内で作業していれば300gの水が一日で増加し，相対湿度は65%から73.7%に上昇する。冬季に外部から新鮮な空気を多量に取り入れて湿度を下げない限り加湿装置は不要である。

5） 平衡水分のヒステリシス

3. 紙の品質改良

　古くから良く知られている現象である。同じ相対湿度65%の環境においても，水分の多い紙を平衡にした水分と，いったん乾燥した紙を吸湿させて平衡にした水分では1%以上の差がある。乾燥した紙の方が水分が少ない。長時間かけて完全に平衡になったことを確認してもこの差はなくならない。このように前歴によって差の生じる現象をヒステリシス現象と称している。紙を扱う人は皆このヒステリシス現象を重要視し正確に認識するべきであると考える。1%以上水分の差があっても白色度のように変化の小さい項目もあるが，一般に紙力関係は影響が大きく耐折度では20%以上の平均値の差を生じ無視できない（図3.6.4）。

　ヒステリシス曲線を詳しく読むといくつかの特徴がある。
＊バージンパルプが最も水分が多い。蒸解後乾燥していないパルプをリファイニングしシートを作り紙力試験室に放置して乾燥したシートの平衡水分値はそのパルプの最高値を示す。このシートを乾燥，吸湿の処理を行い十分に加湿した後に，標準条件の部屋の中で平衡水分に調整すると，初めて乾燥したときの水分に対して必ず低い水分値になる。さらに乾燥加湿を繰り返すと水分値は僅かずつ低下してゆき一定になるのに長い日数を要する。昔の人は"抄造後半年もおけば紙は枯れて癖も無くなる"といっていたが含蓄のある言葉である。大量生産の時代になって紙の癖を直すために大資本を寝かして置くわけにはいかないので，他の方法を見出だしていかねばならない。
＊紙の水分を3%近くまで乾燥した後に加湿して平衡にした水分値は，乾燥過程の水分値より1%以上低い。これはセルロースが持っている本来の性質であるから，変えるのは非常に困難である。ここで注意して戴きたいのはヒステリシス曲線の形である。乾燥が終了して加湿処理を始めるとき，空気の湿度変化量が10%以内のときはシートの水分変化は非常に少ないように見える。同様に加湿を終了して乾燥過程に入った最初の10%の湿度の変化の間は，紙の水分の変化は少ないようである。ここで曖昧な言葉を使用した理由は，ヒステリシスカー

3.6 紙の水分と寸法安定性

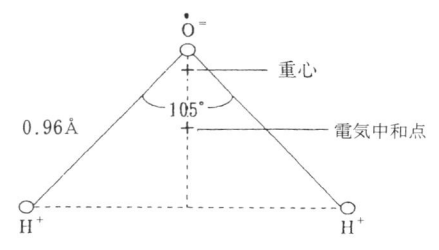

図 3.6.5 水の分子構造

ブに関する技術論文は一般に古く，近年の報文は少ない。また乾燥は0%まで，加湿は90%までと極端な条件での処理が多く，50-60%の中間領域で折り返した場合の水分の精密な測定実験がない。また，詳しく述べてきたように実験設備と操作方法の記述が少ないとデータの信頼性が低い。紙の基本的な性質に関するデータであるからぜひ研究して欲しい。紙の伸縮によって起こる印刷中の見当狂いの難問を解決する一つの手段がここにあると考えているからである。

6) セルロースと水分子の吸着

水の分子 H_2O は**図 3.6.5** の形をしている。分子中の重心と電気的に中和点の位置が大きく離れているために，水は他の液体と比較して特異的な性質を持っている。水分子は極性が強く分子が2個，3個，6個会合しているものを含んでいる。

セルロース分子の中には OH 基が4個あるので水の分子とは親和力が強い。しかしセルロース分子の結晶領域には水の分子は入り難く，分子の配列が乱れている無定形領域に入りセルロース分子間の距離を広げ，繊維の体積を増大させると解釈してきた。

最近大変に興味のある研究論文が発表になった[10]。それはセルロース細胞膜中に存在する空隙の直径を大きさ別に溶質排除法によって測定する。パルプを叩解処理，アルカリ処理，酵素処理したときの各直径の穴の存在比率の変化を追跡し，それと吸着水との関係を出している。叩解により 9-27 nm の大きさの穴が発生し，これにより吸着水の量が増大

3. 紙の品質改良

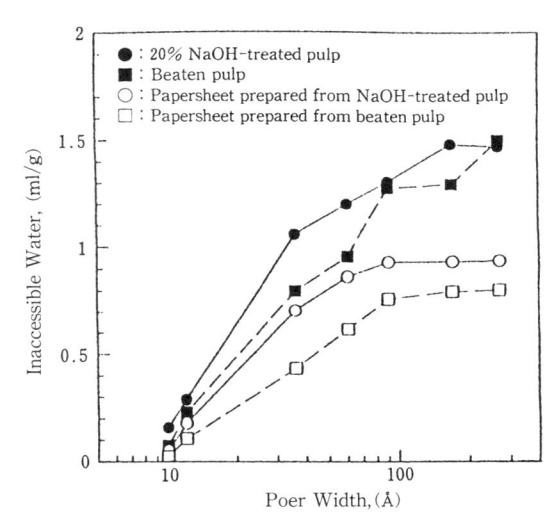

図 3.6.6 空隙の直径と吸着水 （20% NaOH 処理パルプと強叩解パルプ）

するが一度乾燥するとその 80%近くの穴が不可逆的になくなり，シートを水に漬けても穴は戻らないと記述されている。アルカリ処理では細胞膜中に存在するヘミセルロースが溶解して 1–3.6 nm の大きさの空隙が増えている。

3.6.4 温度と平衡水分

　水の温度が上昇すると分子運動が活発になり，蒸発する量が増える。水に接している空気の温度が水と同じであれば，空気中の水分子の数は増加し飽和絶対湿度は大きくなる。空気中の水の量（絶対湿度）が増えれば，その雰囲気中にあるセルロース繊維の水分値も増加すると感覚的には考えがちであるが，実際はセルロース繊維の水分は絶対湿度の影響は僅かで相対湿度によって支配される。その関係を図 3.6.7 に示す。予想に反して温度の低い方が水分は高く，温度の高い方が水分値は低い。その差は 10–50°C の間で 1%程度である。

3.6 紙の水分と寸法安定性

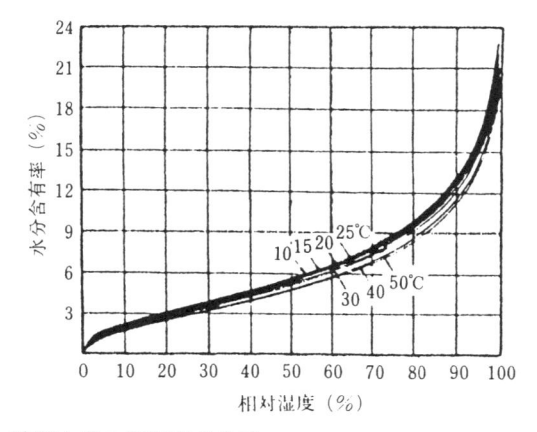

図 3.6.7 精練木綿の等温吸着曲線

3.6.5 水の吸着，脱着速度

まず"JIS P 8111試験用紙の前処置（旧規格）"から関係する文章を抜き書きすると"試料の前処置時間は，試料の含有水分が条件に適した空気と平衡に達するに要する時間とし，この所要時間は試料の質量の変化が0.1％以下になるまで置いて決定する。空気がよく循環すれば，普通の坪量と組成の紙には前処置時間は4時間で十分である。
注　水蒸気に対して強い抵抗のない紙の場合には2時間以上…の時間間隔でひょう量する。"紙の強度が水分によって大きく変化するので，水分を一定にする目的で書かれた処置法である。JISの文章であるから，あらゆる場合にも不都合を生じないように余裕を持った条件にしてあると理解する。文章を注意して読むと普通の紙ならば調湿開始後2時間たったら1度重量を測定し，さらに2時間過ぎた時にふたたび測定して0.1％以上の変動がないことを確認してから，紙力の測定を始めてもよいと判断すると解釈できる。このJISの文章を書いた人達は2時間以内に水分が平衡になることを知っていたのではないか。さらに考えれば，アメリカのTAPPI Standardの文章が類似しているから，あるいは1930年頃

—277—

3. 紙の品質改良

作られた条件なのではなかろうかと想像する。

　筆者は紙の吸湿速度を知りたくて自分で実験を行ったことがある。当時は設備にいろいろ不備な点があって，発表できるほど正確な測定が行えなかったが，おおよその傾向は掴めた。乾燥した紙が吸湿して相対湿度65％の空気と平衡水分に到達するまでの重量変化は，横軸に時間をとると漸近線の形になる。従って完全平衡のエンドポイントを決めるのは非常に困難で，JISにも書いてあるように用心して慎重にならざるを得ないが，平衡水分になったときの重量変化を100％として，その変化量の70％に達するまでの時間を測定するのは比較的容易であり正確にできる。

＊白色度82％のLBKPをcsf 400 ccに叩解し，無サイズのまま60 g/m^{2}のシートを作った。常温で送風乾燥の後にデシケーター内に入れ，紙質試験室に前日の午後に入れて，一晩おいて翌日の午前に測定を行った。

＊別のデシケーターに65 g/m^{2}の弱サイズの上質紙と52 g/m^{2}の新聞用紙をいれた。

＊手漉シートと新聞用紙は重量総変化量の約50％の水分を1分間で吸収し，3分間で70％の重量変化が測定された。上質紙では70％吸収するのに3.5 minかかった。

＊顕微鏡で吸湿による紙の伸びを観察した。デシケーターから取り出して顕微鏡の台にセットしたときには速い速度で伸びつつあり，3分間経過後は伸びは緩やかになった。

＊紙質試験室の温湿度は変動していたので，平衡水分を正確に測定することはできなかった。また紙を取り出すのにデシケーターの蓋を開けるので2枚目以後の紙は吸湿していたと思われる。

＊以上の理由でこの実験は正確だとはいえないが，吸湿時間の測定誤差が30％もあるとは思えない。紙の吸湿は思ったより速く，この速度であれば紙がおいてある部屋の温度変化が原因で起きる湿度変化には

十分追随していくと思われる。

3.6.6 紙の水分と寸法安定性

　紙の物理的性質は紙に含まれている水分によって大幅に変化する。そこで正確なデータを得るためには試験する紙の水分を一定にする必要があり，"JIS P 8111 試験用紙の前処置（旧規格）"にその方法が記述されている。ところが JIS に規定されている温度 $20±2°C$，相対湿度 $65±2％$ の標準条件の環境を作り出すのが，予想以上に困難であることは前に述べた通りである。真夏の太陽に照らされる屋上や外壁は $40°C$ 以上に上昇する。冬の夜明けの温度は $0°C$ に近い。これだけ温度の変動が大きいと，建物と空調設備を設計する技術者は安全係数も考慮して大きな能力を持った加熱装置と冷却装置を設計する筈である。これは室内の空気の湿度を精密にコントロールするには能力が過大で，オンオフ制御すればハンティングを起こす原因になる。最近製紙関係の研究所を訪問する機会があって，空調設備も調査したところ，紙質試験室の設備では温度が $±1°C$，相対湿度が $±1％$ にコントロールされていた。訪問した日の気温が $30°C$ と高かったので自記記録のチャートには冷却用のコンプレッサーが一定の周期で作動したことが記録されていた。密閉した空気であれば冷却を開始すると相対湿度が上昇する筈であるのに，開始と同時に湿度が低下を始めているのは冷却のフィンの温度が露点以下になり脱湿したためと解釈できる。温度の上昇だけでなく湿度の影響も考えられる。男性一人の呼吸により排出される水量は $600\ ml/24\ h$ である。この水分増加量の除去のためにもコンプレッサーの稼働が考えられる。他の例は製紙会社の研究所の紙の物性研究室で専門家による特別設計で，相対湿度は $±0.2％$ の変動範囲に収まっていた。

　空気中の相対湿度が高くなると紙の含有水分が増え，水分が増えると体積が大きくなるのは天然のセルロース繊維の本性であって，人間がこの本性を変えることが不可能であるならば，繊維がどのような性質を持

3. 紙の品質改良

っているかを素直に理解してから，その対応策を考えるべきであろう。

3.6.7 単繊維の寸法変化

紙が水分によって伸び縮みするのは，紙を構成しているセルロース繊維の寸法が変化しているからである。セルロース繊維の寸法変化についての記述は以外に少なくて古い研究のみである。G. E. Collins の測定によると単繊維の直径は，図 3.6.8 に示すように相対湿度 100%から 0%にすると 34%収縮し，ふたたび湿度を 100%に戻すと体積は 29%膨脹する。また繊維の長さは乾燥により 0.6%収縮し，加湿により 0.9%長くなる。

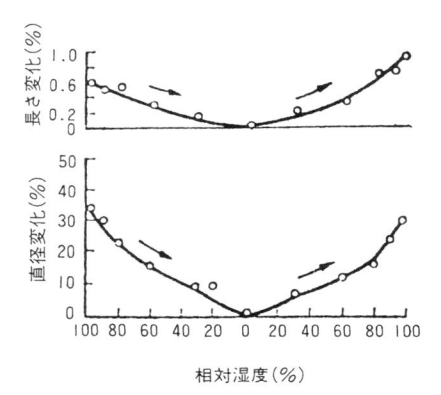

図 3.6.8　木材単繊維の湿度変化に伴う寸法変化

他の研究論文では単繊維を乾燥状態から水に浸漬したとき，直径は 28%増大し，長さは 0.4%短縮すると記述されている。

いずれも測定方法の細かい説明がないので，測定値の差が何によって生じたかは分からない。後に詳しく議論するように，寸法変化は樹種，蒸解法，乾燥の履歴，その他諸々の要因の影響を受ける。比較的均一な組成の得られる合成樹脂と異なり，天然物は異なる性質の物の混合物であるから，測定値の僅かな差にこだわってみても意味がない。おおよその平均値として繊維は相対湿度 0%から 100%に変わったときに直径が

—280—

3.6 紙の水分と寸法安定性

図 3.6.9 木材繊維の組織（模式図）

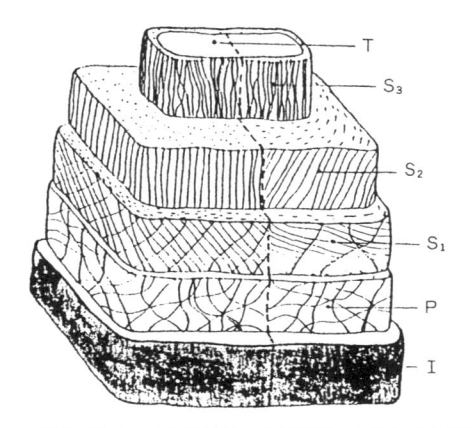

点線左部：カバの木繊維　点線右部：トウヒの仮道管
I：細胞間層　　　　　　S₁：2次壁外層
S₂：2次壁中層　　　　　S₃：2次壁内層
P：1次壁　　　　　　　T：3次壁

30%変化し，長さは変わらないとして先に進むのが良いと考える。さらに繊維のカールの問題がある。繊維の一端を固定して吊り下げ，他の端に細い針を付ける。乾燥した繊維に水を一滴付けると，下の針はクルクルと回転するという。水を吸い取り乾燥すると，針は逆方向に回転する。図 3.6.9 は中空の木材繊維を拡大した模式図で，図中の細線はミクロフィブルを表している。各層の中で最も分厚い2次壁中層ではミクロフィブルの配列している方向が繊維の長さ方向に近いが，2次壁外層と1次壁は斜めにスパイラルに巻いている。ミクロフィブルの寸法は水を吸収したときに長さ方向は伸びずに間隔を広げるので，繊維を捩れさせる。細胞間層のリグニンが残っていると，この捩れは抑制されるが，蒸解が進むにつれて捩れが顕著になる。また叩解が進むと1次壁および2次壁外層が破壊されて捩れが弱くなり，代わりに2次壁中間層による繊維直径の水による膨潤と収縮が大きくなる。

3. 紙の品質改良

3.6.8 手抄きシートの寸法変化

抄紙機上で抄造した紙の寸法変化の議論に入る前に，物性を基礎的に解析するために，繊維が均一に分散している手抄きシートでの現象について考えたい。紙にすると単繊維の寸法変化よりかなり複雑になる。それは繊維間の接着の影響を加味して考えねばならないからである。

1) 乾燥時の収縮率

1954年9月にApletonで開催されたTAPPIとCPPAの共同主催の討論会で，H. F. Ranceは"抄紙機の根本問題"という話の中で次のように述べている。

"相対湿度65%にいたるまでの繊維の体積収縮率は約19%であって，この際繊維長はほとんど変わらず直径が約10%縮小する。"

"各々の繊維が20%の体積縮小をした場合，紙は平面内の各方向に対して各々10%縮小し，面積では19%，体積では約28%縮小するであろう。"

2) 叩解の影響

極度に叩解したパルプから作った紙は収縮率が大きく，平面の線方向で収縮率は20%にも達し，これは面積収縮にして約36%に相当する。収縮が始まるときの含水率は叩解が進むに従い高くなる。

3) 叩解と荷重の影響

叩解が少ない内は，図3.6.10に示すように収縮率は4%以下で小さいが，強叩解のパルプで作った紙は収縮率は24%にも達する。脱水時の加圧は叩解が少ないときは紙の密度にのみ影響して収縮率には影響がないが，強叩解では加圧は密度に関係なく収縮を減少させる。

4) 含水分と収縮率の関係

図3.6.11は紙の水分に対して紙の水平方向の線収縮率をプロットしたものである。収縮率の傾向は明らかに3段階に別れている。AからBまでは繊維の2.5倍の重量の水が除去されているが水平方向の収縮はごく僅かで紙の厚みの減少が起こっている。B点に来ると水平方向の収縮

3.6 紙の水分と寸法安定性

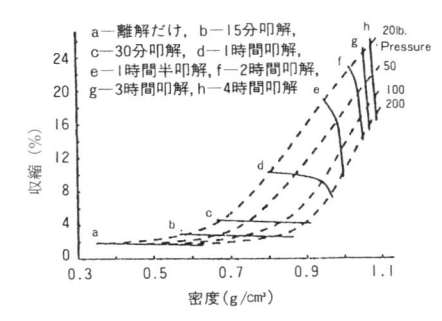

図 3.6.10 圧搾と荷重の影響

図 3.6.11 湿潤紙匹の含水分と収縮の関係

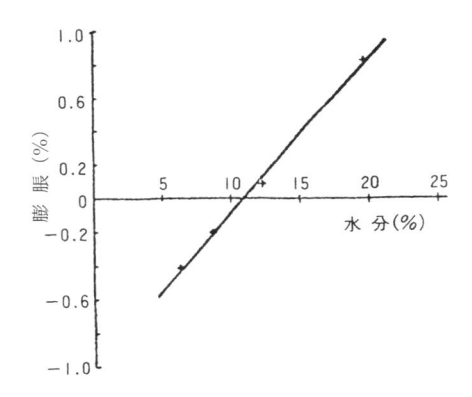

図 3.6.12 紙の吸着水分と膨脹との関係

が始まる。B点は水分量が繊維の1.5倍で，一般の表現でいえば60%の水分のことで，抄紙機のプレスパートからドライヤーパートに入るときの水分に近い。C点になると僅かな水分の減少で収縮は急激に大きくなる。この変曲点の水分は繊維の重量の1/3で，紙の表現では25%くらいである。D点は水分8%くらいで，C点からの17%の水分減少で紙は3%と非常に大きな収縮を起こしている。

5) 吸着による体積膨脹

未叩解のKPで作った紙の体積膨脹は，図 3.6.12 に示すように含水

—283—

3. 紙の品質改良

表 3.6.3 叩解度と伸縮率の関係

フリーネス °SR	紙葉の見掛比重	平均繊維長	X 伸長率(%)	Y 繊維内紙匹収縮(%)	$X-Y$ (%)
13	0.48	1.72	2.5	2.6	0
17	0.65	1.10	6.2	3.0	3.2
27	0.72	0.84	7.5	3.3	4.2
42	0.79	0.65	8.0	3.6	4.4
56	0.84	—	10.0	4.3	5.7
68	0.87	0.42	11.2	4.8	6.4
84	0.98	—	15.0	7.8	7.2

率19%以下では含水量に直線的に比例する。図3.6.12より読み取ると含水率12%の変化に対して，体積膨脹は1.2%になっている。この数値より水平方向膨脹を推測すると

$$1.2\% \div 12 \times 10 \div 28 = 0.043\%$$

長さ600 mmの紙の寸法変化量は

$$600 \text{ mm} \times 0.043 \div 100 = 0.26 \text{ mm}$$

4色印刷中に水分が1%変化したら見当の許容差の0.2 mmを越してしまうとの意味である。

6) フリーネスの影響

バレービーターで叩解度を変えたパルプを7種類作り，手抄きシートを製作した。叩解を進めると内部フィブリル化が起こり繊維は柔軟になり，シートの乾燥時に繊維間の接着面積が増大する。互いに交差している繊維の幅方向の収縮が他の繊維の長さ方向の減少を起こし，シート全体の収縮率を高める。乾燥時に大きく収縮したシートは吸湿時の伸長も大きい。この関係をまとめたのが**表3.6.3**である。

実験はフリーネスをcsf 720 ccからcsf 20 ccまで非常に大きく差をつけている。

7) 乾燥時の拘束の効果

叩解を進めることによって乾燥時の収縮が大きくなり，同時に吸湿時の伸長率も大きくなるが，いずれの場合でも収縮率の方が伸長率より大

3.6 紙の水分と寸法安定性

表3.6.4 叩解度と乾燥収縮抑制の効果

フリーネス °SR	紙葉の見掛比重	伸長率 (%) 拘束乾燥C	伸長率 (%) 無拘束乾燥D	D－C (%)	繊維内紙匹収縮(%)
13	0.6	1.4	2.3	0.9	1.3
22	0.74	2.8	5.5	2.7	2.1
50	0.82	3.3	9.6	6.3	4.6
62	0.89	4.5	12.1	7.6	5.8
80	1.17	4.1	16.1	12.0	9.0

きい。では乾燥時に収縮を押さえて小さくしたならば伸長率はどのように変わるであろうか。実験の結果が表3.6.4である。表中の拘束乾燥Cがどの様な装置を使って製造した紙なのか記述がないので不明であるが，乾燥時の拘束がこれ程大幅に伸長率を小さくするという事実は，紙の寸法安定性を改良しようと考えている者にとっては適切なヒントである。

3.6.9 最近の研究

同じく手抄きシートでの水分による紙の伸縮の研究であるが，上坂氏は新たに測定器を試作して研究を行い1991年度国際紙物性会議で発表している[13]。その内容を要約すると

1) 水分紙伸縮率計の試作

＊測定部　図3.6.13に測定部の略図を示す。紙は水平に取り付けられ，クランプAで0点を合わせ，紙の伸縮によるクランプBの変位量はCの変位変換器によって検出される。

紙の水分の測定は同一サンプルを測定箱の中に入れ，伸縮の測定と同時に連続的に測定している。

＊湿度調整部　構造は2個の温度調節器からなり，前段は水蒸気で飽和になった低い温度の空気，後段はそれを加熱して測定温度に調節する装置である。2装置の温度差によって目的の相対湿度を作る。

3. 紙の品質改良

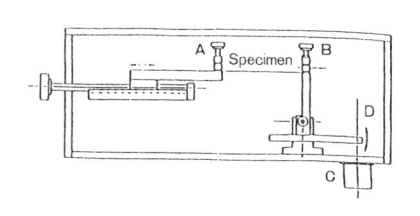

図3.6.13　水分紙伸縮率計の測定ユニット[13]

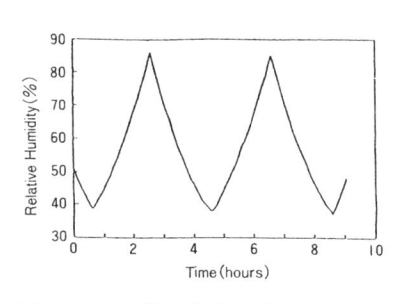

図3.6.14　湿度変化の計画[13]

　紙の寸法変化を測定する目的に合うように相対湿度の時間ごとの変化を予めコンピューターのプログラムに記憶させておき，図3.6.14に示すように1サイクル4時間でRH38%から86%までを連続して変化させている。この装置の特徴は相対湿度を連続して変化させていることである。これは紙の吸脱湿速度がかなり速くて湿度の変化に十分追随しているとの前提に立っていると考える。従来の測定器は特定の薬品の飽和溶液を装置内のバットに入れ，一時間程ファンを回して紙の水分がほぼ平衡に達したと見なされるところで寸法変化を測定し，次に薬品の飽和溶液を入れ替える。この方法では特定の湿度のデータしか得られないばかりでなく，吸湿，脱湿の1サイクルを行うのに1日を要する。それに対してこの試作器は湿度変化が連続であるばかりでなく，連続運転すれば1日で6サイクルのデータが得られ，データはメモリーに記憶され，データの解析計算ができ，結果をグラフにプリントアウトする。コンピューターを測定器に取り入れたメリットは実に大きい。

2)　固定乾燥の影響

　抄紙機で実際に紙を製造する状況が推測できるように，手抄きシートを乾燥する時に収縮するのを抑制したシートと，自由に収縮させて乾燥したシートの2種類を作った。これを試作した測定器で測った結果が

3.6 紙の水分と寸法安定性

図 3.6.15　収縮抑制乾燥の手抄
シートの伸縮率[13]

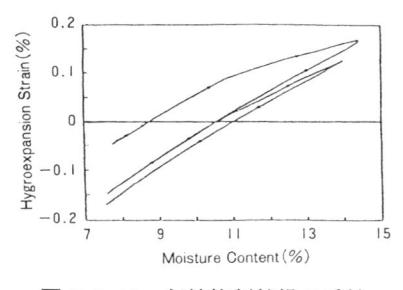

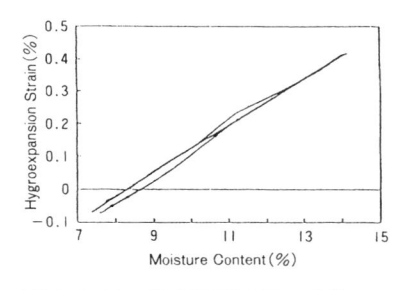

図 3.6.16　自由収縮乾燥の手抄
シートの伸縮率[13]

図3.6.15と図3.6.16である。乾燥時に収縮を抑制されたシートには凍結された内部歪みがあり，この歪みが加湿によって紙の水分が11%以上になると動き出してきて紙が収縮を始める。乾燥時に縮めなかった分が繊維の軟化で出てきたわけで，最初の吸湿の時に収縮量は0.09%，数回のサイクルで0.11%になる。

自由に収縮させて乾燥したシートからはこのような不規則な変形は見られない。吸湿も脱湿も同じ線上をたどっている。乾燥時の抑制の効果は紙の水分1%あたりの寸法変化率にも現れている。抑制された手抄きシートは水分1%の増加で0.045%伸びるが，自由に収縮させたシートでは0.075%と大きい。乾燥時に収縮の大きい紙は寸法安定性が悪いというこのデータは，抄紙機のドライヤーの構造と操業技術に対する重要なヒントを含んでいる。

3) 紙の密度の影響

手抄きシートを作る過程でプレスの圧力を変えて密度が異なるシートを作り，上記と同様の測定を行った結果が図3.6.17である。乾燥時に収縮を抑制した紙では，密度の高い紙のみが寸法変化率が大きいが，密度が0.7 g/cm^3以下の紙では差はない。一般に紙が印刷時に持っている7%の水分では，紙の密度の影響は見られない。寸法変化率は0.04〜0.06%の範囲である。乾燥時に自由収縮をした紙の寸法変化率は逆に密度の

3. 紙の品質改良

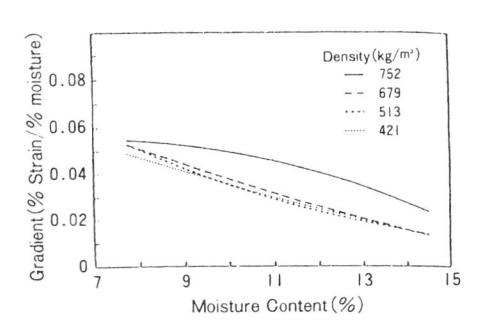

図 3.6.17　収縮抑制乾燥の手抄きシートの水分伸縮係数[13]

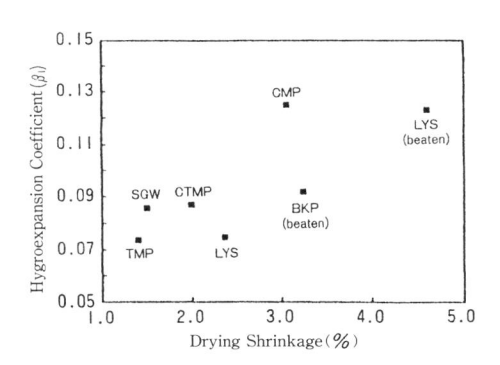

図 3.6.18　各種パルプの手抄きシートの乾燥収縮と伸縮率[14]

高い紙の方が僅かに小さい。しかし水分が 7-9% の範囲では差は見られず，変化率は 0.07-0.08% と大きい。

3.6.10 パルプ種類の影響

同じ上坂氏の研究論文であるが，TAPPI Journal の 1993 年 6 月号にパルプの種類の影響を発表している[14]。実験に使用されたパルプは GP, TMP, CTMP, CMP, SP, BKP である。各単独パルプで 60 g/m² のシートを作り，ウエットプレスで 27 kPa-1.9 MPa の圧力で密度の異なるシートを作り測定した。測定結果は図 3.6.18 に示してある。

1) 乾燥収縮率

3.6 紙の水分と寸法安定性

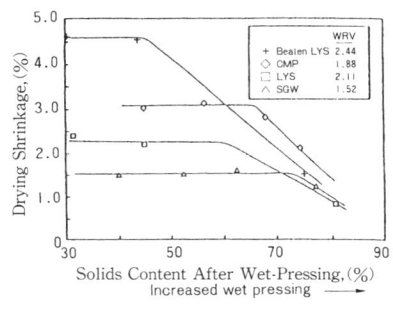

図 3.6.19 圧搾による固形分濃度と収縮率[14]

図 3.6.20 WRV と限界固形分濃度[14]

　乾燥時に自由に収縮させた紙では，乾燥収縮率はパルプの収率の影響が大きく，また寸法変化率も収率の影響が見られる。叩解による乾燥収縮率への影響は大きく，SP の WRV（Water-retention value）を 2.11 から 2.44 に増加させた（フリーネス値の表示がない）時に乾燥時収縮は 2.3% から 4.6% にと倍に増加している。

2) プレスによる脱水の影響

　叩解した SP のシートは固形分 44% 以下では乾燥時の収縮率は 4.6% で一定であるが，プレスによる固形分が高くなるに従い収縮率が小さくなる。固形分 70% では収縮率は 2.1% と半分以下に減少する。

　GP は収縮率が小さく 1.5% で一定していてその範囲が広く，収縮率が減少を始めるのは固形分 71% 以上からである（図 3.6.19）。

3) WRV の影響

　プレスによって脱水してゆくと一定であった収縮率が減少を始めるが，この変曲点がパルプの WRV と直線関係にある。図 3.6.20 にその測定値を示す。固形分値が非常に高い領域であるので実際の抄造には対応しないが，パルプの性質の一面を表現していて面白い。

4) 水分伸縮率の差

　紙の水分が 1% 変化したときの寸法の変形率は，紙の乾燥時に自由に

3. 紙の品質改良

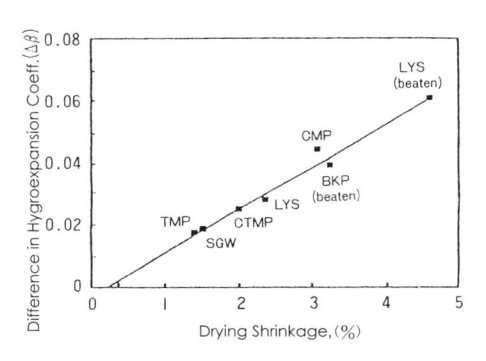

図 3.6.21　パルプの水分伸縮係数の差[14]

収縮させた紙の方が収縮を抑制した紙より大きい。この2者の差が乾燥時の収縮率と比例関係にある。図3.6.21のグラフの意味は寸法安定性の良い紙を抄造する技術改善に非常に役に立つ。収縮率の大きいパルプは抑制による変化率減少の効果が大きいし，収縮率の小さいMPを配合すれば安定性は向上する。

3.6.11 乾燥時の収縮抑制効果

紙を乾燥するときに生じる収縮を抑制することによって紙の伸縮特性の変化を，不可逆収縮率と水分伸縮係数とに明確に分離評価する目的で，新王子製紙中央研究所の小高氏等は目的に合った試験機を試作して研究を行った[15]。

1）試験機の構造

＊測定部　相対湿度が自由に調節できる測定箱の中に紙を固定するクランプがあり，紙は上部の移動クランプと下部の固定クランプの間に垂直に取り付ける。上部クランプの移動量は差動トランスにより1μmまで検出される。上部クランプを固定すれば乾燥時の収縮抑制が可能になる。上下対のクランプは測定箱の中に30個あり30枚の紙が同時に同じ条件で測定される。また吸脱湿中の紙の水分は，測定する紙と

3.6 紙の水分と寸法安定性

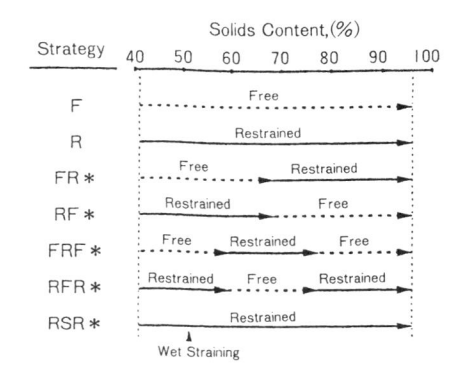

```
Strategy       Solids Content,(%)
             40  50  60  70  80  90  100
   F             |-----Free----------->|
   R                  |---Restrained-->|
   FR*           |--Free--->|-Restrained->|
   RF*           |-Restrained->|--Free--->|
   FRF*          |-Free->|-Restrained->|-Free->|
   RFR*          |-Restrained->|-Free->|-Restrained->|
   RSR*          |------Restrained-------->|
                      ↑
                   Wet Straining
```

図 3.6.22 乾燥条件実験計画

同一のパルプの水分で予めキャリブレイトされた近赤外線水分計で連続に測定した。

＊調湿部　コンプレッサーで生じた加圧空気を微調整可能な減圧機で任意の正確な圧力の空気を作り，これを水中を通して飽和水蒸気の空気とした後，常圧に落として希望の湿度にする。この方法は圧力の微調整が正確であれば湿度も正確に保持できる。設備は小型であり，PCによりプログラム通りの湿度変化を無人で実験が可能になる。

2) 実験用シート

未乾燥の LBKP をナイアガラビーターで csf 430 cc に調成した後，坪量 60 g/m² のシートを手抄きし，プレス搾水により初期水分 60％に調整した。シートの乾燥は実験計画に従い測定器の中で行った。

3) シートの乾燥

乾燥時の自由収縮と収縮抑制の差を検出するのが目的であり，また乾燥時の収縮率を測定するためにシートの乾燥は湿度の調整された測定箱の中で行われた。乾燥条件の組み合わせは**図 3.6.22** の通りである。シートは最初温度 20℃，RH 20％の空気で 1 時間乾燥し水分を 4％に調整してから次の実験に入った。

4) 測定法と評価

3. 紙の品質改良

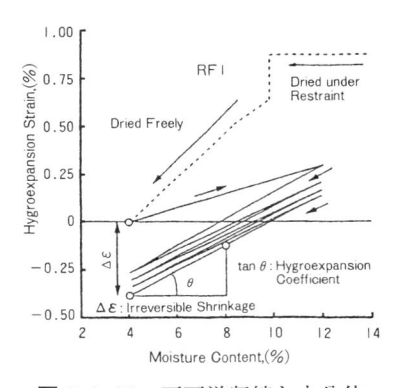

図 3.6.23 不可逆収縮と水分伸縮係数[15]

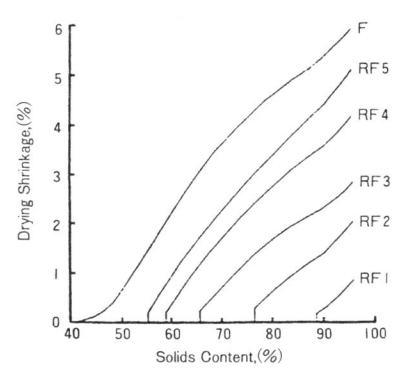

図 3.6.24 自由収縮開始の固形分濃度と収縮率[15]

　実験の相対湿度は20%から81%の間を1サイクル1時間で4サイクル行った。このときのシートの水分は4%から12%の範囲である。測定の結果は**図 3.6.23**のようになる。図中の乾燥による収縮 $\Delta\varepsilon$ を不可逆収縮率，$\tan\theta$ を水分伸縮係数と呼ぶ。

　5) 乾燥収縮

　最初上部クランプを固定しておいてある程度乾燥し，その後クランプを自由にすると紙は乾燥するに従い収縮を始める。**図 3.6.24**はその測定結果であるが，グラフはどの測定値も同じ傾斜を持っている。これは乾燥による水分の減少量と紙の寸法の収縮量とが比例するとの意味である。

　6) 不可逆収縮率

　乾燥時の収縮量と不可逆収縮率との関係を図にしたのが**図 3.6.25**である。乾燥が終了するまでクランプを固定し収縮させなかった紙が凍結された内部ストレスが大きくて，不可逆収縮率が大きいのは予想される通りである。最後まで自由に収縮させた紙は不可逆収縮は起こらない。自由収縮と収縮抑制の順序は先に自由収縮させた紙の方が不可逆収縮率が大きい。

3.6 紙の水分と寸法安定性

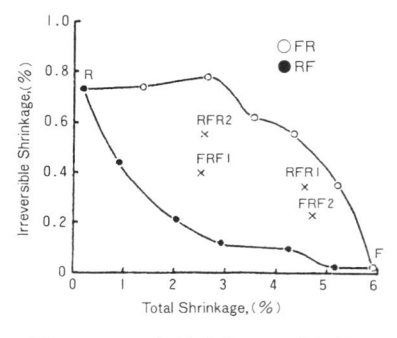

図 3.6.25 収縮率と不可逆収縮に対する乾燥条件の影響

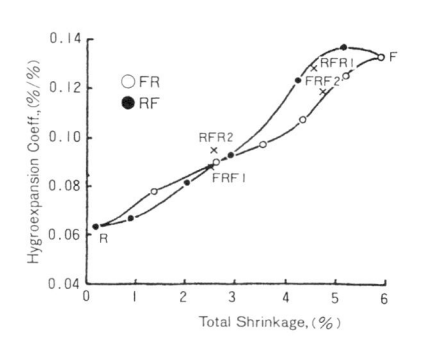

図 3.6.26 乾燥条件と水分伸縮係数の関係

7) 水分伸縮係数

図 3.6.26 に示すように自由収縮乾燥した紙は最も収縮率が大きく，水分伸縮係数も大きい。逆に最後まで収縮を抑制した紙は水分伸縮係数が最も小さく，最大値との比率は略 1/2 である。論文発表者の小高氏等は得られたデータについてさらに多くの解析を行っているが，本文の目的と若干異なるので割愛する。しかしこの研究は紙の本質の一部を明確にした貴重な論文であるのでぜひ一読をお勧めする。

3.6.12 上質紙の伸縮率

紙の物性を理論的に解明するために，均質で方向性のない手抄きシートの伸縮データについて議論してきたが，抄紙機で動的に製造された上質紙の伸縮性はどうであろうか。上質紙と手抄きシートでは次の2点で異なる。

* 繊維の配向性　上質紙では繊維の向きは均一でなくマシン方向に多く配向している。
* 乾燥中の収縮の抑制　抄紙機の操業では，マシン方向の収縮を抑制するばかりでなく張力を掛けて引き伸している。抄造する紙の種類によってその率は異なり一般には3％程度であるが，極端な例としてある

—293—

3. 紙の品質改良

図 3.6.27 上質紙マシン方向の相対湿度に対する伸縮率[15]

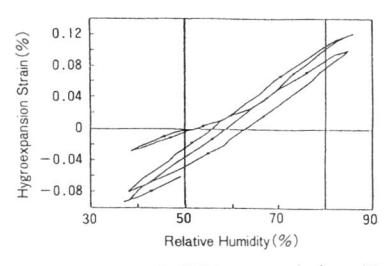

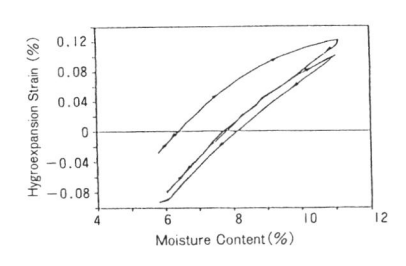

図 3.6.28 上質紙マシン方向の水分と伸縮率[15]

特殊紙ではワイヤーの速度に対してリールの速度は10％近く大きかった。

1) マシン方向の伸縮率

相対湿度を38％から85％まで変化させたときの上質紙のマシン方向の寸法変化が**図 3.6.27**である。横軸を紙の水分に書き直したグラフが**図 3.6.28**である。基本的には乾燥時に収縮を抑制した手抄きシートの図と形は似ているが伸縮率の大きさは異なる。

＊不可逆収縮率　上坂氏の研究では上質紙の不可逆収縮率は0.07％である。同じく乾燥時収縮抑制した手抄きシートのそれは0.11％である[13]。小高氏の研究では上質紙が0.2％，手抄きシートのそれは0.8％と1桁近く大きい。測定値に大きな差の生じた理由として多くの原因が考えられる。パルプの種類，フリーネス，初期乾燥の水分，収縮抑制の条件，繊維配向性，抄造後の経日，灰分等が思い浮ぶ。複数の原因の組み合わせによって不可逆収縮の大きな差は説明可能といわれる。

　不可逆収縮率の0.07％の数字は長さ1mの紙で0.7mmの変化に相当するので，印刷の見当では問題になる大きさである。上坂氏の説明ではRH 65％（紙の水分11％）の辺りに伸縮率のグラフに変曲点があり，これより湿度を高くすると紙の中に凍結されていた内部歪みが動き出すとのことであるから，湿度の低い環境で紙を取り扱う分には

3.6 紙の水分と寸法安定性

図 3.6.29 上質紙幅方向の相対湿度と伸縮率[15)]

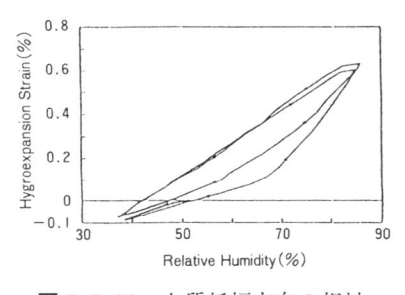

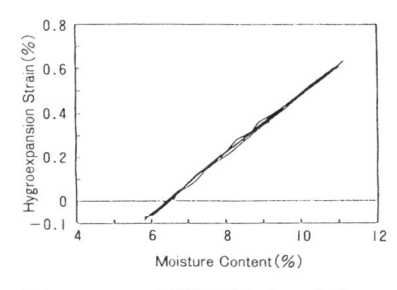

図 3.6.30 上質紙幅方向の水分と伸縮率[15)]

あまり気にしなくても良いのかも知れない。
* 水分伸縮率は上質紙では 0.04%であり，手漉きシートでは 0.05%である。小高氏の測定では 0.06%になっている。長さ 1 m の紙の場合，紙の水分 1%の変化で紙が 0.4 mm 伸びるという意味で，従来の多色印刷で水分変化を 0.5%以下に押さえなければ見当狂いを指摘される。

2) CD 方向の伸縮率

多色印刷で見当合わせで問題にされるのはマシン方向と直角の幅方向（CD）の伸縮率である（図 3.6.29，図 3.6.30）。
* 不可逆収縮は幅方向では僅かに伸びているが，0.02%程度であるので問題として取り上げる必要がない。
* 水分伸縮率は上質紙では 0.14%で，自由収縮乾燥の手漉きシートの 0.07%より大きい。小高氏の測定では手抄きシートのデータは 0.14%となっている。

上質紙を抄造する長網多筒抄紙機の構造ではドライヤーで紙を乾燥するとき，幅方向の両端 30 cm くらいでは収縮率が 8%，マシン中央部で 4%くらいである。自由収縮させた手抄きシートの乾燥収縮率が 6%であるから，幅方向両端の収縮率の方が 2%も大きい。紙は乾燥時に自由収縮させると面積で 18%収縮する。一方向だけでなく面積で収縮を抑

—295—

3. 紙の品質改良

制すると紙は乾燥途中で自己破断を起こす。紙の引っ張り強度より収縮力の方が大きかったという意味である。マシン方向は収縮しないので、収縮力が幅方向に働いて乾燥収縮率が大きくなったと解釈できる。水分伸縮率が0.14%という数字は印刷作業を行う人にとっては非常に厳しい数字である。仮にA半裁の用紙を使ったとして、トンボ間隔を420 mmとしても紙の水分1%の変動で紙は0.59 mm伸びることになり、トンボの許容誤差0.2 mmを大きく上回り、通常の4色印刷で紙の水分変化を0.3%以下に、高精細印刷では変化量を0.1%以下に押さえ込まねばならない。4色印刷であるからどんなに湿し水を絞っても紙の重量の0.1%以下にすることは不可能である。

日本製紙の南里氏は1995年の繊維学会で一般市販の塗工紙の伸縮率についての研究を発表している。それによると塗工紙の水分伸縮係数は予想に反して、CD方向で0.2%と上質紙より大きい。測定に使った紙の塗工量等の詳しいデータがないので正確な比較検討ができないのは残念である。

セルロース繊維が持っている水を吸収すると体積が増加するという天然の性質ゆえに、その集合体である紙も水を吸えば伸び、乾燥すれば収縮する。この本来の性質は人工的に伸縮を減らすことはできても、零にすることは不可能であると既に証明されている。ここで紙の伸縮に関する性質を要約してみる。

1) 相対湿度が0%から100%に変わったときセルロース繊維の直径は30%増加し、長さはほとんど変わらない。
2) 繊維が20%の体積収縮をした場合、紙は長さで10%、面積では19%、体積では28%収縮する。
3) 叩解を進めると乾燥収縮率が大きくなる。
4) 乾燥時に収縮を抑制すると吸湿時の伸長率が小さくなる。
5) 収縮抑制乾燥した紙は吸湿により不可逆収縮を起こす。

6) 種々のパルプを比較すると，収率の低いパルプは乾燥時の収縮率が大きく，吸湿時の伸長率も大きい。
7) 手抄きシートは乾燥時に自由収縮させると 6%収縮し，水分伸縮係数は 0.14%である。
8) 抄紙機で製造した上質紙はマシン方向の不可逆収縮率が 0.07%で，幅方向の水分伸縮係数は 0.14%である。

3.7　寸法安定性の改善

3.7.1　寸法安定性の改善

　水を吸って体積が大きくなるセルロース繊維の性質は，化学薬品の力では変えることができない。この経験に対して見当狂いを起こさない印刷用紙を供給しなければならない製紙会社のニーズを満足させる手段は何があるか。困難な問題を解決するために今までに述べてきたことを整理して列記してみる。
1) 空気中の絶対湿度は紙の水分に直接の関係はない。
2) 紙の平衡水分値は相対湿度により決まる。
3) 相対湿度を一定に保つには特に性能の優れたエヤーコンディショナーと，断熱性の良い密閉した部屋が必要である。
4) 紙の吸脱湿速度は速い。
5) セルロース繊維の単繊維は濡れた状態から乾燥すると，幅が 30%減少し長さは変化しない。乾燥した単繊維に水を付けた場合はその逆である。
6) 手抄きシートは乾燥により長さが 10%も減少する。
7) 叩解を進めると寸法変化が大きくなる。
8) 乾燥時に収縮を抑制された手抄きシートの伸縮率は，自由収縮のシートに比べて 2/3 と小さいが，最初の吸湿で 0.3%収縮する。
9) 長網多筒抄紙機で製造した上質紙では紙の水分の 1%の増加によ

3. 紙の品質改良

り，マシン方向では紙は 0.04% 伸び，マシン幅方向では同じく 0.14 % 伸びる。

多色印刷で見当合わせに問題になるのはマシン幅方向の伸びで，A全縦目の紙の通し方向の 625 mm の長さに対し 0.88 mm 伸びることになる。現状の多色印刷で許容される寸法変化は 0.2 mm である。以上各項目に記述した紙の伸縮量があまりにも大きく，見当が合う方が不思議なくらいである。たとえば，オフセット印刷では湿し水を使うが，一色ごとに 0.2 g/m^2 の水が紙の上に付着したと仮定すると，4色目の印刷を行う前に 0.6 g/m^2 の水が付着している。印刷用紙が 60 g/m^2 であれば 1% の水分増加に相当し，A全の紙であれば 0.9 mm 伸びてトンボが合わない筈である。実際には問題なく印刷が行われているのであるから，印刷速度が速くて紙が水を吸って伸び始める前に機械の中を通り過ぎてしまうからだという解釈も成り立ちそうである。

このように解析してみると，1色機，2色機では湿し水を使うことがすでに不可能となり，紙の性質を熟知している印刷会社が4色機以上の多色機を用いて紙を上手に使いこなしているように思われる。現状でぎりぎりのところであるならば3倍の精度を要求する高精細印刷では何をしたら合格するのか。"紙が伸び縮みするのはセルロースの本性から来るので，これを変えようというのは土台無理な話だよ"とあぐらをかいて理屈をいっている場合ではないのだ。印刷業界の希望に答えるべく製紙業界はもう一踏ん張り努力して見るべきと考える。一項目の改善で達成できるとは思えない。少しずつの技術的改善を集合して合格の線にもっていくのが，寸法安定性の解決法であると思う。

3.7.2 紙の製造条件の改善

1) パルプのアルカリ処理

化学繊維，セロファン，プラスティック，合成糊料等の製造に使用される溶解パルプは，木材パルプをさらにアルカリ処理をして製造する。

3.7 寸法安定性の改善

アルカリ処理によりパルプ中のヘミセルロースと樹脂分が除去され，α セルロースの含有率が向上する。期待される効果は次の2項目である。

(1) セルロース繊維の幅方向の寸法変化にはヘミセルロースの影響が大きい。ヘミセルロースの除去により繊維の寸法変化が減少し結果として紙の寸法安定性の向上が期待される。ただし効果の程度は不明である。

(2) パルプをアルカリ処理をすると，同一条件で抄造しても嵩高の紙が製造されることが知られている。紙が嵩高になれば繊維間の接着面積は減少し，ドライヤー内での乾燥による紙の幅方向の収縮が減少する。乾燥時の収縮が少なければ安定性は良くなる。

寸法安定性の向上が目的であるので DP の製造程精製の条件を強くする必要はない。NaOH の添加量対パルプ2％，処理温度90℃で効果があると予想する。

2) 叩解の減少

リファイニングにより繊維の内部フィブリル化が起きると繊維は柔軟になる。プレスパートでの加圧により叩解したパルプは良く潰れて繊維間の接着面積が大きくなる。これが乾燥時の収縮を大きくする原因である。前節で叩解による伸縮率への影響の図と表をいくつか紹介したが，いずれも未叩解のパルプに対して叩解によって乾燥時の収縮が2倍になり吸湿による伸びも略2倍になっている（このデータにはフリーネスの表示がない）。図 3.7.1 はその1例であるが，乾燥による収縮が未叩解の 2.3％ に対して叩解パルプでは 4.6％ に増加している。また水分1％増加による寸法の伸びも 0.07％ から 0.13％ に大きくなっている。一般に印刷用上質紙を抄造する時はパルプのフリーネスは csf 420–450 cc に調整するが，これを 500 cc 以上に叩解の程度を少なくしてみたらば安定性は向上しないであろうか。もちろんパルプの種類によっては表面強度の不足などの欠点が表面化するであろうから，それらの対応にも注意が必

3. 紙の品質改良

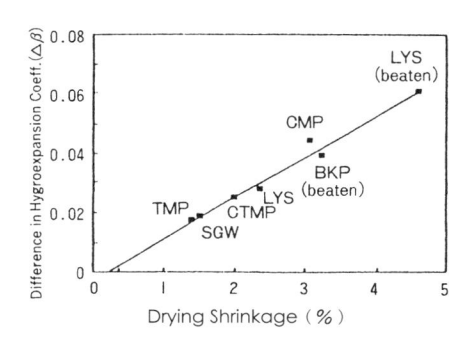

図 3.7.1 乾燥収縮と水分伸縮係数[14]

要となろう。

3) 抄造時の紙の水分

現象の要因が何であれ，乾燥時の収縮の大きい紙は吸湿による伸びが大きい。古い長網多筒抄紙機では湿紙をドライヤー内で乾燥するときにマシンの幅方向の水分を均一に減らすのが不可能で，必ず両端が先に水分が少なくなり中央部が水分が高く，この状態でマシンカレンダーを通すと中央部は潰れて薄く平滑度が高くなり，両端は分厚くザラザラの紙になる。この状態ではホープリールで均一の堅さの巻取を造ることはできない。このような抄紙機を使用している製造現場では紙を生産するために，やむをえず多量の蒸気を使用して加熱し紙の水分を 3.0-3.5% と過乾燥にし，全幅に渡って略均一の水分にして巻取を作ってきた。しかし水分 3% にまで乾燥した紙の両端の部分は，乾燥による収縮率が 10% 近くになり，皺が発生してとても多色印刷に使える紙ではない。

乾燥時の収縮を小さく押さえるには，巻取の水分を高くする必要がある。このために抄紙機を大幅に改造しなければならない。全幅の水分を連続して測定できる BM 計をプレス後とカレンダー前に 2 台，両端の乾燥を押さえる密閉フード，プレスの水分プロファイルを直すための CC ロール，ドライヤーの水分プロファイルを改良する目的のポケットベンチレーション，その他多くの新しい設備が開発され設置されてき

3.7 寸法安定性の改善

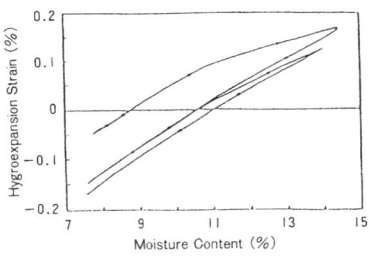

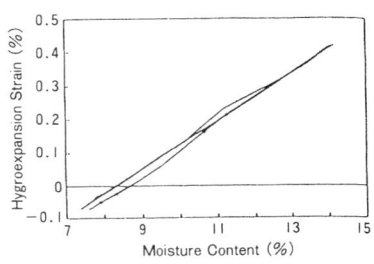

図 3.7.2 収縮抑制ハンドシートの伸縮率

図 3.7.3 自由収縮ハンドシートの伸縮率

た。現在では上質紙は水分7.0%で安定して生産されている。このときドライヤー内の乾燥による収縮率は幅方向の中央部で3.5%，両端部で7.0%である。仮に中央部のみを印刷会社に供給したとしても，高精細印刷に使うにはいまだ寸法安定性が不足である。

3.7.3 乾燥収縮の抑制

手抄シートのデータであるが，紙の乾燥時に収縮を抑制すると吸湿による伸びが減少するとの研究を前節で紹介した。乾燥時に全く収縮させなかった紙は1%の水分増加で0.044%伸びるが，自由に収縮させた紙は乾燥により6%縮み，1%の水分増加で0.070%と収縮を抑制した紙に比べ1.6倍伸びる（図 3.7.2，図 3.7.3）。これは非常に重要な技術的ヒントを含んでいる。ヤンキードライヤーで乾燥した紙は，乾燥時の収縮がないので寸法安定性は良い。しかし表面の状態は片艶で，残念ながらとても印刷に耐える状態ではない。従来の多筒ドライヤーでは紙がドライヤーシリンダーに接している時はカンバスで強く押さえられているので収縮が抑制されているが，上下のシリンダーの間はカンバスからも外れ，湿紙は完全にフリーランとなり自由収縮の状態となる。フリーランの距離が長いほど収縮率が大きくなり，その性質を狙ったのが重クラフト袋包装紙用抄紙機でフリーランの長い構造で，破袋強度の向上を実

—301—

3. 紙の品質改良

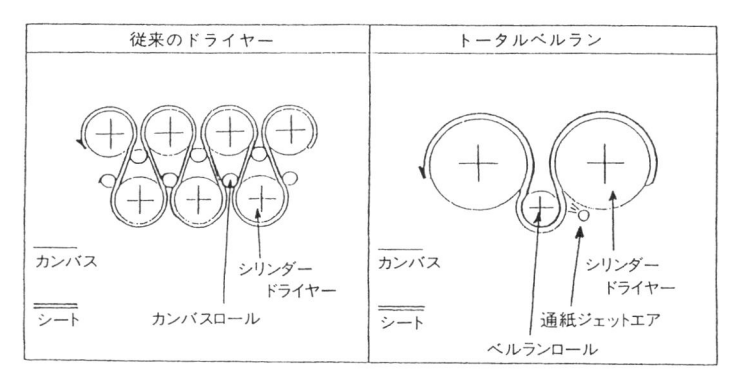

図 3.7.4 ベルランドライヤーの構造[17]

現している。上質紙用のドライヤーではフリーランは短い方がよいがそれも限度がある。この問題を改善したのがベルラン（BELRUN）方式のドライヤーである。図 3.7.4 に示すようにベルランドライヤーの特長は

1) ドライヤーシリンダーが1段でカンバスも1枚である。
2) ベルランロールはサクションロールになっているので，湿紙は強くカンバスに押し付けられていて収縮を抑制されている。
3) その結果操業中の断紙が減少し，紙質強度の幅方向の均一性が向上した。

ドライヤー中の紙の収縮率を測定するには，プレスパートの後で走行中の紙の上に全幅に渡りインキの小滴を垂らし，リールでサンプリングして距離の減少を計り計算する。従来のドライヤーでは中央部で4%，両端部で8%の収縮率であるのに対し，ベルランドライヤーでは中央部で2%，両端部で4%と略1/2に減少している。

図 3.7.5 は王子製紙がトータルベルランの操業経験として発表したデータであるが，従来の構造の6号機の収縮率が4.4%であるのに対して10号機では2.6%と小さくなっている。収縮率の数字が小さいのは，発表文には記載されていないが幅方向の中央部の紙の測定値であろうと

3.7 寸法安定性の改善

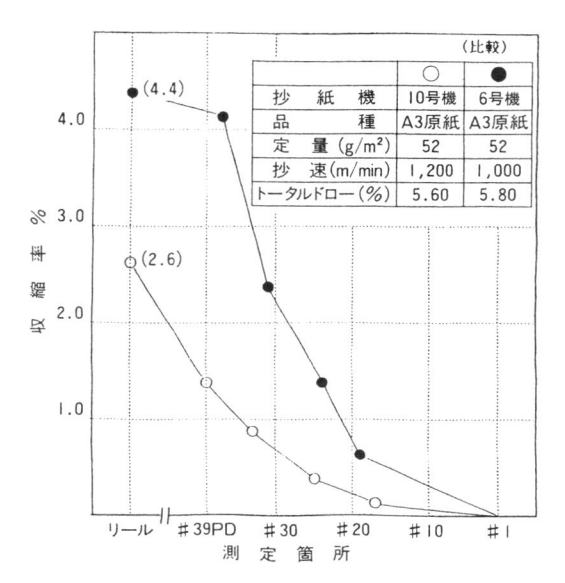

図 3.7.5 乾燥収縮率の比較[17]

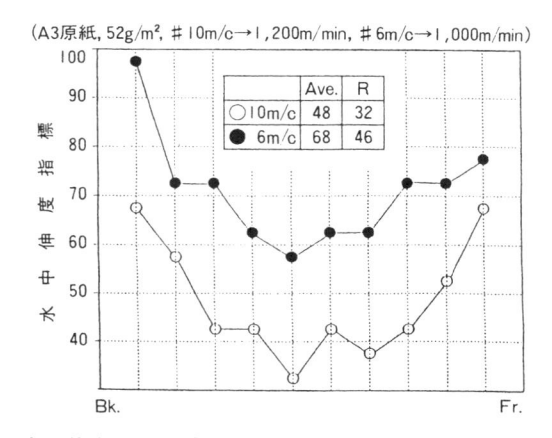

図 3.7.6 水中伸度の比較[17]

想像する。乾燥時の収縮が1/2になったときに吸湿伸びはどうなるか，残念ながら測定値はないが参考に水中伸度の測定値がある。図 3.7.6 が発表されたデータで中央部ではベルランの方が伸びが2/3くらいに

3. 紙の品質改良

小さくなっている。紙を水に浸けると内部に残っていた歪みがすべて解放されてしまうので，吸湿による伸びとは意味が違うわけだが，ベルランドライヤーの採用により紙の寸法変化が大幅に改善されると判断して間違いはないと思う。通常の多筒ドライヤーの抄紙機で作った紙が湿し水を使うオフセット印刷に耐えるのであるから，高精細印刷の厳しい要求に対する対策もベルランの採用で半分近く満たされそうだと希望が持てる[17]。

3.7.4 コート層の改善

高精細印刷では網点の直径が従来の多色印刷の網点の1/3くらいの大きさになる。階調再現性の要求の高さから考えても，上質紙では無理でコート紙でなければならない。それもダブルコートの非常に平坦な面（スーパーカレンダーを掛けて平滑度を高くした面とは異なる）を持った紙が要求されている。それならばコート層の改善で寸法伸びの問題の解決を図ってはどうだろうか。

オフセット印刷では湿し水を使うが，この水が直接パルプに付着すれば紙が伸びるのを防ぐことはできない。湿し水が使えないとすれば水なし平版で印刷を行うという方法もあるが，版材の制限を付けると高精細印刷の普及の妨げになるので止めたほうが良い。湿し水は使うとして逆に水が原紙にまで到達しないようにコート層の中で止めてしまえば良い筈である。

1）耐水性の下層を作る

造膜性の良いバインダーを使ったコーティングカラーで下塗り層を作り，紙が4色機を通過する間は水が原紙に到達しないようにする。

2）吸水性の上層を作る

インクジェット用紙の開発で既に研究ずみの技術である。吸水能力の大きいピグメントとバインダーを選び，上塗層を作り湿し水を吸収し原紙にまで届かないようにする。若干製造コストのアップが見込まれる

が，品質差による売値でカバーできるのではないか。

　インクジェットプリントの水量に比べれば湿し水の量は1桁下の条件であるからコストアップも僅かであると予測する。

　以上で製紙技術で改善する方法についての提案を終わる。改善の見通しとしては

＊相対湿度の変化による紙の伸縮は現在生産している紙の1/2に減少できそうである。

＊オフセット印刷で湿し水を使用しても，コート層の改善で対応できる。

3.7.5 印刷条件の改善

　以上紙の水分変化に伴う寸法変化の改善について提案を述べたが，残念ながらこれで完全といえる方法はない。そこで紙を扱う印刷会社の人は紙の持っている特性を十分に理解して，次に述べる条件の改善を実行して戴きたい。これが実行されれば見当狂いの問題はめでたく解決し高精細印刷はいずれ普及すると信じる。

　1) 印刷機の色数

　上記の紙の改善法では1色刷って数時間後に2色目を印刷するような条件では紙の方でどんなに努力しても解決できない。紙で可能なのは印刷機を通過する僅か10sくらいの短い時間の水の付着による伸びを防ぐのみである。従って1パスで印刷が完了する色数を持った印刷機を使用して欲しい。具体的にいえば4色印刷の仕事であれば4色機を，6色印刷であれば6色機を使用して戴きたい。

　2) 湿し水の減少

　水分の問題は紙の泣きどころである。水分が10%を越すと紙の組織は柔軟になり，それまで鳴りをひそめていた内部歪みが表に現れて来て紙は波を打つようになる。また紙が柔らかくなると印圧による伸びが大きくなる。印刷会社に納入されたとき直ちに印刷機に掛けられる紙の最低の水分は7.0%であるから，4色の印刷で紙に付着する水の量は紙の

3. 紙の品質改良

重量に対して1%以下であって欲しい。差し当たり印刷量の少ない内は水なし平版で間に合わせるのも良いが，将来の普及を考えると湿し水の減少はぜひ実現して欲しい技術である。

3) 印刷室の温度の一定化

紙の水分が相対湿度の影響を受けることは前に述べた。今印刷室が密閉していて外部との空気の出入りがない状態で温度が変化した場合に，室内の空気の相対湿度がどれだけ変動するかを具体的に計算して見る。

室内の温度 20°C，相対湿度 100%の空気が含んでいる水の量は 17.343 g/m^3 で，圧力で表示すると 17.535 mmHg である。RH 65%の空気は，17.535×0.65 = 11.398 mmHg の水を含んでいる。昼間の太陽の熱で室内の温度が 22°C に上昇したとすると，22°C の空気の飽和水蒸気圧は 19.827 mmHg であるから

$$11.398 \div 19.827 = 0.575$$

僅か 2°C の温度変化で相対湿度は 65.0%から 57.5%に 7.5%も低下している。夕方太陽が沈み気温が下がって室内の温度が 18°C になったとすると，飽和水蒸気圧が 15.477 mmHg に下がっているので

$$11.398 \div 15.477 = 0.736$$

2°C の低下で湿度は 8.6%も上昇している。仮に夜間 5°C 温度が下がると，相対湿度は

$$11.398 \div 12.788 = 0.891$$

89.1%にまで上昇する。

以上の計算をまとめたのが**表 3.7.1** である。

製紙技術のほうで解決の目途のあるのは，印刷機を通過する僅か 10 s くらいの時間で，1昼夜の間に動く長い周期の湿度変化には完全に追随して，寸法変化を押さえる手段は今のところないし将来も困難である。それ故に印刷室の温度は厳密にコントロールし，変動幅を 1°C 以下に押さえて欲しい。窓から太陽光が入り床面を照らしたら，その近くの空気は乾燥している。夜になると窓ガラスで冷やされた空気が壁を伝って

3.7 寸法安定性の改善

表 3.7.1 温度変化による湿度と寸法変化　相対湿度 65% の空気

温度 ℃	飽和水蒸気圧 mmHg	RH値 %	平衡水分 %	伸縮率 %
18	15.477	73.64	8.36	0.19
19	16.477	69.18	7.48	0.06
20	17.535	65.00	7.03	0.00
21	18.650	61.12	6.89	0.02
22	19.827	57.49	6.65	0.05

床の上に降りて来る。床の上 50 cm くらいは湿度が高く，その上は温度が高くて湿度が低い。このような状態に紙がおかれることは紙にとっては致命的である。

印刷する直前に防湿包装をといて，直ちに印刷作業を開始するのが安全である。片面の印刷が終わって反対面を印刷するのは同じ日であるのが望ましい。翌日になる場合は夜間の温度コントロールが必要になる。僅か 2℃ の温度変化が紙に取って致命的に厳しい条件であることを紙を取り扱う人はぜひ知っていて欲しい。

余談であるがあるスクリーン印刷会社の社長から聞いた話で，織物の色印刷程度ならば国内産の紗で品質上問題は生じないのだが，ごく精密な画像になると国内産の紗では色の濃淡のムラが現れる。紗の糸の間隔が不揃いでスクリーンを通過するインキの量にムラが出るからである。これがスイスからの輸入品では印刷してムラが生じないで合格する。商事会社の特別な計らいで，スイスの東部ザンクトガッレンにある紗の製造工場の内部を見学させてもらったところ，地下 2 階に案内された。その部屋においてあった織機は日本で使っているのと同じ型式のスイス製の機械であった。1 年中同じ温度と湿度の環境がムラのない製品を生み出していたのである。窓のない温度変化のない壁と床をもった部屋が高品質の製品を作るのであれば，機械を地下室に持ち込めば良い。筆者が見た印刷工場でも高精細印刷を行う印刷機が地下室においてあった。

3. 紙の品質改良

表 3.7.2 温度変化による湿度と寸法変化　相対湿度50%の空気

温度 °C	飽和水蒸気圧 mmHg	RH 値 %	平衡水分 %	伸縮率 %
18	15.477	56.66	6.62	0.09
19	16.477	53.22	6.50	0.03
20	17.535	50.00	6.31	0.00
21	18.650	47.02	6.13	0.02
22	19.827	44.23	6.07	0.03

表 3.7.3 温度変化による湿度と寸法変化　相対湿度75%の空気

温度 °C	飽和水蒸気圧 mmHg	RH 値 %	平衡水分 %	伸縮率 %
18	15.477	85.01	10.88	0.31
19	16.477	79.85	9.55	0.12
20	17.535	75.00	8.68	0.00
21	18.650	70.55	7.91	0.11
22	19.827	66.36	7.19	0.21

3.7.6 印刷室の湿度

わずか2°Cの温度変化が紙にとって厳しい条件であることは理解して戴けたと思う。紙が印刷機を通過する間だけ伸びなければ良いではないかとの反論が聞こえて来るが，紙が山に積まれていて吸湿するときは，端から5-10cmは伸びるが中央部は伸びない。この状態の紙を印刷するとくわえ尻が扇型に伸びて見当ずれを起こす。昔はこのような見当狂いのトラブルが頻繁に起きたが原因を知らなかったので解決できなかった。紙全体の均一な伸びはアルミPS版を万力で締めて引き伸ばせば良いが，紙の部分的な伸びは対処が困難である。従って温度が2°C変化しても相対湿度の変化量は小さい方が紙にとって都合が良い。

温度が2°C変化しても相対湿度の低い空気の方が湿度変化が少なく，紙の寸法変化も小さい。これを具体的に表3.7.1の計算と同様な方法で計算した結果が**表3.7.2**，**表3.7.3**である。

相対湿度50%の空気が，室外との空気の出入りなしに温度が2°C変動したときの湿度の変化と紙の寸法変化を計算したのが表3.7.2である。昼間温度が2°C上がると湿度は44.2%に下がり，紙の寸法は0.03%縮まる。夜間温度が18°Cに下がると湿度は6.7%高くなり，紙は0.09%伸びる。同じように75%の湿度の空気の例の計算結果が表3.7.3である。温度が2°C上がると湿度は66.4%に下がり紙は0.21%縮まる。夜間18°Cに下がると湿度は10.01%高くなって紙は0.31%伸びる。

3.7 寸法安定性の改善

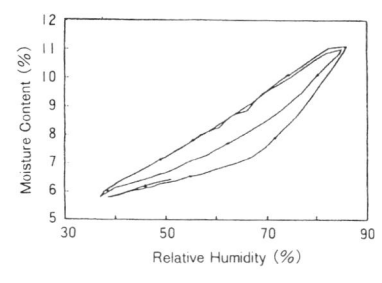

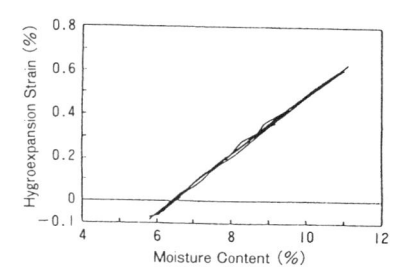

図 3.7.7　相対湿度と上質紙の水分　図 3.7.8　紙の水分と幅方向の伸縮率

　念のために付け加えるが，湿度変化からの紙の水分，紙の寸法変化の換算は図 3.7.7，図 3.7.8 の上坂氏の論文のグラフを基にしている。寸法変化はパルプの種類，ペーパーマシンの構造によって異なるので，絶対値は変動するが全体の傾向は正しいと思う。

　表 3.7.2 と表 3.7.3 の違いは 2 つの要素を含んでいる。

　1)　相対湿度の低い空気の方が温度 1°C 当たりの湿度変化が少ない。RH 50%の空気では 1°C 温度が下がると 3.22%湿度が上がるのに対し，RH 75%の空気では 4.85%高くなり，上昇率が 1.51 倍と大きい。

　2)　紙の等温吸湿曲線が RH 65%の近くに変曲点があり，高い湿度の方が湿度 1%当たりの紙の平衡水分変化が大きい。RH 50%の空気では相対湿度 1%の上昇に対し，紙の平衡水分は 0.19%高くなるに過ぎないが RH 75%の空気では紙の水分は 0.87%と 4.6 倍の大きな変化を示している。紙の寸法変化は水分の変化に正比例するから，湿度の低い空気のほうが紙の寸法変化も 1/4 と小さくなる。製紙技術の改善では寸法変化を 1/2 に減らすのが精一杯である。

　それに比較すると室内の空気の湿度を下げるだけで寸法変化を 1/4 に減らせるのは実に有効な手段である。成年男子は 1 日に 600 g/d の水分を体外に排出する。また湿し水も使用している。従って印刷室には除湿機が必要である。印刷室の梁の上に加湿機が置いてあって白い霧を吹

3. 紙の品質改良

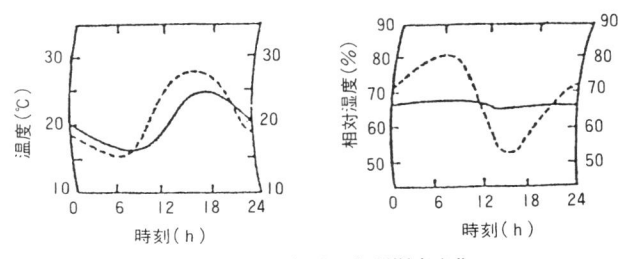

木箱内（実線）外（点線）の温度，相対湿度変化
図 3.7.9　外気温と木箱内の湿度[18]

いているのを何度も見たが早く善処を願いたい。

3.7.7　木製の部屋

さて，最後に取っておきの切り札のエースを，目立たぬようにテーブルの上にそっとおいてみよう。寸法安定性改良策をあれこれ考えていたら，木材の専門家から適切なアドバイスを戴いた。無理を承知で文献のコピーを送ってもらい読んだら，論文の目的に合致しているデータがあったので紹介する。

1）　正倉院辛ひつ内の湿度

宝物を収納する木製の箱で，厚さ2cmの杉材，大きさは38×48×48 cm である。24時間の箱の外部の温度と湿度，箱の内部の温湿度を測定した結果が図 3.7.9 である。測定日の気温は 15℃ から 28℃ まで大きく変動した。それにつれて相対湿度も 52% から 81% まで振れている。箱の中の温度は 16℃ から 24.5℃ まで 8.5℃ も変動しているのに相対湿度は 66% と略一定で湿度の変化は 1% 程度である。これは木材の優れた吸放湿性によるものと解釈されている[18]。

2）　木製住宅内の湿度

実験のために一室平屋建6畳の実寸小型住宅を作り，内装を種々変えて温度と湿度の変化を測定した。測定は12月18日から23日まで行われたが，20日と21日が晴れていたのであろう，気温は昼間は 12℃ に，

3.7 寸法安定性の改善

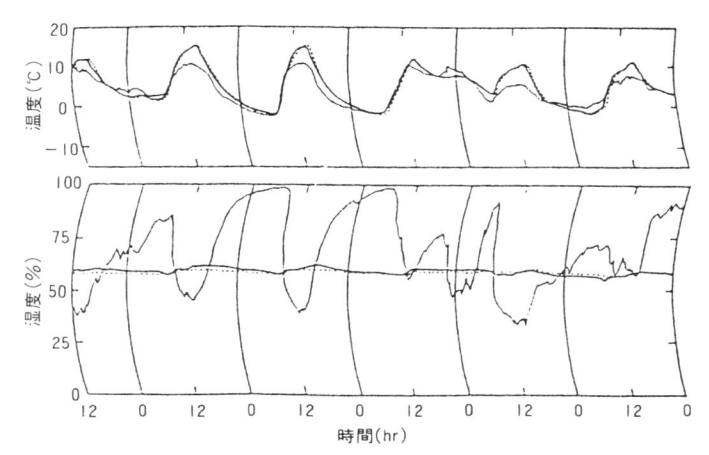

太線：合板内装，点線：硅酸カルシウム板内装，細線：百葉箱
(1993年12月18〜23日)

図 3.7.10　外気温と木質家屋の湿度[19]

夜明けは−2℃になっている。相対湿度は昼に38％，夜明けには100％に近い大きい変動を記録している（図 3.7.10）。内装は0.9 m×1.8 mの大きい窓とドアを除いて厚さ5 mmの合板を張ったのみであるが，驚く程室内の相対湿度は安定して略60％を保っている。

午後になって湿度が若干上昇しているのは大きな窓から太陽光が入り床板を加熱して部分的に温度が上がったと解釈できる。室内の温度が外気より5℃も高いのがその証拠である。室内の気温は−2℃から15℃まで17℃も動いているのに湿度は略一定に保たれることが判明した[19]。

紙の伸縮を防ぐために印刷室内の温度の変動を一日中1℃以下にコントロールするとの要求は到底実行不可能な話である。それに代わって板張りかあるいは吸湿性の材料で部屋の内張りを行えば10℃以上温度が変化しても問題がないとなれば，話は急に現実味を帯びて来る。窓にブラインドを取り付けて太陽の直射光の入るのを防ぎ，ガラス板を2重

3. 紙の品質改良

にして空気の冷却を弱くすれば，後は内装を行うだけで現在使用中の地上の印刷室がそのまま生きて来るのである。

さらに理想をいえば地下室をつくり内装を木質の板で囲えば，相対湿度が変化しない環境が得られる。

3.8 ま と め

印刷用紙は長い年数にわたり大量に生産されてきたので，何となく紙の品質について既成概念ができているように感じる。しかし生産現場ではより高い品質が求められ，実現するべく努力が続けられている。いままで実現不可能といわれていた品質の製品が市場に現れる日も遠くないと考える。以下にその項目について短くまとめる。

1) 印刷濃度

現状の紙とインキの組み合わせで濃度 2.4 は出せる。原子間力顕微鏡の出現によって白紙表面とインキ表面の形状が明らかになってきた。両表面の品質の因果関係を追及することで濃度 3.0 は作れるであろうと推測する。それより高い濃度を要求するならば艶出しを一層掛ければ良い。

インキ表面の光沢を高くすれば濃度は高くなり色の表現力が改善されるのは良いが，高すぎる光沢は不快と感じる人も多い。インキ表面の光沢が 0 であれば両者が同時に満足する筈である。

ガラスでできているレンズは空気との界面で法線に対して 20°の角度の入射光で 4.9％の反射が起きる。レンズでは反射光量を減らす目的で光の干渉の原理を利用しレンズの表面にある物質をコーティングして反射光量を 1/10 に減らしている。この考え方が印刷に応用できないだろうか。研磨したレンズと違ってインキの表面は不均一な凹凸があり，均一な厚みの膜をインキ表面上に作る手段を開発するのはかなりの苦労を伴うことは予測がつくし，適当な物質を実験によって探しだすのも容易

ではないであろう。光の干渉を利用するため波長に近い厚さの薄膜を量産するにはインクジェットの技術の応用を検討するのも面白いと考える。この研究によって印刷濃度が3.0以上が安定して生産できるようになれば，これは印刷技術の飛躍であろう。

2）　高精細印刷

解決不可能と理解されていた印刷の見当狂いは，セルロース繊維の本性を変えることなしに，印刷室の内装を変えれば相対湿度を一定に保ち紙の水分の変化を防げることで解決できそうであると提案した。

オプティカルドットゲインについては，コート原紙と塗工層に多量のTiO_2を使い，光散乱長を短くした専用紙を試作してみれば目途がたつであろう。

3）　見当狂いの解決

印刷室の内装を木質材料で改装することで基本的に解決できると提案した。この提案が有効に生きるためには印刷会社で紙の包装を開封してすぐに印刷機に掛けられる状態で，水分7％近くで紙癖のない印刷用紙を製紙会社は供給する必要がある。

3.9　引　用　文　献

1）　一見敏男："色彩学入門"日本印刷新聞社（1990）
2）　山本里恵，日吉公男，遠藤恭延："塗工紙の塗工層構造と印刷適性について"静岡県富士工業技術センター報告　**37**　8（1998）
3）　深沢博之，山本里恵，日吉公男："塗工紙の印刷光沢発現に関する考察"静岡県富士工業技術センター報告　9（1999）
4）　寺尾知之，山本真之，福井照信："インキセットに対する塗工紙の塗工構造の影響"紙パ技協誌　**51**（9）1355（1997）
5）　宮本建造："塗工紙用ラテックスの技術動向"紙パルプ技術タイムス　**40**（7）13（1997）
6）　前田大晴："最近の顔料塗工用ラテックスの技術動向"紙パルプ技術タイ

3. 紙の品質改良

ムス **40**（7）13（1997）
7) 吉沢純，江前敏晴，尾鍋史彦："塗工層中の顔料／バインダー間の接着面積の測定と表面強度に及ぼす影響"紙パ技協誌 **52**,（5）695（1998）
8) 磯野仁："高精細印刷について"紙パ技協誌 **48**, 667（1994）
9) 田中恒夫："高精細印刷と紙"紙パ技協誌 **49**, 813（1995）
10) 松田裕司，尾鍋史彦："膨潤パルプの微細孔構造と吸着特性"紙パ技協誌 **50**, 915（1996）
11) Jan E.Elftonson, Goran Strom : "Penetration of aqueous Solution into Models for Coating Layers" Institute for Surface Chemistry. Forest Production Section. S-1145 86 Stockholm. Sweden.
12) Nils Thalen : "Dimensional Change of Newsprint in offset printing" Stora Corporate Research. S-791 80 Falun. Sweden.
13) T.Uesaka, Y.Nanri : "The Characterization of Hygro-expansivility of Paper" 1991 International Paper Phisics Conference.
14) Y.Nanri, T.Uesaka : "Dimensional Stability of mechanikal Pulps" TAPPI Journal. 1993. 6.
15) 仲山伸二，小高功："紙の水分伸縮特性に及ぼす乾燥条件の影響"紙パ技協誌 **49**（8）（1995）
16) H.F.Rance : TAPPIとCPPA協同討論会（1954）
17) 吉川秀雄："#10 m/cトータルベルランの操業経験"紙パルプ技術協会平成7年度年次大会。
18) 山田　正："木質環境の科学"海青社
19) 岡野　健他："木材住居環境ハンドブック"朝倉書店（1995）

4. 新しい印刷技術と用紙

4.1 ディジタルプリンティング

　今回の文章をまとめるにあたって，念のために各社よりシステム販売用のカタログ，学会での説明資料等を送って戴き，くわしく読み直してみた。その中で印象に残った言葉が2つあった。"ディジタルカラー印刷革命の到来です。"アグファゲバルト，"電子写真方式を使ったオフセット印刷機です。"東洋インキであった。

　従来の印刷方式の概念の常識は，1つは精密な版を作り，その上に粘度の高い液体のインキを乗せること，もう1つは印刷のことを英語でPressというように，圧力でインキを版から紙へ転写することである。

　しかしディジタル印刷では版を作らず…これが最も大きな特徴であるが…1回転ごとに違う画像を作ることが可能になり，圧力を使わずに電荷でトナーを紙に転写する。この新技術は印刷と呼ばないで，何か新しい呼び名が生まれるのではないかと期待していたのであるが，各社共通して印刷であると定義している。ここに印刷の言葉の定義が拡大したと考える。

　カラー原稿をスキャニングしてレーザーで網点を版上に作り出すまでの技術は完成して，実用化のレベルにまで到達している。一方カラーコピーの領域では，感光体の上にレーザー光でディジタル信号を露光し，画像をトナーで現像し，紙の上に転写し定着する技術も以前から完成しており，実用機が販売されている。この両者を結合し，さらに改良してスピードアップしたのが，今回まとめているディジタルプリンターであるから，技術の発展からみれば当然出るべくして出たといえる。

　最初にPPCのコピー機が販売され始めた頃，単色の文字の質につい

4. 新しい印刷技術と用紙

て印刷業界の人達は画質のレベルが違うから競争の対象にならないといっていた。フルカラーコピー機が販売され始めた10年前には画質は印刷のレベルには程遠いものであった。しかし，今回ディジタル印刷の見本を見た時，画質においてこれは印刷と競争可能なレベルと私は感じる。ここまでに到達するには大勢の研究者の努力があったと想像されたが，具体的に何が変わったのか，各々の機構について理解して戴きたい。

4.1.1 E-Print 1000

1) Indigo 社の経歴

E-Print 1000 という名称の静電式印刷機を開発した Indigo 社は1977年に創立され，本社をオランダ，研究開発と生産はイスラエルの Tel Aviv の郊外にある Nes Ziona で行っている。人から伝え聞いた話では，アメリカの航空宇宙局 NASA が宇宙船の月面着陸に成功した後，経済的理由もあって NASA の機構が縮小された時に退職したユダヤ人数学者のグループが創立時の中心になったと聞いている。初期の開発はオフィスコピー機で，200以上の US パテントと100以上の他国のパテントを持っていることで知られている。全世界のコピー機で Indigo 社のパテントを使っていない機械は少ない。特に E-Print 1000 に使っている Electro Ink は非常に優れていて Du Pont, Xerox, AM Graphics 等ライセンスを与えている。

2) E-Print 1000 の開発

オフィスコピヤーの基礎技術を基にして，ディジタルオフセット印刷機の研究を開始したのは1983年である。最初は小人数でスタートしたのであろうが，1993年までの10年間に2 000人年の人数を掛け，150億円の研究費をかけている。一人平均6百万円/年の給与であれば6百万円×2 000人＝120億円の人件費であるから，この研究開発の総経費は当然ともいうべき数字である。ただこの膨大な開発費の投資をしているのは，カナダ人の chairman である Benny Landa という個人である。

4.1 ディジタルプリンティング

　この人は何を考えて投資を行ったのであろうか？　この膨大な金額が回収できる目途はあったのであろうか？　次から次へと疑問が湧いて来る。筆者も長年にわたり研究開発の仕事に携わってきた経験から日本の民間会社での開発の方法は若干想像がつく。研究テーマは年に2回の研究開発会議に掛けられて充分に検討される。会議には担当役員から関係各部の部長まで出席し，研究の成功の可能性，必要経費と成功した場合の投資の回収の可能性，事業化の形態等が討論される。仮に開発担当者が10年間の年月と150億円の開発予算の説明をしたら，日本の民間会社では研究テーマとして認められるとは到底考えられない。ベンチャー企業が開発を計画した場合も，これ程大きな資金が公的機関から援助されるとも思えない。日本人研究者の独創性を問題視する議論があるが，それ以前に独創性を発揮する場が日本ではほとんど与えられていないのではないかと考える。管理されているのはスポーツばかりでなく，研究も管理されているのである。話はそれてしまったが，カナダ人の Benny Landa という人はどのような先見性を持って投資を行ったのか，ぜひ知りたいところである。

3)　E-Print 1000 の構造と能力

　E-Print 1000 は普通のオフセット印刷機と同じく3本のシリンダーを持っている。すなわち版胴，ブランケット胴，圧胴である。版胴は感光体，PIP (Photo Imaging Plate) といい，ブランケット胴は ITM (Image Transfer Media) と呼んでいる（図 4.1.1）。

　画像を作るには PIP 上にコロナ帯電により均一な電荷を帯電させ，その表面にレーザーを照射して潜像を作画し，インジェクターから油性液体トナー（エレクトロインキ）を掛けて現像し可視画像とする。顔料が分離したエレクトロインキの余剰のキャリヤー溶液を PIP と逆方向回転のリバースロールにより取り除く。その後インキ画像を静電気によって PIP からブランケットに転写し，加熱によりエレクトロインキを溶融し粘着性のあるフィルム状にする。最後に圧力によりブランケット

—317—

4. 新しい印刷技術と用紙

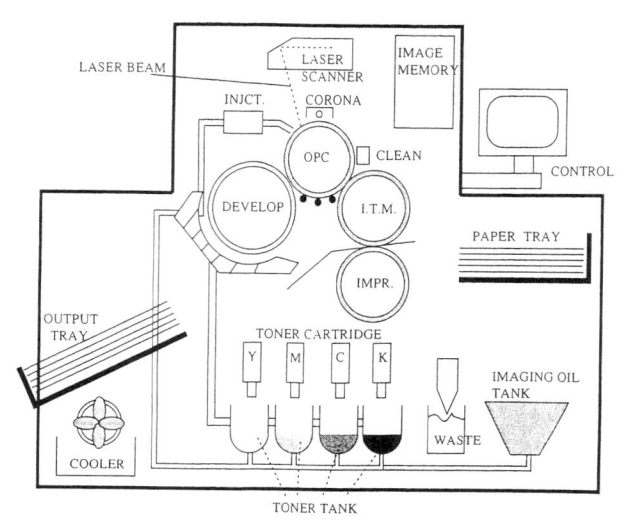

図 4.1.1 E-Print 1000 の側面略図

から紙に画像は転写され，冷却されて固化し定着する。エレクトロインキは100%転写しブランケット上に残らないので，1回転ごとに別の画像が作れる。1回ごとに色を変え，YMCKの順に4回繰り返すことによりフルカラーの画像が印刷される。印刷の有効面積はA3の寸伸びで432 mm×303 mm である。また印刷速度は単色で4 000 枚/h，フルカラーで1 000 枚/h である。紙の種類は特別に選ばないと書いてあるが，印刷と同じく良い発色を望むのであればアート紙が必要であろう。

4) エレクトロインキ

E-Print 1000 が1回転ごとに全く異なる画像を作れる理由がこのエレクトロインキの性能による。エレクトロインキは普通のオフセットインキに使っている着色顔料の微粉末を，イメージングオイルやアイソパーに分散させた液体トナーである。感光性有機半導体上の潜像をトナーで現像し，静電荷でブランケットに転写する。ブランケットロールは加熱されており，トナー中のバインダー樹脂は溶けて粘着性の強いフィルム

4.1 ディジタルプリンティング

になる。普通に読むと解ったような気がするが，ここにエレクトロインクの技術のノーハウが在ると考える。PIP 上で画像になった顔料はオイルとアイソパーを含んでいる筈である。その混合物がブランケット上で加熱によってフィルムになると書いてある。英文の説明書では "heated slightly, they turn into a tacky polymeric film" と記述してある。顔料のバインダー樹脂が溶けるには 100℃ 以上の温度が必要であるが，僅かに加熱と書いてある。またブランケットから紙へのインキが 100%転写してブランケット上に残らない点を考えるとインキは溶けて液体になってはならない。オフセット印刷では，版上のインキ量の約 50%がブランケットに転移し，同量が版上に残る。ブランケット上のインキも 50%近くが紙へ転移し同量がブランケットに残る。紙への転移インキ量が 2.5 g/m^2 とすると版とブランケット上には，各々 5.0 g/m^2 のインキが乗っていることになる。このインキ皮膜が圧力によって押し広げられ，網点の面積が大きくなるのがドットゲインである。またシリンダーの 1 回転ごとにギヤーの "遊び" によって接触位置が変わり，ずれた位置にインキが付着するのがダブリである。E-Print のように 100%インキが転移し，版にもブランケットにもインキが残らなければ，上記の 2 種のトラブルは起こらない。すなわち E-Print 1000 では網点のドットゲインは起きないし，ダブリによる活字のボケも起きない。以上を考え合わせるとエレクトロインキは加熱によってオイルを吸収し，粘着性の強い，しかし内部分子間凝集力が非常に強くて，決してフィルムが分裂しない固体の性質を持っていると想像される。それでもさらにブランケットには剥離剤を使用しているのではなかろうか。良くここまで考えたものだと感心させられる特性を持ったインキである。顔料についても一般に使用されているオフセットインキと同じ物を使用するとあり，将来エレクトロインキを日本で生産する予定であるから，仮に E-Print 1000 を校正刷りに使った場合，本機刷りとの色合わせが非常に容易になることが予想される。

4. 新しい印刷技術と用紙

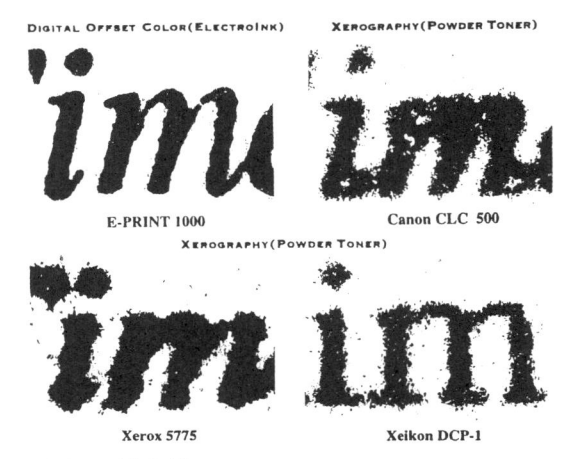

図 4.1.2 活字の画質比較

5) 画像の品質

先に述べたように E-Print 1000 では，インキがほぼ100%転移することと，顔料の粒径が 1 μm 以下と小さいので，画像の面積の再現性とエッジのシャープネスは良好である。潜像を粉体の乾式トナーで現像した場合にはトナーの直径が 10 μm 以上，カラー用の細かいトナーでも 6 μm 以上と大きいことと，感光ドラムから紙に転写する時にトナーが斜めに飛んで画像の面積が広がる性質がある。実際に画質を比較したのが図 4.1.2 である。乾式トナーの方が字が太っている状態が明白である。比較的に Xeikon DCP-1 の字が読みやすいが，その理由については後に考察する。網点の再現性についてオフセット印刷と比較したのが図 4.1.3 である。印刷機としては画質に定評のある Heidelberg GTO を選んでいるが，インキ皮膜が分断する時に生じる糸状のインキの跡であろうか，網点の周囲に不規則の凹凸が生じているのが目立つ。人間の目が非常に敏感であることは以前に詳しく記述したが，僅か数%の面積の増大が目には大きな差として見えるのであるから，再現性について E-Print のほうが優れていると断言して良いのであろう。

4.1 ディジタルプリンティング

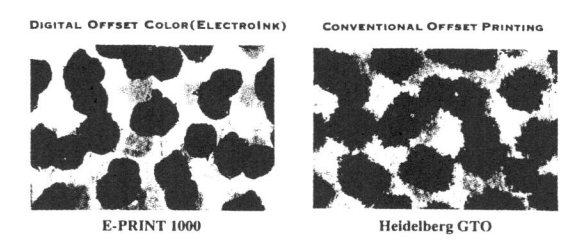

図 4.1.3 網点の画質比較

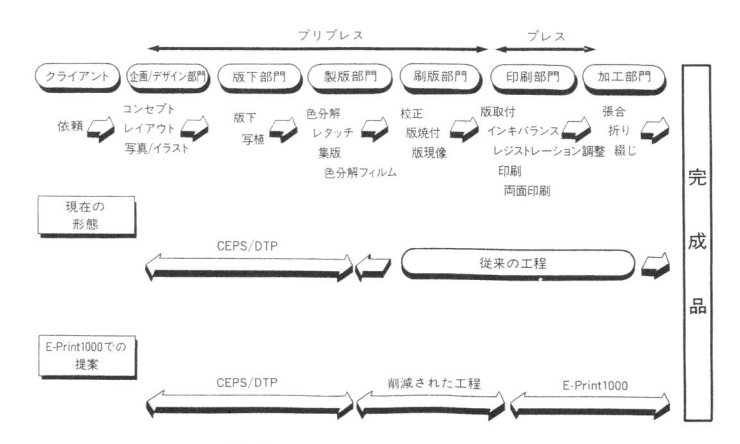

図 4.1.4 製版,印刷作業の比較

6) 作業性

E-Print 1000 がいかに効率の良い装置であるか理解しやすい図がカタログに乗っていたので転載する。多くの言葉を費やすより,目で見て理解して戴くほうが早道であろう。むしろ図 4.1.4 をみて過去の製版,印刷工程の手作業と時間の多さに驚いて認識を新たにした。これだけの差があるのであれば,フルカラーの小部数印刷で有利である点は素直に肯定できる。特に校正刷りには色合わせの良い点も合わせ考えて有利であると予想される。

4. 新しい印刷技術と用紙

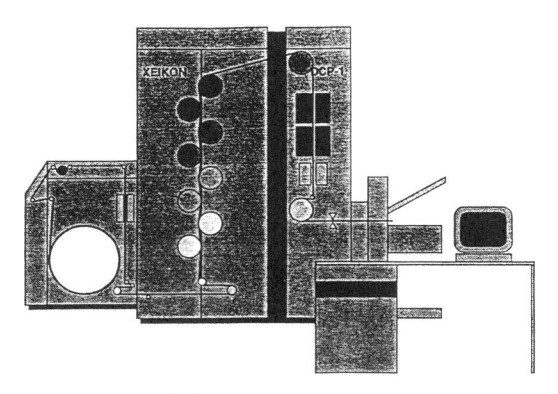

図 4.1.5 Xeikon DCP-1 概略図

4.1.2 Xeikon DCP-1

Xeikon 社の創立は 1988 年で，本社はベルギーにある。全くの素人が僅か 7 年でこれだけ精巧な機械を完成させ得るとは考えにくいから，専門技術集団の分離独立によるベンチャー企業の設立と解釈する方が無理がない。以前はエンジンの部分を OEM で AGFA に提供していたが，後に自社ブランドでも販売を始めたようである。

1) 構造

機械は大きく分けて，コンソール部とエンジン部に分けられる（**図 4.1.5**）。

1-1) コンソール部

＊RIP　　Barco Graphics Fast Rip/Harlequin Rip の 2 種類が使用できる。

＊プリントエンジン制御　　プリント作業の実行濃度，品質の管理

1-2) プリントエンジン

＊給紙部　　用紙はロール状でアンワインダーにセットされる。用紙の坪量は 60–200 g/m^2 の範囲が使用可能である。紙は巻取の連続給紙であるから，後のカッターの使い方によって最長 2.7 m までの印字が可能である。紙は印字前に加熱ロールによって乾燥され，冷却ゾーンを

4.1 ディジタルプリンティング

通過後，水分量を測定し印刷ユニットに入る。何のために紙を乾燥するのであろうか。乾式トナーで現像するコピー機に使用する PPC 用紙では，セルロース繊維が主体であるので，紙の水分値が 1% 減少すると電気抵抗はほぼ 10 倍になる。電気抵抗が高い方が感光ドラムから紙へのトナーの転写率は良くなり，ドラム上のトナーの残量は減少する。しかし良い点があれば悪い面もある。電気抵抗の高い紙はトナーが紙に移るため空中を飛ぶ時に斜めにも飛ぶために字が太くなる欠点がある。これを避けるために PPC 用紙を製造する時に導電剤を加えて電気抵抗を印刷用上質紙に比べて 1/10〜1/100 に減らすのが常識である。抵抗を 1/100 に減らすと字は細く読みやすくなる。図 4.1.2 に見られる Canon および Xerox のような活字の太りはトナー量の過剰かあるいは紙の抵抗値の過大が原因である。図 4.1.2 では，Xeikon の活字は細くて綺麗である。紙の水分を飛ばして乾燥しているのであるから，電気抵抗は $10^{13}\Omega$ にはなっているであろうに，これだけ細い字になっているのはトナーの供給を減らしてコントロールしていると考える。

＊印刷ユニット　　図 4.1.5 は，Xeikon の印刷ユニットには 8 本のロールがついている。残ったトナーによる色の濁りを防ぐために，各ロールは同一の色のトナーのみを使用し，片面に 4 色，両面で 8 色がワンパスで印刷される。画像の形成は電子写真法で，有機半導体の上にコロナ放電して全面に帯電させ，LED で露光し，潜像を作り粉体トナーで現像する。画像のトーンはデイザ法である。並行線の間隔は 6 l/mm（150 lpi）で，線上に 8 個/mm（200 ppi）の間隔でドットが並んでいる。ドットはトーンに応じて直径と濃度が変化しているが，間隔には変化が見られない。この技術もまた Xeikon の特徴といって良いであろう。一般にデイザ法では一定面積の中のドットの数でトーンを作るのであるが，ドットが大きいと不規則な縞模様が目につくものである。Xeikon のハイライト部は微小点が緻密に並び，見事なトー

4. 新しい印刷技術と用紙

ンを作っている。並行線は色によって角度が異なるので重ね刷りの部分は線が交差しているのが見られる。モアレの発生の防止と考えられる。コピー機の経験では，粉体トナーで現像すると，コントラストが強くなり，グラデーションが出にくい傾向があった。Xeikonにはその傾向はなく，ハイライト部の彩度も高く綺麗である。印字の速度はA4の大きさで両面フルカラーの場合で2100枚/hである。両面8色のトナーの転写が終了後，トナーはヒーターにより加熱され，紙に融着する。機内の温度は付属するクーラーによって一定に保たれている。

1-3) 排紙部

＊断裁　　トナーの定着後に連続紙はカッターで任意の長さに断裁される。最も長い物では2772 mmまで可能である。

＊トレイ　　テスト用の1枚のみのトレイと，大量印刷の時に使用するトレイと2種類用意してある。

2) コスト　従来のオフセット印刷では，フルカラーの場合刷版代が高価のために，印刷枚数が少ない時には1枚当たりの印刷代は非常に高いものについた。ダイレクトプリンティングでは刷版代は0に近く，トータルコストは印刷枚数にほぼ正比例するので，2000枚以下ではオフセット印刷より安価であると記述している。前に説明したように製版の分野ではCTPの技術が普及し製版コストが大幅に低下しているのを計算にいれての2000枚であれば，ここにフルカラー印刷の新しいマーケットが開けて来るのを予感する。

4.1.3 Chromapress

1) アグファのノーハウ

写真および印刷材料の分野で長期に渡り販売を続け，技術の信用度の高い，ドイツの会社Agfa-Gevaert AGが販売しているディジタル印刷機の商品名である。説明書に記載されている概略図によると，エンジン

4.1 ディジタルプリンティング

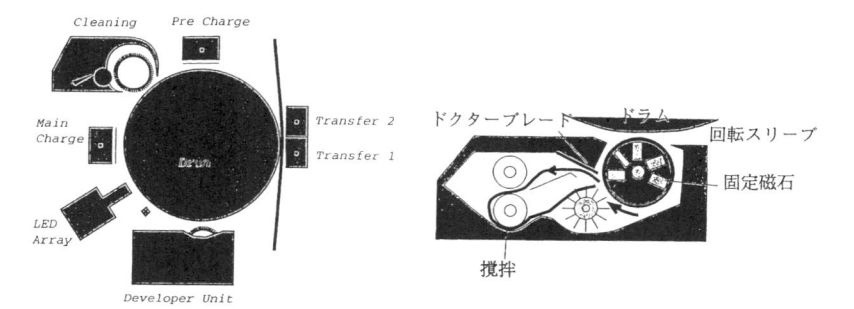

図 4.1.6 Chromapress 印字ユニット

図 4.1.7 Chromapress 現像ユニット

部分の構造はXeikonの図面と類似している。ただ印字ロールが8本あり，ヒーターが3段になっている等，僅かなところに違いが見られるので，アグファの特別仕様によるOEMと考えられる。しかしXeikonが製造した機械をアグファから買う利点は，ハードだけでなく，アグファが長年に渡って蓄積した色の再現に関するソフトも付けて入手できることではないだろうか。カラーフィルムの原稿から色分解し，網点の面積に換算し，インキの濃度をコントロールする技術については，印刷会社がいまだに研究し苦心しているのであるから，色再現に関するノーハウが得られるのであれば大変な買い得である。ここでカタログに記載されている文章を転載する。"Chromapressを導入することは，同時に，世界をリードするアグファのカラーマネージメント技術やRIP・スクリーニング技術，そしてプリプレス材料が手に入ることでもあります"技術に自信のある者の発言である。ソフトについて多項目のソフト名が列記されているが，その内容については不明である。

2) 構造

＊印字ユニット　ユニットの構造は図4.1.6のようである。感光ドラムを使用しているコピー機の構造と基本的には同じである。

＊現像ユニット　図4.1.7に現像ユニットの略図を示す。先に述べたように紙は乾燥してドラムから紙へのトナーの転写率を高めてい

4. 新しい印刷技術と用紙

"オフセット印刷"　　"ドット濃度可変"

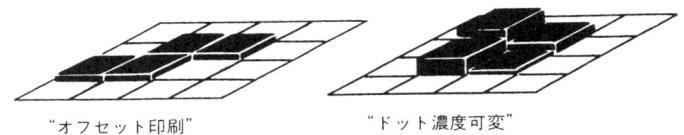

図 4.1.8　濃度可変ドット

て，しかも図 4.1.2 に示すように字の形は細く表現されていることを考え合わせると，この現像ユニットからドラムへのトナーの供給は余程良くコントロールされているものと想像するが，この略図からは読み取れない。

＊階調再現性　　LED による解像度は 600 dpi である。先に述べたように Xeikon の印刷見本を顕微鏡で拡大して測定すると，線の間隔は 6 l/mm，網点の間隔は 8 d/mm である。この数字から計算すると，

$$600/(25\times 6)\times 600/(25\times 8) = 12$$

12 個のドットの中でトナーの付着したドットの数の比率で網点の大きさを表現している訳であるが，これでは 12 階調しか表現できない。オフセット印刷では網点の中のインキの厚さは同じであるから，この方法では 12 階調しかできない訳だが，Chromapress では網点の面積の変化に加えて，カタログではさらに可変濃度方式と記述している。セミナー資料の解説図によると**図 4.1.8** のようにドットの中のトナーの付着量をコントロールしている。この方法で 1 個の点の濃度は 64 階調が可能であり，さらに面積との組み合わせで 256 階調が表現される。色の再現のためのソフトは数多く記述されているが，専門に過ぎるので省略する。

4.1.4 Scitex

Scitex は本社が Israel の Herzlla にあり，アメリカ国内に研究開発と生産を行っている会社が 4 社ある企業グループである。

製品の種類はスキャナー，ワークステーション，インクジェットプリ

ンター，ディジタルカメラその他画像処理に関する機器を数多く揃えている。日本国内にはサイテックスジャパンと日本サイテックスの2法人が存在する。両社共優れたインクジェットプリンターを持っているので，当然取り上げるべき機械であり，手元に若干の資料もあるが，日本国内での機械の販売開始が1996年春に予定されていた。

4.2 エルコグラフィー

その人は柔らかい暖かい手で私の手を取りながら，喉の奥から出る低い声でいった。"Nice meet you"落ち着いた話方である。カナダ人としては小柄なほうで，駅前の人込みの中を歩いていたら誰もそんなに偉大な仕事をしている人とは気が付かないで通り過ぎてしまうのではないだろうか。人は外見だけでは分からないものだとつくづく考えた。

その人は，以前に写真のプリントのカナダ最大のチェイン店を持っていた。そして1971年に電流によって顔料を凝集させて画像を作るシステムを発明した。その後このシステムに関して9件の特許を申請し，計10件のUSパテントを所有している。1981年にチェイン店を手放して時間ができてから本気でシステムの開発をスタートした。

現在の状況ではまだ開発段階であるという方が正確であろう。しかし彼は既に2回にわたりシステムの内容を公表している。

1回目は1996年6月15日に，ネバダ州ラスベガスのNEXPOの会場で新聞印刷システムを発表した[1]。そのくわしい内容をOBSERVER誌8月号が報道している。2回目はおなじくテキサス州サンアントニオで開催された1st NIP 12会議の席で1996年11月1日に構造と技術的内容を詳しく発表している[2]。私の手元にこの2通の文献があるのでそれを中心として，その他の情報を追加して新しい印刷システムの機構と特徴をお伝えしようと思う。

4. 新しい印刷技術と用紙

4.2.1 開発の歴史

その人は名前を Adrien Castegnier といい，カナダ東部の QUEBEC 州 Montreal 市の近郊の Saint-Laurent に研究所を持っている。以前は写真フィルムのプリントの店を 100 以上持っていた，カナダ東部の最大のチェインのオーナーであった。

彼は 25 年前にある高分子物質が電流によって凝集を起こす現象を発見し，溶液に顔料を分散させ電流によって画像を作る方法を考案し特許を申請した。これが基本特許の US パテント 3752746 になった。しかしプリント店の経営に追われて暫くの間は改良研究は行う時間がなかった。プリント業界の過剰な価格競争に嫌気のさした彼は 1981 年にチェイン店を譲渡した。その後彼は会社 Elcorsy を創立し，電流によって凝集するインキを使って画像を作るシステムの研究に本格的に取り組んでいる。会社名の Elcorsy は Electrocoagulation Reproduction Systems の頭文字である。特筆すべきことは，彼の家族と知人が彼の研究と開発に協力している。彼の弟は電子技術の面で，息子の Pierre はマーケッティングで，娘の Francoise は機械のエンジニアーとして，2 名の知人は機械の製作と化学の面で協力した。11 年間の根気良い努力の結果カラーの印刷ができるレベルにまで技術が向上し，印刷システムとしての見通しが明るくなった時点で日本の会社が協力を申し出て開発に参加した。東洋インキは豊富な水性インキの経験と生産技術を持ってインキの面から参加した。機械メーカーは印刷機の経験を応用した。製紙会社もフルカラー用の専用の紙を開発した。このような多方面の協力が加わってこの新システムは一気に商品としての価値が付き，1996 年 6 月の発表に到ったのである。アメリカ国内ではこの発表に注目し，大手の印刷会社が新システムの用途について検討を開始した。Elcorsy の新印刷機の研究開発に対しカナダ政府は資金の援助を行っている。

4.2.2 機械の構造

紙パルプ技術タイムス1996年2月号にディジタルプリンティングという標題でE-printとXeikonの印字システムの機構を紹介した。それらの印刷機とElcorsyが完成させたElcographyの構造を比較すると，その発想の根本的な違いと特徴が理解し易いと思われる。

1) 画像の形成

E-PrintとXeikonは共に有機半導体を用い，レーザー光で潜像を作り，トナーで現像している。Elcographyではシリンダーに向き合っている多針電極にパルス信号を与え，インキ中を流れた電流により凝集した顔料がステインレスシリンダー上に付着して画像を作る。

2) トナーとインキ

Xeikonはコピーと同様な乾式トナーで現像する。E-Printは顔料をアイソパー中に分散させた液体トナーで現像し，ブランケット上で加熱して粘着性のフィルムにして紙に転写する。Elcographyでは水性インキを使う。導電性の塩を溶解した水に電流を流すと，シリンダーより金属イオンが溶け出し，有機高分子物と反応して架橋結合し水に不溶となり，顔料をくるんでシリンダー上に沈着する。

3) ハーフトーン

XeikonとE-Printは網点の面積でトーンを作る。この点ではオフセット印刷と同じである。Elcographyでは顔料の沈着量が電流に比例するのでインキの膜厚でトーンを作る。印刷方式でいえばグラビヤに相当する。

以上比較して説明したように，トナーを使う静電記録方式と多針電極を使う感熱記録方式の違いをイメージすると近いと思う。

印刷機の構造を簡略化したのが図4.2.1である。図中の番号に従って説明すると，

*1　Cleaning　オフセット印刷では，ゴムブランケット上のインキは50％近くが紙に転移し，残りはブランケット上にある。これは同じ画

4. 新しい印刷技術と用紙

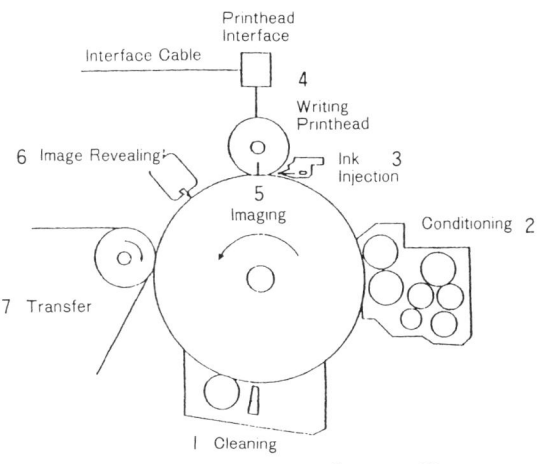

図 4.2.1 エルコグラフィの構造

像を連続して複製するから可能なのであって，ダイレクトプリントでは一回転ごとに異なる画像を作るので，前の画像は完全に消去しなければならない。これがクリーナーの役目である。

* 2 Conditioning　シリンダー上に作られた画像は，圧力によって強制的に紙に転写し，シリンダー上には残らないのが理想であるが，インキ中のポリマーと金属との結合が強いと残量が多くなる。高速運転のインキの転写を良くする目的で予めシリンダー表面に薄く油を塗布しておく。油の品質については文献には記述されていない。

* 3 Ink Injection　水を媒体とし反応性のポリマーと導電性の塩を溶解し顔料を分散したインキは，タンクよりポンプアップされ電極とシリンダーの隙間に過剰に流し込まれる。インキが不足して電極とインキの間に空気の泡が入ると電流が流れず，シリンダー上に顔料が付着しないで白い筋が発生する。

* 4 Writing Cathod　試作の電極はステインレス製の針金が一列に200本/i（7.87本/mm）の間隔に並んでいて，感熱記録のヘッドのような

—330—

4.2 エルコグラフィー

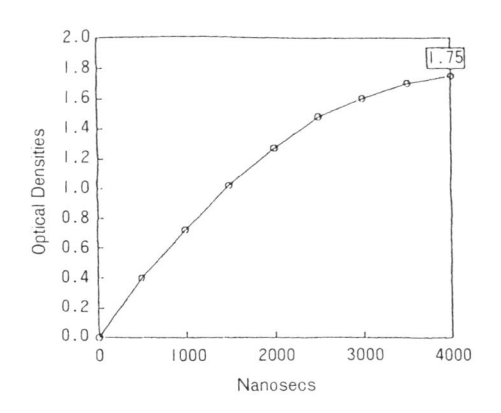

図 4.2.2 通電時間と印刷濃度[2]

構造をしている。11 インチ幅の機械では 2 060 本の針金が並んでいることになる。コンピューターの速度が非常に速く，全幅の電極に同時に信号のパルスを送ることが可能である。電流の量に応じてインキが付着するので，パルスは電圧を一定にし時間の長さを変えて濃度をコントロールしている。パルスの時間の長さと一色のインキの濃度の関係の例を**図 4.2.2** に示す。$D=1.75$ の最高の濃度を出すのに 4 μs が必要であり，最低の濃度には 100 ns を要する。この間を 15 ns 刻みで 256 階調のグレイスケールが作れるが，その印字見本は実に見事なものであった。陽極の針金は直径 50 μm で 127 μm 間隔で並んでおり，極の間は絶縁のための合成樹脂で埋められているが，紙の上の印字をルーペで拡大して見ても pixel の形は見えず連続した階調になっている。これは陽極から陰極に向かって電流が流れるときに垂直方向だけでなく斜めの方向にも流れ，陰極のシリンダー面では広い面積に均一にインキが付着したと解釈できる。

＊5　Imaging　直径 12 inch 厚さ 1 inch のステインレススティール製のシリンダーである。印刷の面積に応じてシリンダーの長さは 11 インチ，17 インチの 2 種類を用意している。シリンダーは傷を付けなけ

4. 新しい印刷技術と用紙

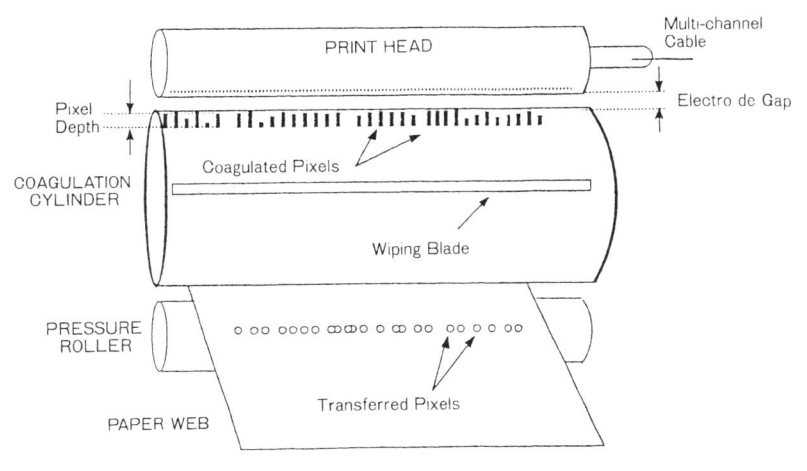

図 4.2.3 印刷プロセス[2]

れば A4 の紙で5千万枚以上の印刷に耐える。この耐久力は感光性のシリンダーと大幅な差があり，将来印刷機を大勢の人が使用する時代が来たときに，機械の普及に重要なファクターとなるであろう（**図 4.2.3**）。シリンダーは陰極であり，水性のインキを挟んで一列に並んだ陽極からパルス電気信号が流れる。電流は水を電気分解し陽極に H^+ 陰極に O^- を発生させる。同時にインキに添加した塩素化合物も分解し，陰極に Cl^- が発生しステインレススティールを溶かして Fe^{3+} と Cr^{3+} がインキ中に出てくる。この3価のイオンが非常に活性が強くリニヤーポリマーと反応し，架橋結合してポリマーを凝集させ水に不溶性にし，シリンダー上に沈着させる。

　試作機のシリンダーの回転速度は 1 m/s である。直径 50 μm の陽極を通過するに要する時間は 50 μs で，最大濃度を出すのに必要な信号の長さが 4 μs であるから，シリンダーの回転によって画像がボケる心配は全くない。

＊6　Image Revealing　シリンダーの表面に付着した顔料の膜は最大で厚さが 2.0 μm 程度である。陽極と陰極の間を埋めた大過剰の水性イ

ンキはシリンダー表面を覆ったまま出て来る。過剰のインキを掻き取り画像を残すためのゴム製のブレードがこの装置である。

*7 Transfer シリンダー上に残った画像はバッキングロールの圧力により巻取状の連続している紙の上に転写する。シリンダーが金属であるので，紙の表面が平滑でないとインキの転写が悪くシリンダー上に多く残る。画像を形成している顔料の膜は多くの水を含んでいるが，一色のみの印刷であればほとんどすべての印刷用紙が問題なく印刷できる。

　オフセット印刷でインキのセットを促進するために用紙に吸油性が要求されるように，水性インキの場合には紙は吸水性を要求されるであろう。一色目のインキの上に次のインキが乗るまでの時間は印刷の速度にもよるが，1s前後である。この短い時間にインキが含んでいる水を吸い取ってやらねば次のインキが乗れなくなる可能性がある。一般の紙はペン書きの字が滲まないようにサイズ剤を加えているが，これが吸水速度を遅くしているので問題である。GPを多く含んでいる新聞用紙は4色の印刷で何も問題が発生しないことは確認した。

4.2.3　イ　ン　キ

将来は一般印刷の領域をマーケットの対象にしているので，このシステムに使うインキもオフセットインキと同等の基本的品質，保存性，演色性，耐摩耗性等が要求されるが，特別にこのシステムで要求される品質としては，導電性，電流沈殿性，金属腐食性の3点である。

1)　導電性

電流により沈殿が生じる現象の発見がこの研究の始まりであるから，インキは当然導電性を要求される。これが水性インキになった理由であった。また将来を考えるとコストの面，環境問題の面からも水を使うのは望ましいことである。純粋の水は意外と電気抵抗が高い。そこでこのインキにはイオン解離度の高い塩素化合物が溶かしてある。金属イオン

4. 新しい印刷技術と用紙

はポリマーを凝集させるので＋イオンには金属は使えない。

2) 電流沈殿性

Elcorsyという会社名の基にもなったElectrocoagulation：電流凝集性を起こす物質は水に溶解したゼラチン，ポリアクリル酸，ポリアクリルアマイドである。これらのポリマーは金属イオンを吸着し架橋反応を起こして凝集し沈殿する。この現象は製紙会社では日常に使用している技術で何も珍しいことではない。この反応は一価の＋電価の金属より二価の金属の方が20-40倍も作用が強い。さらに三価の金属Fe, Alは二価の金属の30倍近くの反応性を示す。水性インキであるからポリマーはいずれも水溶性であるが，Al^{3+}イオンは反応が強く水に不溶性にするので，新聞紙等のようにAl^{3+}イオンを多く含む紙ではインキが紙に乗った後の反応で画像の安定性が良くなる。

3) 金属腐食性

何とも不可思議なことを考えたものである。インキ中にFeイオンが少しでも存在すれば直ちに反応する。次々にFeイオンが供給されればインキは次第に粘度が上がり，ついにはインキ全体が固まってしまう。故に陰極になるシリンダーは，水に触れると直ちに錆びる鉄では目的にあわない。NIP 12 Conferenceで発表した論文では金属シリンダーは化学的に不活性である点を非常に強調している。電流がなければFeイオンは発生せず，インキは安定である。電気信号の来た場所のみ酸素と塩素の助けを借りて金属が腐食してFeイオンが発生してポリマーを固めFeイオンは全量反応してインキ中には残らない。これが画像のできるプロセスであり，このシステムの基本特許である。

インキの製造と供給については，日本の東洋インキが行うことになるかも知れないと，営業担当副社長の息子Pierre Castegnierはいっていた。

4.2.4 印刷速度

まず印刷業界が日常使用している印刷機の速度から調べると，オフセット印刷の枚葉輪転印刷機の旧型で10 000 枚/h，発売中の新型の高速機では15 000 枚/h が普通になっている。この速度を換算すると250 枚/分で，紙をくわえる爪の長さを考慮して1 m/回転と仮定すると4.2 m/s の速度が現在使われている最高の方である。巻取を使用する新聞輪転印刷機ではかなり以前から600 m/min の速度で運転されていた。これは10 m/s に相当する。

Elcography の理論上の速度はOBSERVER 誌に掲載されたPierre Castegnier の言によれば，"1 ドットを書くのに4 μs の時間で良いから1 秒間に250 000 ドット書くことが可能である。ドットの密度を200 dpi とすれば印刷速度は30 m/s ドット密度を400 dpi で書けば15 m/s の速度が可能である（図 4.2.4）。"

机の上の計算では確かに間違いではない。レーザー光のフライングスポットで一本のラスターを書くのにms の時間が掛かる方法に比べれば，原理的には優れているが，試作機は1 m/s の速度で解決すべき問題点がいくつか発生している。発売予定の24 インチ幅の印刷機では1 時間に10 500 ページの新聞印刷が可能と表現しているが，新聞紙ならば活字の精度からも200 dpi で良いし，4 色印刷ができるので印刷機の販売は可能となるであろう。

4.2.5 価　格

まだはっきり決定した訳ではないが，と断りながら副社長のPierre はいっている。

"一色機あたりおおよそ25 万ドル，片面4 色のセットで100 万ドル，両面4 色の8 ユニットで200 万ドルを予定している"

"この印刷機で両面4 色のタブロイド判の新聞を印刷したとき，1 ページ当たりのコストは3.5 cents である。これには機械の5 年間の減価

4. 新しい印刷技術と用紙

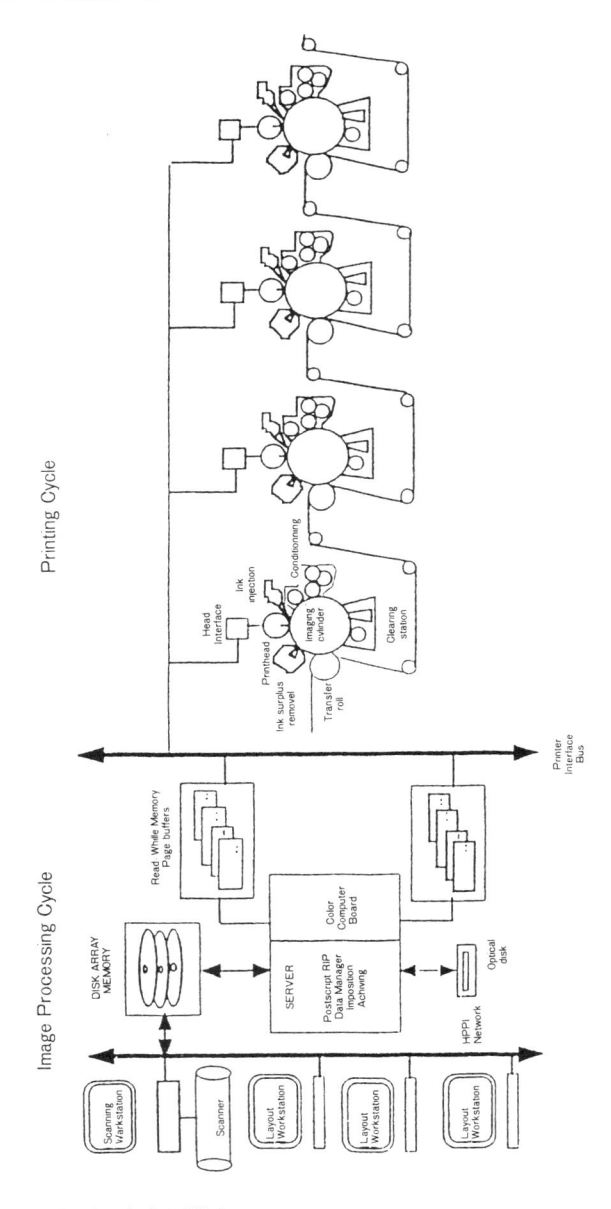

図 4.2.4　片面 4 色印刷機[1]

償却費，人件費，用紙，インキ等すべての経費を含んでいる。"

　このコスト計算にコンピューターの価格が入っているのであろうか。各ユニットに画像を信号化したデータを入れておく 16 MB のバッファーがあり，電極に 16 MB/s の速度で信号を送っている。256 階調の濃淡を作るためにパルスはディジタルからアナログに変調する。さらに一回転ごとに別の画像を送ることもあり得る。このように考えると印刷機の能力をフルに発揮するには，高速で大型のコンピューターが必要となり，その値段だけで 100 万ドル以上は掛かりそうに思われる。

4.2.6 特徴と欠点

　前にディジタルプリンティングの 2 機種を紹介したが，その他のインクジェットの Scitex，本節の Elcography を含めてどの機種が将来伸びて行くか，これは担当者の努力次第で予測のできる範囲ではない。しかしシステムとしての優劣は技術屋として議論しておかねばならない。

1) シャープネス

　レーザー光でスキャンするラスターの密度を上げて行けば活字のシャープネスは向上するが，印刷の速度は反比例して低下する。そのバランスを考えて E-Print 1000 は 800 dpi を選んだ。E-Print で印刷したカタログの文字はルーペで拡大して見ても確かにシャープネスは良好である。カタログでも im の活字の拡大写真を乗せてシャープネスの良さを他の印字方式と比較して印象づけている。そしていう"電子写真方式を使ったオフセット印刷機です"コピーと印刷とでは文字のシャープネスのグレードが違うことを主張している。文字のシャープネスに関係するもう一つのファクターがある。それは像を作っているトナーの違いである。

　乾式トナー（粉体）の粒子径は 7–10 μm である。湿式トナー（液体）の粒子径は 0.5 μm 以下である。いずれも粒子径は肉眼では見えない大きさであるが，シャープネスではカタログの写真に見られるように明らかに湿式の方が優れている。Elcography も湿式トナーを使用している。

4. 新しい印刷技術と用紙

今までに見た印刷見本では，シャープネスを比較できるような印刷物でないので議論にならないが，新聞紙に印刷した 200 dpi の明朝体の 7 ポの活字は良いレベルであった。

試作の電極は針金を並べた物である。日本には感熱記録ヘッドを量産している技術があるし，さらに要求があれば LSI の製造で使っている精密配線の技術もあるので，今後シャープネスを向上させることは容易である。

2) トーンリプロダクション

オフセット印刷ではインキの膜の厚さを変えることはできないので，網点の面積比でトーンを作っている。常用の線密度は最高で 175 lpi である。この密度では 3% の網点の直径は 28.4 μm になり，銀塩写真フィルムを使う製版法ではこれ以下は表現が不可能である。ハイライトの部分は表現が不足する。E-Print では線密度は 800 dpi であるが，カラー印刷の部分を線数計で測定すると 175 lpi の網点に直してあるのでオフセット印刷と変わりない。800 dpi の一個の点の直径は 31.8 μm であるから 175 lpi の網点では 3.7% の面積に相当し，それより明るいハイライトの表現ができないということになる。Elcography では網点を使用していないでグラビヤ印刷のようにインキの膜厚でトーンを作るため，印刷面にはローゼットもモアレも見えずハイライトの面は滑らかである。また信号の通電時間に比例してインキの膜の厚さが決まるので，ステップの 256 階調は正確に表現される。ハイライトは 0.4% まで表現できることになり，他と比較して明らかに優れている。

3) 演色性

図 4.2.5 は着色材料によって表現できる色の範囲を CIE の色度図で表したもので，円の直径が大きい程色の純度が高く，鮮明な色が出せることを意味している。何故このような差が生じるのか，色彩学入門の著者である一見氏は次のように述べている[3]。

"印刷インキよりカラーフィルムの色の範囲が大きくなっているの

は，インキの色料が粒子である顔料を使っているのに対して，カラーフィルムは完全に透明な分子状の染料で発色しているためです．反対に塗料はインキより不透明な顔料を使って厚塗りで下地を被覆するのが主な機能ですから，その純度はインキより低いものとなります"と着色材料の粒子直径の影響を述べている．明度の低いベタ刷りの領域ではこの説明で十分だが，明度の高いハイライトの領域ではさらに別のファクターが加わってくる．先に述べたようにオフセット印刷ではインキの膜厚を変えることができないので，網点の面積比でトーンを作る．ハイライト部分では網点の面積比は10%以下になり残りの面は白色の紙面になっている．これで出せる色は，たとえば5%の網点では着色のインキ5%に対して95%の白色インキを混ぜるのと同じで，色は濁り鮮明な色が作れないのが当然である．カラーフィルムはハイライト部分でも染料の濃度は低くなるが均一に分散しているので鮮明な色が出し得る．Elcographyではグラビヤ印刷と同じようにハイライト部分でもインキは薄く紙を覆い，紙の白い面を出さないので鮮明な色が出せる．この点はオフセット印刷より優れた点であり，網点方式を採用している他のダイレクトプリントより優れているといえる．染料と同等な透明なインキが製造できれば，グラビヤ印刷方式はカラーフィルムに近い演色性を持ち得る筈で，それならCastegnierがElcographyを使って写真のプリントを行おうと考えた夢も実現しそうである．色インキで印刷したとき紙の品質が演色性に及ぼす影響を図 **4.2.6** に示す[3]．

4) 印刷速度

先に議論したように残されているいくつかの問題点をクリヤーすれば，Elcographyは現在常用している印刷機の最高速度の 10 m/s は出せそうである．そして高い生産性は将来印刷機として普及する可能性を高くしている．精密な画像を目標にしている E-Print ではフルカラー印刷のときには A3 の紙の大きさで 1 000 枚/h の速度である．これを換算すると 0.12 m/s となる．

4. 新しい印刷技術と用紙

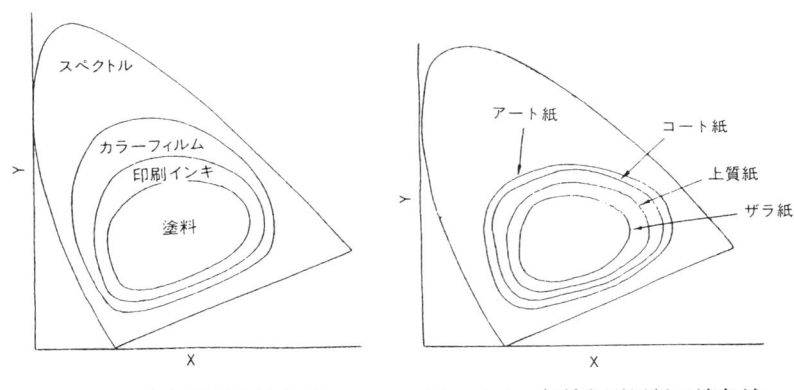

図 4.2.5　着色材料と演色域　　図 4.2.6　各種印刷用紙の演色域

　コンピューターによる画像処理技術が進歩して略完成の域に達したのが基になって，この数年の間に4種類のディジタルプリント方式の印刷機が発表になった。4種類いずれも特徴があり互いに住み分けることになろうが，一般印刷の領域に参入するには今回紹介した新システムのElcographyが最も可能性が高いと感じている。
　多くの人の協力があったからこそ完成したのであろうが，25年の長きに渡る努力の継続が実って新しいシステムで写真のプリントを行うという夢が近い将来に適えられるとは，Adrien Castegnier という人は何と強い運に恵まれた人だと羨ましくなる。

4.3　インクジェットプリンター

　インクジェットプリンターを最初に発表したのはキヤノンで1972年であった。事情があってそのプリンターは生産に至らなかったが強く印象に残った。インクジェットプリンター用紙を情報産業用紙の一品種とみなして，25年くらい前に研究テーマとして研究計画を提出し研究をスタートさせたが，実のところあまり気乗りせず成果を期待していなか

った。インクジェットのシステムそのものに根本的な欠点があり，研究が成功したとしても特殊用途のみに利用されて，せいぜい数百 t/y の小規模の紙にしか育たないであろうと判断していたからである。そして 20 年後，正確な統計の数字はないが，製紙会社の担当者の意見を総合すると，インクジェットプリンターで印字された紙の量は（インクジェットプリンター専用紙のみではなく，PPC 用紙でインクジェットプリントされた紙を含む）は 1999 年に 3 万 t/y に達したらしい。何故このような食い違いが生じたのか，その理由を反省を含めて追及してみる。

4.3.1 研究初期の判断

　25 年前のころ，インクジェットプリンターには根本的な大きな欠点が 2 つあるために，将来の大きな成長は望めないと考えた。

1)　紙に大量の水が付着する

　紙は水分が変化すると寸法が伸び縮みする。オフセット印刷で，版に使用する僅かな量の湿し水ですら多色印刷の見当狂いの原因になるので，水の管理には印刷会社は神経を使っている。100 g/m^2 の紙に 1 g/m^2 の水が付着すれば紙は伸びている。インクジェットプリンターではインク中の水を瞬時に吸収しなければならない。その水の量がなんとオフセット印刷で紙に付着する量の 10 倍以上だというのである。

　当時のプリンターの構造では，ノズルから噴出する水滴の大きさは直径が 50 μm であった。この水滴の 1 個の体積は

$$(4\pi/3)r^3 = 4.19 \times (25 \times 10^{-3})^3 = 4.19 \times 15\,600 \times 10^{-9}$$
$$= 65.5 \times 10^{-9} \text{cm}^3 = 65 \text{ pl}$$

紙の表面に付着した着色している水滴は紙の垂直方向に浸透するだけでなく，水平方向にも拡散していく。あまり網点が大きくなると画像のシャープさが低下するので，水平方向の滲みは最大水滴の直径の 3 倍の 150 μm という制限がある。滲みの大きさをコントロールするためにサイズ剤を添加するが，適正な滲みの大きさの直径 120 μm にした場合の

4. 新しい印刷技術と用紙

インクが滲んだ面積は
$$\pi r^2 = 3.14 \times (6.0 \times 10^{-2})^2 = 3.14 \times 36 \times 10^{-4}$$
$$= 1.13 \times 10^{-4} \text{mm}^2$$

1色のインクで紙の単位面積に付着した水の重量は
$$\text{重量} = (6.55 \times 10^{-10}\text{g}) / (1.13 \times 10^{-10}\text{m}^2) = 5.80 \text{ g/m}^2$$

フルカラープリントで同じ紙面にインクが2色乗った場合は
$$5.8 \times 2 = 11.6 \text{ g/m}^2$$

紙は水分が増えると伸びる。水滴が付着すると付着面を外側にしてカールが生じ，数秒後に伸びが始まる。水滴の付着量が不均一であると紙は皺になってしまう。皺の発生を防ぐには，紙の水分より若干高い湿度の空気を当てて紙の全面からゆっくり均一に水分を吸わせる方法しかない。書籍の印刷では活字のインキの乗っている面積は紙の面積の8-9％である。この程度の面積率で，しかも若干の文字の太りは問題にならないで，黒または一色の色インクの印字であれば，インクジェットでプリントする可能性はある。

フルカラーのプリントになるとほとんど紙の全面に1色または2色のインクが乗ることになる。この条件では先に計算したとおり，紙の重量の10％以上の水分が付着することになるので，たとえ表面積の大きいピグメントや，吸水性の大きい樹脂を紙に内添または表面塗布したとしても，ベース素材に紙を使用する限り皺の発生は防げないと判断した。紙以外の素材を使う製品の開発であれば，製紙会社の研究テーマではないとの論理である。当時はインクの乾燥でノズルが詰まるトラブルが多発し，50μmより直径の小さい水滴を安定して噴射する技術は考えられない状況も，上記判断の一部であった。

2) 画像の保存性の不足

ジェットインクの主成分は水で，表面張力の調整のためにグリコール類が数％添加されていた。着色材料は水溶性染料で，印刷インキに使用されている顔料は何らかの理由でジェットインクには使われていなかっ

た。染料の長所は色の彩度が高く，透明度が高いので重ね刷りの色の演色性が優れている。しかし欠点として色の濃度が出にくい。印刷ではインキが紙の表面に層状に乗っているのと同じように，染料が紙の表面に止まっていれば濃度は出やすいが，インクジェットではインクは水の浸透と一緒に紙の内部に分散している。セルロース繊維はまだ粒子が大きくて屈折率が低いから印字の濃度の低下が少なくて良いが，塗工層は粒子径が小さく，屈折率が高いので濃度の低下は甚だしく，印字は薄いくすんだ画像しか得られない。

　また染料は光による褪色が顔料に比べて甚だしい。オフセットインキに使用されている顔料は太陽の直射光に晒しても6カ月は変色が目立たないが，染料を使用した当時のインクジェットプリンターの印字は数日で褪色した。光線の強さが同じでも，印字の濃度が高いと褪色は目立たないが，塗工層に印字したときのように濃度が低いと，変色は特に目立ってくる。

　以上述べた二つの大きな欠点，多量の水の付着と画像の保存性の不足を考え合わせると，開発可能な商品の範囲は非常に限定されてくる。フルカラーの印刷はすべて除外される。単色の文字または多色でも重ね刷りのない印字はできるが，保存性を要求しない物のみが可能である。新聞や週刊誌の印刷は，速度と価格の点で比較にならない。せいぜいチラシの印刷が可能な範囲かと考えた。もっとも当時の開発初期の感熱記録紙は保存性が特に悪く，受信したファクシミリを机の上に置いておくと一日で薄くなった。保存したい人は，さらに乾式トナーのPPCでコピーを作り，ファイリングしたものである。

　以上がインクジェットプリントの将来性に期待しなかった主な理由である。当時の周囲の状況から判断が妥当であったと理解してもらえると思う。

4. 新しい印刷技術と用紙

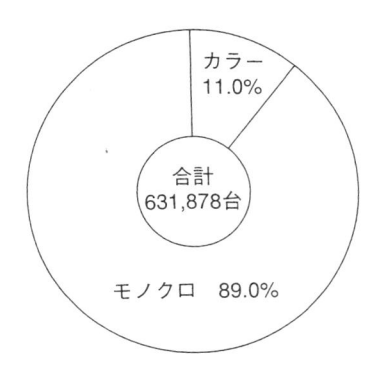

```
       カラー
       11.0%

      合計
    631,878台

    モノクロ  89.0%
```

図 4.3.1 インクジェットプリンターの構成比率

4.3.2 技術の改善

　電気製品の大型販売店に行くと，2003年12月の時点でパソコンと並んでプリンター用紙が広い売り場面積を取っている。その9割以上がインクジェット用紙で，数十種類の中から自分の希望するグレードを探し出すのに時間を掛けている客が多く見掛けられた。これほど多くの人が信頼し使用しているプリンターになった理由を調査してみた。

　1）プリンターの改善　　インク液滴容積の微小化

　プリンターヘッドより噴出する連続噴射型インクジェット液滴の容積は年ごとに微小化を実現してきた。生産量で約半数を占めるエプソンの例でみると，インクの一滴の大きさは1996年には19 plであったが，1998年には6 plになり，2001年には1.8 plを実現している。

　インク粒子が小さくなれば紙表面のインクドットの密度を上げることが可能になる。インチ当たりのドット数の変化をみると，1996年に720×720 dpiであったのが，2002年には2 880×2 880と大幅に向上している。プリンターヘッドの改良は最近のことである[4]。

　オフセット印刷のフルカラー印刷が175 lpiの網線数であるから，インクジェットの方が10倍以上の細かさである。プリントアウトした見本を詳しく調べたが，2003年12月の時点でキャストコート紙にオフセ

ット印刷した見本より IJ の画質の方が高いと感じた。面白いことに高精細印刷で経験したことだが，ドットが小さいと画像の濃度が高く彩度も高くなっている。インク粒子径を小さくすることでカラーの彩度が上がって演色域が大きくなり，コントラストとシャープネスが改善された。町にある写真販売店 DP 屋で使っている引き伸ばし機のレンズは性能が良くないのでピントがあまく，濃度も白っぽく不満足に思っている人が多いのではないか。一般の人の感じとしてはこの不満が動機になってディジタルカメラを購入しインクジェットでプリントを自分で楽しむようになるのであろう。

最も大きな心配である紙に付着する水の量であるが，インク粒子の体積が 1.8 pl ともなればほとんど心配する必要がなくなった。まだインク粒子が 50 pl と大きかったときに耐水性の安全のために写真印画紙原紙（RC 紙）と同じ原紙を使った写真用光沢紙を生産しているが，実際にこれ程に強い耐水性が必要であろうか。

単色の文字印刷の場合は，紙の面積に対してインクの乗る面積率が 10 ％以下とさらに 1 桁少なくなる。最近販売している PPC 用紙は IJ，LP 熱転写等どの用途にでも使用可能ですと袋にはっきり書いてある。

オフィスで使用する場合 PPC 用紙を使うので，インクジェットプリンターで記録した紙の総量は統計に記録されていない。

2) インクの改良　　色保存性の改善

開発初期の頃は着色材として水溶性の染料を使用していたために色保存性が悪かったが，保存性の良好な顔料を粒子径を 30 nm 近くまでくだいて分散し，色の濃度と透明性を改善した。さらに分散剤の添加や親水性樹脂による顔料の表面処理をして水中の分散性を安定させて，顔料を着色材として使用可能にした。

顔料の種類は印刷インキに使っているのと同系統で色保存性に優れているうえに，2.4 以上の高い濃度のプリントが可能であるので 1 年くらいは褪色が感じられない。

4. 新しい印刷技術と用紙

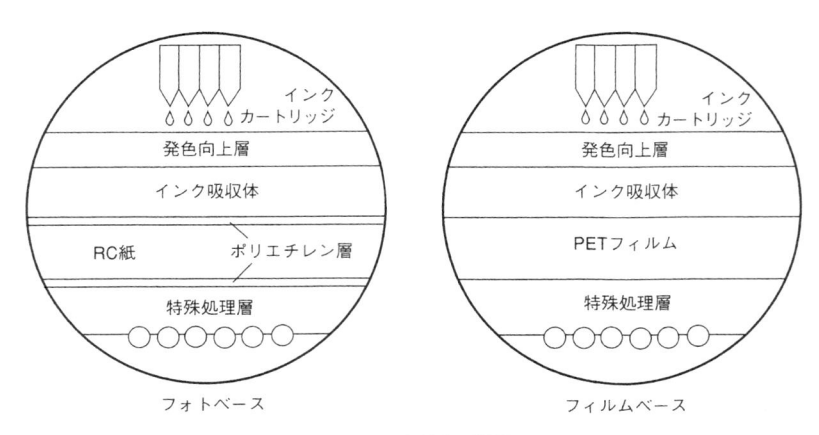

図 4.3.2 三菱製紙インクジェット用紙の構造

以上2項目の改良で研究初期の心配は解決された。

3) 塗工原紙の高級化　　写真印画紙原紙を使用

写真の印画紙は現像のとき現像液の中を通過するが水は全く浸込まない。紙の表裏には防水性を付けるだけでなく表面の光沢と平滑性を向上させるのを兼ねてポリエチレンをラミネートしている（**図 4.3.2**）。原紙にはワックスサイズを多量に内添し，紙の切り口から水が浸込むのを防止している。インクジェット専用紙として販売している光沢写真用がそのグレードで，画像の品質上，印画紙と競争するにはごくわずかでも原紙が水を吸って波打つ状態が生じてはならないのであろう。塗工原紙としては他にポリエステルフィルム，合成紙など耐水性の強い材料も使われている。

4) 塗工層の吸水性向上

コート紙に一般に使用しているカオリンでは吸水能力が不足で紙面に衝突したインクは垂直方向に吸収されるよりも，水平方向に拡がってしまう。これはトーンリプロダクションを狂わせる非常に悪い現象である。吸油量が $250\ cm^3/100\ g$ と特に大きい非晶質シリカに着目し，1次粒子径 $6\ nm$，平均凝集粒子径 $4.0\ \mu m$ と吸油量とコーティングカラーの

4.3 インクジェットプリンター

流動性という相反する条件を解決できて，インクジェット用紙の品質は急激に改良された。

ジェットインクの微粒子化で紙への付着水量が少なくなっているところに，コーティングカラーにシリカが使えるようになったのでフルカラーのプリントが可能になった。

印画紙原紙の代わりに PET フィルムを使った商品も生産している。両者共に水の心配がないので，フルカラーで濃度 2.5 以上出し得るものと想像する。オフセット印刷ではフルカラー印刷のトーンは網点の面積変化で作り出すが，インクジェットプリントではドットの大きさが同じなので，同一面積内のドットの密度でトーンを作っている。ドットの直径が 100 µm 以上と大きいと，画像のハイライト部でザラツキが目立つ。ジェットの水滴の直径を 15 µm と小さくし，紙に吸収されて拡がっても 30 µm と格段に小さくなった。結果として紙が吸収しなくてはならない水の量は $2.5\,\mathrm{g/m^2}$ に減少した。

さらに，直径 0.1 µm 以下の表面積の大きい吸水性の超微粒子のピグメントを使い，同じく吸水性の樹脂をバインダーとした塗料を表面に塗工することで，ベースペーパーへの水の浸透を防げるようになった。

5) 表面光沢の向上

非晶質シリカはコーティングカラーの流動性を良くするために 2 次凝集させて 4 µm の直径にしてある。このため塗工面は艶がなくマット調である。近年アルミナの微結晶で吸水性の特に強い粉体が生産されている。この粒子は特徴として塗工面が強光沢を持っているばかりでなく，紙面垂直方向への吸収が良い。インクドットは水平方向に滲むことなく円形となる（**図 4.3.3**）。この結果画像の解像力はさらに向上した。

6) 紙質試験法の改善

プリントしたインクが紙層中にどのような状態で存在しているかを知る手段として従来は，印刷した紙の小切片をカプセルに入れ，それに合成樹脂のモノマーを注入し加熱重合させる。重合した塊をカプセルから

4. 新しい印刷技術と用紙

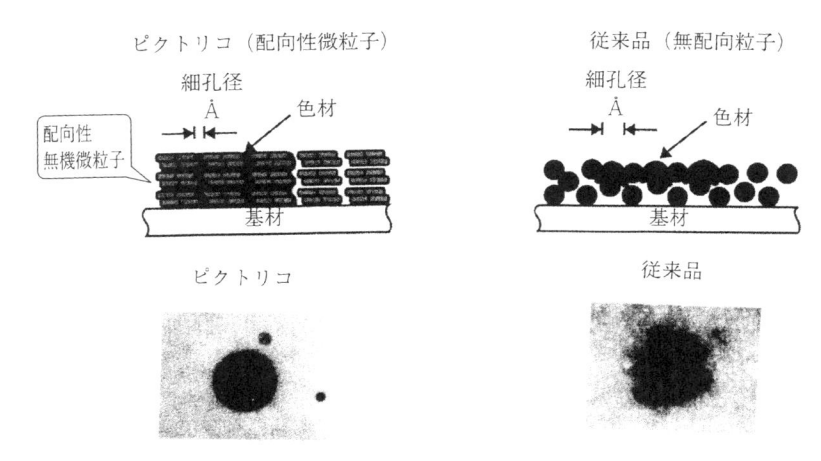

図 4.3.3　吸水性微粒子の比較　アルミナ　シリカ

取り出してミクロトームで切り，プレパラート上で切片に溶剤を微量注いで樹脂を溶かし紙の切片のみを残す。

モノマーを入れるときと溶剤を入れて樹脂を溶かすときに，紙のサンプルの形が崩れて写真が撮れない場合が非常に多い。新しい紙の切断方法はミクロトームではなく集束イオンビームを使う方法である。

断面作製装置として日立製作所製 FIB を使い，液体金属イオン源にガリウムを用いる。厚さ数十 μm の紙の切片の同一の場所を探し，SEM と光学顕微鏡で写真を撮る。2枚の写真からインクの存在場所と形を正確に知ることができる[5)-10)]。

4.3.3 インクジェット用紙の市場

ここ数年の間急激に市場の伸びているのがインクジェット用紙で，何処まで市場が拡大するのか，大いに関係者に注目されているとの話を聞いて，調べ始めてみて統計資料が全くないのに気が付いた。

そこでカタログ，IGAS での説明資料，調査会社の報告書，文献，関係者との対談などから断片的な知識を集め組み立ててみた。

4.3 インクジェットプリンター

表4.3.1 インクジェットプリンターの生産量

用　途	生産台数			
	1990年	1992年	1994年	1996年
一般事務, OA	45,000	68,000	160,000	290,000
エンジニアリング, 科学	1,108	1,800	2,300	3,000
印刷, デザイン	17,630	29,000	40,000	48,000
民生, ホーム	—	—	—	—
その他	5,520	6,200	7,500	10,000
合　計	69,258	105,000	209,000	351,000

1) インクジェットプリンターの生産量

　国内IJプリンターの生産量は2002年に556万台で，シェアはエプソン49%，キヤノン38%であった。プリンターの品質改善に伴ってこの数年生産台数が急激に増加し，年率60%の伸びを示している。

　古い資料であるがプリンターの用途別出荷台数は**表4.3.1**に示すように一般事務が80%と圧倒的に多い。事務では使用する用紙はPPCに限られているので，IJプリンターを使ったのに統計上はPPCに入っていてIJ専用紙には入らない。

2) IJ専用光沢紙の市場

　EPSON社のインクジェット用紙のカタログを見ると，光沢紙のなかに写真用紙，絹目調，光沢紙（染料），フォトカード等多くの種類がある。これらをすべて含めて各社のIJ専用光沢紙の生産量の合計が2002年に7千万m^2に達したと調査会社の報告書に記述してある。これを平均坪量220 g/m^2と仮定し重量に換算すると，15 000 t/yになる。さらにカタログに記載されているように小売価格を平均600円/m^2とすると年間販売高は420億円になる。紙の生産統計では製紙会社の売上は代理店卸売価格で計算しているので，他の統計との比較のために計算すると売上は252億円になる。（**表4.3.2**）

3) IJ専用紙の市場

　塗工タイプIJ用紙のうち光沢紙の比率を50%強とすると，2002年の

4. 新しい印刷技術と用紙

表 4.3.2 情報用紙小売価格

(A4・100枚入り包装)　　　(ディスカウントショップ内)

品　種	製品タイプ	販売企業	小売価格(円/m²)
インクジェット用紙	フォトプリント光沢紙	ナカバヤシ	720
	スーパーハイグレード	ナカバヤシ	104
	プリンター用紙	ナカバヤシ	54
	スーパーハイグレード	KOKUYO	96
	ハイグレード	KOKUYO	61
	プリンター用紙	KOKUYO	48
	ハイグレード	PLUS	61
ワープロ感熱記録紙	ハイグレード	PILOT	94
	エコノミータイプ	TREE'S	64
ワープロ熱転写紙	ホワイト無地	KOKUYO	42
FAX感熱記録紙(ロール)	25.7mm×30m		49
PPC用紙	A4・500枚梱包	KOKUYO	22

塗工紙タイプの生産量は140百万m²でマットタイプの生産量は7千万m²である。マットタイプの平均小売価格を100円/m²とすると，売上は70億円，卸売価格で42億円である(**表 4.3.3**)。生産量は坪量を167 g/m²として12 000 t/yである。

IJ専用紙のうち塗工タイプは80%であるとすると非塗工紙の量は概算35百万m²，102 g/m²として3 570 t/yである。卸売価格は12円/m²として420百万円である。

IJ専用紙を合計すると面積で175百万m²，重量にして30 600 t/y，卸売上は296億円/yとなる。

4) PPC用紙

最近のPPC用紙の包みにはインクジェットにも使用可能とはっきり印刷してある。どれだけ多くのPPC用紙がIJプリンターで使われているかだれにも分からないのだが，調査会社の報告によればIJ専用紙の7/3倍の量が使われていると記述している。この報告を信用すればPPC用紙の面積は408百万m²，重量は92 g/m²として71 300 t/y，売上金額は卸売り12円/m²として49億円となる。

5) IJ用紙総合計　2002年

　　面積　　　　583百万m²

4.3 インクジェットプリンター

表4.3.3 インクジェット用紙の小売価格　2003年12月調査
　　　　　電気製品大規模販売店内　川崎市内

会社名	銘柄	包装入枚数	定価	小売価格	円/m²
エプソン	光沢写真用　A-4	100	4500	3820	610
	光沢紙	50	1700	1450	464
	スーパーファイン	100	700	630	100.8
	両面上質普通紙	250	400	350	22.4
コクヨ	超光沢	5		640	2048
	高精細紙フォト	20		1440	1152
	スーパーハイグレード	100		480	76.8
	上質普通紙	250		280	17.9
シャープ	PPC 用紙，LBP, IJ共用	500		370	11.8

　重量　　　　　　102 000 t/y
　売上金額　　　　345 億円

　これで調査会社の市場調査報告書に，三菱製紙のカラー用インクジェット用紙の生産量の1 800 t/yに対してモノクロ用の使用量（PPC）が20 000 t/yと記録されている意味が分かった。IGASで入手した定価表の一部を**表4.3.4**に示すが，グラフィックとCAD用のみが書いてあって，モノクロ用との表示はない。仮にインクジェットプリンターで使用した紙の量がカラープリントの4倍と仮定すると，市場は60 000 t/yの規模になる。

　6）情報用紙の生産量

　1999年度の情報用紙の年間生産量を推測すると**表4.3.5**になる。ジアゾ感光紙と感熱記録紙は減少しつつあり，インクジェット用紙は年率60％近い伸びを示しているので，3年くらいで生産量第2位の情報用紙になるのではないかとの観測も出てきた。

　情報用紙のなかではインクジェットの写真用光沢紙の価格は1桁以上

—351—

4. 新しい印刷技術と用紙

表 4.3.4 インクジェット用紙の価格

(三菱製紙定価表より抜粋)　(36 インチ幅, 30m 巻ロール紙)

用　途	製品タイプ	価格(円/m²)
グラフィック用	印画紙タイプ光沢紙　染料	1,167
	顔料	1,459
	白色フィルムタイプ　染料	1,313
	顔料	1,605
	紙タイプマット紙　中厚口	292
	光沢紙	547
	紙貼合タイプマット紙	438
	光沢紙	729
CAD 用	普通紙タイプ	97
	エコノミータイプマット紙	122

表 4.3.5 情報用紙生産実績

(1999 年 6～8 月 実績より推測)

品　　種	生産実績(単位；t/年)
複写原紙	349,204
感光紙用紙	27,092
フォーム用紙	354,924
PPC 用紙	776,548
情報記録紙	134,080
その他情報用紙	55,916
情報用紙合計	1,697,764

高いので生産量の割には販売価格は大きい。PPC 用紙の売上 1 100 億円に対して IJ 用紙はすでに 550 億円に達している。

7)　パーソナルコンピューターの普及は予想を越えた速度である。コンピューターの性能が大幅に向上し，低価格の製品でもフルカラー画像が処理できる。さらにインターネットの加入者の爆発的増加により，パーソナルユースのカラープリントは急激に増加するものと予想する。近くのディスカウントショップの事務用品の棚にカラーインクジェット用紙が 2 年くらい前から並び始め，最近になってその種類が急に増えているのは，購入者が多い事実を表している。

　パソコンが事務所だけでなく個人住宅にも普及して，インターネットの情報をカラープリントにして楽しむという生活スタイルが近い将来見

4.3 インクジェットプリンター

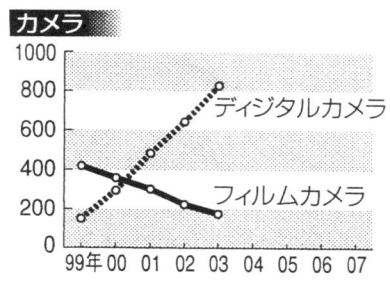

図 4.3.4 ディジタルカメラ国内出荷台数の推移
　　　　カメラ映像機器工業会調べ

られるようになると予想される。

8) ディジタルカメラの販売

　昔，写真が白黒の時代には，フィルムを現像し，引き伸しも自分で行うのは良い趣味として高く評価されていた。フィルムがカラー化されてからは設備上個人の手を離れていたが，インクジェットのフルカラープリンターができて，カラー写真がふたたび個人の趣味として可能になりそうだと考える。高価であったディジタルカメラが十万円以下になり，パソコンやカラープリンターも贅沢な遊びだといわれるかも知れないが，手の届く価格になった。暗い暗室の中でなく明るい部屋で作業できるカラープリントは健康的なイメージで，今後多くのファンが現れると期待している。

　先日，朝日新聞にカメラの国内出荷台数の推移の記事が乗っていた（図 4.3.4）[11]。フィルムカメラは 4 年間で 400 万台から 200 万台に直線状に減少している。ディジタルカメラは同じ時期に 200 万台から 800 万台と 4 倍に急成長している。このグラフを素直に解釈すれば，今後写真用光沢紙の販売が急成長するであろうと考えるところだが，現実はどのようになるか。

4. 新しい印刷技術と用紙

4.4 ま と め

1) ディジタルプリンティング

E-Print は東洋インキが日本国内総代理店の契約を Indigo 社と結び，1994 年 2 月に事業を開始した。その後ヒューレットパッカード社の資本参加にともない社名を HP-Indigo press と変更したが，事業は着実に成長している。出発当初は 1000 型 1 機種のみでスタートしたが，販売の用途開発の必要にせまられて 3000 型，w 3200 型と機種を増やし，2003 年末現在には 5 機種を販売している。日本国内で販売した台数は約 250 台で，その内 200 台弱が稼働している。従来のオフセット印刷に比較してディジタルプリントの特徴は 1 枚ごとに印刷する内容が変えられる点にあるが，それだけにこだわっていて失敗したのが Xeikon であり Scitex である。さらに乾式の粉体トナーを使用していることによる文字のシャープネスの不足が重なって，2 社は日本の市場から撤退してしまった。

Xeikon が製造していた press を Cromapress が OEM で販売していたが，逆に Cromapress を Xeikon が買収した。この買収は Cromapress が持っていた色とトーンの再現のノーハウを入手したことで高い評価を得たのであるが，その後 Xeikon は倒産しベンチャーが買収交渉に入っている。

Scitex は holding company を設立し業務は停止しているが，現在クリオ社が買収交渉に入っている。

HP-Indigo press 社は営業方針を"小ロット印刷を短納期で"から"付加価値の高いフルカラー可変情報印刷"にシフトさせて成功した。キャストコート紙の長所を有効に使い，優れたシャープネスと発色性を長所として印刷業界に参入したのである。オフセットの高精細印刷よりさらに密度の高い HP-Indigo の印刷品質が優れていたからこそ成功したのだ

4.4 まとめ

と理解している。

2) エルコグラフィー

水溶性顔料を溶かした水性インキに電流を通すと，電流に比例して顔料が析出する性質を利用して，カラー印刷で網点を使わず全面を顔料で覆ってグラデーションを作る。その画像の美しさはいまだに目に残っている。社長のCastegnier氏は彼の家族と2人の知人の協力を得て11年かけて印刷機を試作した。1996年にNIP 12会議で公表し，1997年には北米で電話帳の試験印刷を行って成功し印刷業界の好評が得られた。ここまでは順調であったが，ドイツのハノーファーで行われた2000年のDRUPAのショウの会場で大勢の観客の前でトラブルを起こし積み上げてきた信用を一度に失ってしまった。カナダ政府より支給されていた開発援助金は打ち切られ，民間の開発協力会社も顔を見せなくなった。新規開発に使える資金を失ったCastegnier氏は開発を停止し，今までに完成した印刷機の製造販売を細々と続けていると伝え聞いた。

新しい印刷技術完成の夢に一生を賭けた社長の心境を推察すると，同情の念に耐えない。

HP-Indigoはオフセット方式に近く，グラデーションを作るのに網点の面積で表している。これに対しエルコグラフィーは全面にインキが着き顔料の量でグラデーションを作るグラビヤ方式で両者の技術は根本が違うものである。この技術は新しい着想より生まれたもので決して失ってはならない文化である。一家族のみで行っている家内工業ではいずれ潰れてなくなってしまう心配がある。誰か協力者が現れてこの技術を大きく育ててくれることを願っている。

3) インクジェットプリンター

2001年末に行った一般消費者アンケートによるとインクジェット用紙の使用目的のうち33%がディジタルカメラのプリントに使うと答えている。ディジタルカメラの国内出荷台数は工業会の調査では2003年に800万台に達し，なお年率20%の成長を続けている。これに対して

4. 新しい印刷技術と用紙

カラー印画紙の国内出荷量は2001年は前年に対し5.5%減少している。

EPSON社製造インクジェットプリンターのインクノズルの改良が完成したのが2002年であるから，カラー印画紙の出荷量の減少と，インクジェットプリンター用光沢紙の販売増加の傾向は始まったばかりで，今後ますます加速されることが予測される。

PPC用紙の名称ではあるが事務用でインクジェットプリンターで印字している紙の量も含めて，年に10万トン程度の量だが価格が普通の印刷用紙にくらべて30倍と高価なので，売上金額で比較すれば久々に現れた大型の新製品である。

以上述べた"新しい印刷技術"の説明を読み直してみると，優れた性能の機械が完成したからといっても企業化できるとは限らないことがわかる。IJプリンターが成功した理由のなかの主要な要因をあげると，
＊各家庭にまでパソコンが普及していて，使いこなせる人が大勢いた。
＊感熱記録紙等の経験から，非常に高い能力の技術集団を民間会社が持っている。プリンターメーカーから出される要求を解決してきた。
＊テレビ，印刷などでカラー画像の品質に対する要求のレベルが高くなっていた。

例を上げればまだいくつでも数えられるが，要因の数が多いほど複雑になるので，将来を正確に予測することが困難になるのではないだろうか。

4.5 引 用 文 献

1) Elcorsy Unveils 200 fpm Digitally-Driven Newspaper Press. OBSERVER August（1996）
2) Elcographya novel continuous-tonefull color dynamic printing technology.

4.5 引用文献

1st, NIP 12 Conference. San Antonio, November 1（1996）
3) 一見敏男："色彩学入門"日本印刷新聞社（1990）
4) "インクジェット記録におけるインク・メデイア・プリンターの開発技術"株式会社技術情報協会（2000）
5) 内村浩美他："インクジェット専用紙に浸透した染料インキの観察"日本印刷学会誌，**38**(4)，（2001）
6) 内村浩美他："集束イオンビーム法による紙の断面製作時に発生する縦すじの原因とおの防止法"繊維学会誌，57(3)，（2001）
7) 内村浩美他："用紙に転移および浸透したインキの観察"日本印刷学会誌，39(1)，（2001）
8) 内村浩美他："集束イオンビームによる紙の断面作成法"機能紙研究会，**41**，（2002）
9) 内村浩美他："用紙中のPVA分布状態の解析"繊維学会誌，**58**(3)，（2002）
10) 内村浩美他："FIBによる紙および印刷物お断面試料作成法と顕微鏡観察"日本画像学会誌，**144**，（2003）
11) "デジタル元年"朝日新聞 2003年12月29日夕刊

索　引

Alphabet

Adams, E. Q.　59, 67
AFM　145, 174
　──による3次元形状　178
Agfa-Gevaert　324
American TAPPI Standard　132
ANSI　39
Atomic Forse Microscope
　145, 174
Bekk 平滑度計　132
Bendtsen 平滑度計　133
BETA FORMATION TESTER
　159
Bristow 試験機　242, 243
Chappman 平滑度計　137
Chromapress　324, 354
CIE　38, 60
　──色立体　61
　──色度図　53, 59, 100, 107
Collins, G. E.　280
DAT　87, 249
　──吸液計　176
　──測定器　244
　──による吸液性の研究　249
　──による接触角と接触面積
　　191
DIN　59
DST 1200　82
Elcography　327, 329, 355
Elcorsy　328
Electro Ink　316, 317, 318
Elftonson　192, 250

E-Print　316, 329
FM スクリーニング　231
FOGRA　122
　──MZ-II 型印刷適性試験機
　　122
GATF　68
　──のカラーサークル　107
　──のカラーダイアグラム
　　70, 108
GP　78
Heel, A. C. S. van　15
Helmholtz, H. L. F.　21
HP-Indigo press　354
Hunter, R. S.　66
Huygens, C.　41
IGT　125
　──印刷適性試験機　80, 125
IJ　インクジェットを見よ
Image Transfer Media　317
Indigo　316
ISO　39
ITM　317
Ives, F. E.　23
JIS(試験法)　116
KRK 万能印刷適性試験機　85,
　123
Lab　64
Lab 表色系　66
$L^*a^*b^*$ 表色系　67
Lucas-Washburn の式　200, 235,
　257
MZ-II 型印刷適性試験機(FOGRA)
　122
M-3 型印刷適性試験機　85, 116,

―359―

索　引

126
MacAdam　64
　——の楕円　65
Maxwell, J. C.　21
Munsell, A. H.　53
Murray と Davies の式　107
Nickerson, D.　67
Olsson–Pihl の式　236, 260
Osterberg　11
Ostwald, W.　55
P. C. C. S.　59
Photo Imaging Plate　317
PIP　317
Poiseuille の法則　235
PPC　103
　——複写機（乾式トナーによる）
　　101
　——用紙　341, 350
Print ability　73, 115
printed opacity　115
printing opacity　115
Print–Surf 平滑度計　135
RGP　78
Rhodopsin　12, 24
RI テスター　80, 89, 126
Scitex　326
Sheffield 平滑度計　134
Snell, W. R.　44
SURFCOEDER　138
TAPPI　132
　——標準試験法　132
texture　19
UCS 色度図　64
$U^*V^*W^*$ 表色系　65
Washburn の式　192, 235, 239, 257
WRV　289

Xeikon　322, 329, 354
xy 色度図　54
xyY　64
XYZ　64
Young, Thomas　21
Yule　108, 221
Yule–Nielsen の式　222

β 線
　——地合い計　154
　——による地合い測定　158
　——測定による質量分布　160
　——測定によるトポグラフ
　　161

3-D SHEET ANALYSER　157
　——によるフロックイメージ
　　159
60°正反射光沢　179

あ　行

アイヴス　23
アイソパー　318
明るさと色感　28
網線数
　——と網点周囲長　223
　——と色の濁り　222
　——と画質の目視評価　219
　——とドットゲイン　223
網点
　——印刷　23
　——再現性　105
　——周囲長と網線数　223
　——ピッチと光散乱長　221
　——分解　167
　——面積と印刷濃度　107, 109

索　引

　　――面積計　116
　　――の拡大図（ドットゲイン）
　　　　223
アメリカ紙パルプ技術協会　132
アメリカ光学会　54
粗さとうねりの混合曲線　142
粗さの大きさ　173
アルカリ処理（パルプの）　298
糸曳き（インキの）　184
イメージングオイル　318
色　16
　　――の三属性　55
　　――の三属性による表示法（JIS）
　　　　68
　　――の測定　59
　　――の濁り　68
　　――の濁りと網線数　222
　　――の表示　52
　　――を表す言葉　29
色温度（各種光源の）　40
色再現実験（光混合）　22
色再現性　106
色収差　14
色濃度の不均一　113
色表現域
　　――（各種印刷用紙の）　110
　　――（各種材料の）　109
色分解ネガ　22
色立体
　　――（CIEの）　61
　　――（マンセルの）　55
　　――（多色印刷の）　100
インキ
　　――（エルコグラフィーの）
　　　　333
　　――乾燥　89
　　――成分の屈折率　47

　　――転移率　84
　　――転移量と印刷光沢　190
　　――ロール温度とベタ濃度
　　　　227
　　――の色　106
　　――の色相誤差　68
　　――の濁り　68
インキセッティング　111, 184,
　　232
　　――タイム　89, 197, 200, 228,
　　　　249
インキセット　88, 187, 189, 191
　　――（Elftonsonの研究）
　　　　250, 255
　　――性と塗工層細孔構造　190
インクの改良（インクジェットプリ
　　ンターの）　345
インクジェット
　　――専用光沢紙の市場　349
　　――専用紙の市場　349
　　――プリンター　232, 340, 355
　　――プリンター用紙　341
　　――プリンターの生産量　349
　　――用紙の構造　346
　　――用紙の市場　348
　　――用紙の価格　352
　　――用紙の小売価格　351
印刷圧力と浸透深さ　237
印刷加圧時間と浸透深さ　237
印刷機（品質管理用）　119
印刷光沢と転移インキ量　190
印刷後不透明度　115
印刷作業適性　76, 164
印刷試験機（研究用）　122
印刷室の湿度　308
印刷実験（コート紙の）　176
印刷条件の改善　305

―361―

索　　引

——点(高精細化の)　225
印刷速度(ディジタルプリンティングの)　339
印刷適性　1, 73
　——研究委員会　73, 115
　——の考え方　73
　——の試験法　73, 115
　——と地合いの関係　161
印刷適性試験機
　——(FOGRA MZ–II 型)　122
　——(IGT)　80, 125
　——(KRK 万能)　85, 123
　——(M–3 型)　85, 116, 126
　——(グラビア)　126
　——(フレキソ)　127
印刷濃度　167
　——(紙の表面形状と)　97
　——(コントラスト)　2
　——の意味　167
　——と印刷面光沢　182, 183
　——と表面粗さ　173
印刷表面の 2 次元形状　182
印刷品質　74
印刷品質適性　91, 164
印刷物の濃度　91, 169
印刷不透明度　115
印刷用紙の平滑度順　100
印刷面粗さ　180
印刷面形状　204
印刷面光沢
　——と印刷濃度　182, 183
　——と転移インキ量　179
　——と表面粗さ　179, 183
印刷面光沢度　101, 111, 181, 189, 199, 203
　——と白色領域　205
印刷面反射率　98

隠蔽力　19
引力(原子間に生じる)　145, 174
ウィーンの変位則　35
うねりの高さ　181
うねりと粗さの混合曲線　142
裏移り　88
　——(合成紙の)　89
裏抜け　114
液体の流動(毛細管内の)　233
液の形の変化(紙の上の)　247
液中コンタクト AFM　146
エゾマツ材の横断面　129
エルコグラフィー　327, 329, 355
エレクトロインキ　316, 317, 318
演色域(各種材料の)　62
演色性　2
　——(ディジタルプリンティングの)　338
王研式平滑度計　116, 134
オストワルト　55
　——表色系　55, 59
オフセット印刷試験　119
　——の管理規格値　121
　——の品質判定　121
オフセットマスター製版機　103
オプティカルドットゲイン　221, 222, 225, 313
温度と平衡水分　276
温度変化による湿度と寸法変化　307, 308

か　　行

外気温と木質家屋の湿度　311
回折現象　41
階調再現性(Chromapress の)　326

索　　引

解像度
　　──（目の）　15
　　──と高精細化　220
階調圧縮　167
カオリン　111, 130, 174, 202
過乾燥　300
角膜　10
画質と網線数の目視評価　219
画像解析機　105
画像解析型地合い計　154
画像処理（DAT測定器の）　246
画像品質評価　219
画像の品質（E-Print 1000の）
　　320
加法混色　22
紙
　　──品質への要求（高精細化の）
　　228
　　──むけ　78, 79
　　──の表面形状と印刷濃度　97
　　──の表面性　110
　　──の水分と幅方向の伸縮率
　　309
　　──の物理的性質の変化（温度変
　　　化による）　271
カラーコピー　218
カラーダイアグラム　68
カラーハーモニー・マニュアル
　　56
感光性色素　12, 23, 24
感光体（PIP）　317
感光ドラム　103
桿状体　11, 17, 24
　　──の感度　26
　　──の感度範囲　92
　　──の密度　12
含水分と収縮率　282

乾燥時収縮　289
乾燥収縮率　288
乾燥収縮の抑制　301
乾燥不良　90
感熱記録紙　351
感熱記録方式　329
感応試験と地合い計の相関係数
　　154
顔料（インキに含まれている）
　　111
顔料表面被覆率　197
機械パルプ　78
輝度　50
　　──（光源の）　48
吸液性
　　──（紙の）　232
　　──測定値　243
　　──の研究（DATによる）　249
吸収係数　87
吸収速度の測定　176
吸水性　118
吸水性向上（塗工層の）　346
吸着　270
　　──水と空隙の直径　276
　　──速度（水の）　277
　　──による体積膨脹（手抄きシー
　　　トの）　283
球面波の伝播　42
吸油性　118
　　──（紙表面の）　88
吸油速度（印刷用紙表面の）　87
キューネ，ヴィルヘルム　24
凝集力（インキの）　86
強制浸透（印圧による）　260
鏡面反射率（標準板の）　95, 96
銀塩フィルムの濃度　168
近赤外線水分計　291

—363—

索　　引

空気漏洩型測定器　132
空隙の直径と吸着水　276
空隙寸法分布（水銀圧入法による）　251
空隙率
　——（上質紙の）　239
　——（塗工層の）　113
屈折率　20
　——（インキ成分の）　47
　——（光の）　44
グラビア印刷適性試験　85
グラビア印刷適性試験機　126
グロス系プロセスインキの組成　256
クロマプレス　324, 354
軽質炭酸カルシウム　179, 188, 202, 261
傾斜面積率　172
研究用印刷試験機　122
原子間力顕微鏡　145, 165, 174, 177
見当狂い　76, 81
　——（BB タイプタワープレス型の）　82
　——と伸縮　263
減法混色　23
叩解度と乾燥収縮抑制の効果（手抄きシートの）　285
叩解度と伸縮率の関係（手抄きシートの）　284
光学　20
光学型測定器　137
光学式地合い測定器　116
光源の輝度　48
虹彩　10, 14
高精細印刷　81, 100, 113, 216, 230, 298, 313

高精細化
　——の欠点　222
　——の効果　219
　——のニーズ　217
　——と解像度　220
光束　50
光速測定装置　42
光沢　170
　——（印刷面の）　85
　——光量（インキ面の）　171
　——度（印刷面の）　101
　——度標準板　96
光度　50
国際照明委員会　38, 60
黒体放射　34
擦れ汚れ　90
コート層の改善　304
コート層空隙率　193
ゴニオフォトメーター　52
コロナ帯電　317

さ　　行

最高濃度（製版用白黒フィルム）　94
細孔径と細孔容積　190
細孔分布（塗工紙の）　188
最大濃度
　——（フィルムの）　169
　——（ポジカラーフィルム）　94
彩度　54, 57
細胞壁の成分分布（針葉樹材の）　270
作像の機構（DAT 測定器の）　245
サテライト印刷工場　77
サーフコーダー　138

索　　引

酸化亜鉛(感光剤の)　103
酸化重合反応(乾性油の)　90
3原色説　24
3原色の証明　21
三刺激値計算法　60
残水滴体積の経時変化　252
散乱光　35
散乱光量(白紙面の)　171
地合い　45
　――指数　158
　――測定(透過光による)　157
　――測定器　100, 113
　――測定器(光学式)　116
　――測定器(β線による)　158
　――の測定　150
　――の定義　150
　――の肉眼判定　151
　――と印刷適性の関係　161
地合い計
　――(β線)　154
　――(画像解析型)　154
　――(波形解析型)　154
　――の構造　157
　――の測定値　157
　――による測定　153
　――と感応試験の相関係数　154
ジアゾ感光紙　351
視角　8
視感判定実験結果　30
色感(明るさと)　28
色光感度曲線　26
磁気力顕微鏡　146
色差　64
色差表示法(JIS)　68
色彩論(ニュートンの)　20
色相　54, 56

　――誤差(インキの)　68
色素上皮層　11
色度座標　61
　――(スペクトルの)　62
色度図
　――(CIE)　53, 59, 100, 107
　――(UCS)　64
　――(xy)　54
　――(ハンター)　66
　――(プロセスインキの)　70
色名(JISの)　31
色名辞典　31
色盲　3
試験法(公認の)　116
試験法の分類
　――(印刷材料による)　119
　――(印刷用紙による)　119
　――(試験目的による)　119
　――(版式による)　118
　――(被印刷材料による)　118
視紅　12, 24
視細胞　11, 17
紙質試験法の改善(インクジェットプリンターの)　347
視神経　23
　――(3原色と)　21
シーズニングマシン　264
紙粉　76, 78, 79
写真用光沢紙　345, 351, 353
シャープネス　101, 102
　――(ディジタルプリンティングの)　337
重価係数　64
自由収縮　291
収縮抑制　291
重質炭酸カルシウム　202
修正マンセル表色系　68

索　　引

主波長　61
純度　61
正倉院辛ひつ内の湿度　310
抄造時の紙の水分　300
焦点深度　14
照度　6, 50
照度基準（JIS）　6
情報用紙
　——小売価格　350
　——生産実績　352
　——の生産量　351
初期吸収体積（水の）　194
初期浸透　193, 195, 253, 255, 256, 259
触針型測定器　138
触針型表面粗さ計　98, 99, 138, 173, 176, 199
触針3次元測定図（コート紙表面）　140
視力　5, 8
　——検査　8
　——表　9
神経細胞　3
神経節細胞　26
伸縮と見当狂い　263
伸縮率
　——（上質紙の）　293
　——（CD方向の）　295
　——（マシン方向の）　294
　——と叩解度の関係（手抄きシートの）　284
浸透深さ
　——（インキの）　237
　——と印刷圧力　237
　——と印刷加圧時間　237
水銀圧入法　176
水銀加圧法測定器　240

水蒸気の飽和圧力　264
水晶体　10
錐状体　3, 11, 17, 24
　——の感度　26
　——の感度範囲　94
　——の密度　12
水分
　——紙伸縮率計　285
　——伸縮係数　290, 292, 293
　——伸縮率　289
　——と寸法安定性　263, 279
水平細胞　25
ステファン・ボルツマンの法則　34
ストキャスティックスクリーニング　231
スネルの法則　44
スペクトル　20, 36
　——フォトメーター　19
　——分布　170
　——の色度座標　62
スムースター　134
スリッター　78
寸法変化
　——（単繊維の）　280
　——（手抄きシートの）　282
寸法安定性
　——（紙の）　81
　——試験器　116
　——の改善　297
　——と水分　263, 279
製造条件の改善　298
静電記録方式　329
静電式印刷機　316
石油溶剤（インキの）　86
斥力（原子間に生じる）　145, 174
接触角　189, 191

索　引

――（液と紙の）　87
――（コート紙上の石油溶剤の）　87
――（水銀の）　239
――の経時変化　248, 251
接触面積径　191
絶対湿度　266, 267
セッティング　111, 184, 232
――タイム　89, 197, 200, 228, 249
セルロースの分子構造　266
繊維の寸法（本邦産木材の）　130
繊維の配向性（上質紙の）　293
繊維の変形（コート原紙の）　209
繊維幅の周期性　186
繊維変形の想像図（コート紙の）　211
繊維膜　239
全光束　51
線状スペクトル　37
双極細胞　26
走査型プローブ顕微鏡システム　146
相対湿度　267
――と紙の平衡水分　268
――と上質紙の水分　309
素材の寸法（紙を構成する）　128
ソフトニップカレンダー　113

た　行

ダイナミック吸収計　116
ダイレクトプリント　218
太陽光　20
多針電極　329
タッキネス　1, 86, 88, 224
脱着　270

――速度（水の）　277
炭酸カルシウム　90, 111, 184
単繊維の寸法変化　280
断紙　76
――率（新聞巻取の）　76
――率（の定義）　77
断層写真（紙の）　152
断面作製装置　348
チャップマン平滑度計　137
中心窩　11
チョーキング　90
チルドロール　113
坪量の軽量化（新聞紙の）　114
ディジタル
――オフセット印刷機　316
――カメラ　353
――プリンター　315
――プリンティング　315, 354
デニソンワックス　80
転移インキ量と印刷面光沢　179, 190
転移率（インキの）　84
電磁波の波長　37
転写濃度と経過時間　196
テンションコントロール　77
電流沈殿性　334
等温吸湿曲線　309
等温吸湿率曲線　269
等温吸着曲線（精練木綿の）　277
透過光による地合いの測定　157
透過光濃度（フィルムの）　95, 169
透過光量　169
――のヒストグラム　157
透過濃度（インキ層の）　171
等色関数　63
動的印刷光沢測定装置 DGM　203

索　　引

透明性（インキの）　187
塗工実験　187
塗工原紙の高級化（インクジェットプリンターの）　346
塗工紙の細孔分布　188
塗工層細孔構造とインキセット性　190
塗工層の吸水性向上（インクジェットプリンターの）　346
トータルベルランの操業経験　302
ドットゲインと網線数　223
凸版印刷用新聞インキの組成　114
凸版輪転印刷用インキ　232
ドライヤー　90
トラッピング　86, 124, 232, 261
　――率　86, 124
トーンリプロダクション（ディジタルプリンティングの）　338
トーンリプロダクション曲線　97

な　　行

濁り（インキの）　68
2次浸透　193, 195, 200, 254, 255, 256, 259
2次浸透量と時間　194
入射角　95, 171
入射光　45
ニュートン　20
濡れの現象　258
熱放射スペクトル（プランクの）　34
粘性係数　235
濃度
　――（印刷物の）　91, 169
　――（印刷面の）　85, 169
　――（カラー印刷の）　94
　――（カラー原稿の）　94
　――（銀塩フィルムの）　168
　――（部分的光沢の影響）　172
　――可変ドット　326
　――差（文字の縁の）　104
　――測定器（インキの）　100
　――測定値（プロセスインキの）　69
　――表示値　172

は　　行

バインダーの配合比率　184
バインダー樹脂　318
パーカープリントサーフ　137
白紙光沢と表面粗さ　176
白紙面反射率　98
白色輝点　215
白色光　33
白色度　228
白色領域　205, 206, 215
　――（具体的意味）　212
　――と印刷面光沢度　205
波形解析型地合い計　154
波動説　41
パルプの種類と平衡水分　268
反射光　45
　――分布特性　46
ハンター色度図　66
光
　――散乱　114
　――散乱長　221, 228
　――散乱長と網点ピッチ　221
　――の屈折　43
　――の屈折率　44

―368―

索　引

　　――の性質　33
　　――の直進　39
　　――の速さ　42, 44
　　――の反射　45
　　――の分散　50
　　――の乱反射（粗面での）　98
光触針式表面粗さ計　143, 165
比感度曲線　60
ピグメント　99, 130, 229
　　――間接着力　184
　　――の物性（製紙用）　131
　　――の平均直径と表面積　196
微小面積光沢度計　163
非接触型表面粗さ計　143
非点収差　14
瞳　2, 14
　　――の色　26
被覆率（ラテックスの）　196
標準観測者（色の）　29
標準光源　37
標準光源 C　35
表色系
　　――（Lab）　66
　　――（L*a*b*）　67
　　――（U*V*W*）　65
　　――（修正マンセル）　68
表面粗さ　171
　　――（紙の塗工層の）　111
　　――（コート紙の）　148, 174
　　――計（光触針式）　143, 165
　　――計（非接触型）　143
　　――と印刷濃度　173
　　――と印刷面光沢　179, 183
　　――と白紙光沢　176
表面形状（触針型表面粗さ計の）
　　　210
表面光沢　19

　　――光　45
　　――の向上（インクジェットプリンターの）　347
表面散乱光　214
表面自由エナージー　250
　　表面フリーエナージーも見よ
　　――（シラン処理後の）　250
表面張力（水の）　194
表面状態（コート紙の）　176
表面性（紙の）　110
表面濡れ性　193
表面反射　170
　　――（フィルムの）　169
　　――光　95
表面フリーエナージー　184
　　表面自由エナージーも見よ
　　――（多孔質物体の）　193
　　――（有機物固体の）　198
品質改良　167
品質管理用印刷機　119
品質の総合判断　115
フィゾー　42
フェルトマーク　113, 151
　　――（コート原紙の）　97
不可逆収縮率　290, 292
物性研究会　151, 153
物体色　20
物体色の測定方法（JIS）　68
不透明度（紙の）　44
ブリスターリング　91
ブリストー試験機　242, 243
ブリストー法　87, 118, 244
フリーネスの影響（手抄きシートの）
　　　284
プリンターの改善（インクジェットプリンターの）　344
プリントサーフ平滑度計　135,

—369—

索　引

136
フルカラー可変情報印刷　354
フルカラープリンター　353
フレキソ印刷適性試験機　127
不連続スペクトル　37
プロセスインキ
　　——の色　107
　　——の色度図　70
　　——の組成（グロス系）　256
　　——の濃度測定値　69
プロセス印刷　23
フロック　112,158
分光光度計　59
分光反射率曲線　59,60
分光分布
　　——（高演色性白色蛍光ランプ）
　　39
　　——（標準光源Ｃの）　63
分子構造（セルロースの）　266
　　——（水の）　275
粉体トナー　103
平滑度
　　——の印刷に与える影響　162
　　——の測定　128
　　——とインキ転移率（新聞用紙の）
　　84
平滑度計
　　——（王研式）　116,134
　　——（シェフィールド）　134
　　——（チャップマン）　137
　　——（プリントサーフ）　135,
　　136
　　——（ベック）　133
　　——（ベンドセン）　133
平均毛細管半径（紙層中の）　237
平衡水分のヒステリシス　273
平衡水分と温度　276

平面波の伝播　41
ベタ濃度とインキロール温度
　　227
ベータフォーメーションテスター
　　159
ベック平滑度計　133
ペーパーロールの振動　77
ベヒクルの吸収（インキの）　111
ベヒクルの分離（インキからの）
　　261
ヘルムホルツ　21
ベルランドライヤー　302
ベンドセン平滑度計　133
ホイヘンス　41
　　——の原理　43
法線　45
飽和絶対湿度　266
　　——と温度　267
ポジ画像　22
ボル，フランツ　24

ま　行

マイクロデンシトメーター　99,
　　104
マイクロトポグラフ　138
巻取幅方向の伸び（水付着による）
　　83
膜厚（セルロース繊維の）　104
マクスウエル　21
摩擦抵抗（毛細管壁面の）　236
摩擦力顕微鏡　146
マージナルゾーン　103,106
マッチング（紙とインキの）　74
マンセル　53
　　——色相環　54
　　——表色系　53

索　引

マンセル値
　——(Lab 系の)　67
　——($L^*a^*b^*$ 系の)　67
　——(UCS 色度図上の)　66
　——($U^*V^*W^*$ 系の)　66
ミクロフィブル　281
水
　——の吸着速度　277
　——の脱着速度　277
　——の表面張力と初期吸収体積　194
　——の分子構造　275
脈絡膜　11, 14
明視距離　10, 15, 91
明度　54, 56
メカニカルドットゲイン　106, 164, 222, 224,
目の構造　10
毛細管現象　233, 259
毛細管測定値(コート紙の)　242
毛細管直径の測定　238
網膜　3, 10, 14
　——の構造　12
毛様体　11
木材繊維
　——の寸法　173
　——の組織　281
目視評価（画質と網線数の）　219
木製の部屋　310
モットリング　112

や　行

ヤング　21
ヤング・ヘルムホルツの仮説　21
有機顔料　187
有彩色の基本色名　31
有彩色の修飾語　31
油性液体トナー　317

ら　行

ランドルト環　5, 8
ラテックス
　——添加量の効果　206
　——の表面被覆率　196, 200
リニヤーポリマー　332
レーキ顔料　187
ローゼット　220
ロータリーカッター　78
露点　268
　——湿度　265

わ　行

ワイヤーマーク　112, 141, 149, 151, 177, 181
　——（コート原紙の）　97
ワックスサイズ　262

—371—

著者紹介

畑　幸徳
（はた　ゆきのり）

昭和 2 年	東京都港区に生まれる。
昭和 27 年	慶応義塾大学工学部応用化学科卒業
同年 4 月	王子製紙株式会社に入社　中央研究所に勤務
	研究テーマ
	クラフトパルプの連続蒸解と多段漂白条件
	紙の印刷適性（印刷適性委員会幹事）
	紙の平滑度測定器の開発（王研式平滑度計）
	研究用試験印刷機の開発（M-3型印刷適性試験機）
	ゼロックス用紙の開発
昭和 44 年	商品研究所に編入　感光性樹脂の開発
昭和 53 年	本社開発本部主任技師　情報産業用紙の開発
昭和 62 年	王子製紙株式会社を定年退職
昭和 63 年	有限会社　画像研究所を創立
	製紙技術のコンサルタント　民間各社訪問
	静岡県富士工業技術センターの研究指導

画 像 形 成 と 紙

2004 年 6 月 25 日　初版発行

著者　畑　幸徳

発行　財団法人　印刷朝陽会
　　　〒114-0003　東京都北区豊島 1-38-10　誉ビル 204 号
　　　電話　03-3927-8796　03-3913-5526
　　　FAX　03-3913-5530

販売　株式会社　印刷学会出版部
　　　〒104-0032　東京都中央区八丁堀 4-2-1
　　　電話　03-3555-7911
　　　FAX　03-3555-7913

印刷　株式会社 朝陽会　　製本　株式会社 三高製本

落丁・乱丁はお取替えいたします。本書の無断転載を禁じます。
ⓒ2004 Yukinori Hata

（注）　本書は，平成 16 年度財団法人印刷朝陽会の公益事業として
　　　発刊されたものである。